EROSÃO E CONSERVAÇÃO DOS SOLOS
Conceitos, Temas e Aplicações

Leia também de Antonio José Teixeira Guerra:

Coletânea de Textos Geográficos de Antonio Teixeira Guerra

Novo Dicionário Geológico-Geomorfológico (com Antonio T. Guerra)

Geomorfologia – Uma atualização de Bases e Conceitos (com Sandra B. Cunha)

Geomorfologia – Exercícios, Técnicas e Aplicações (com Sandra B. Cunha)

Geomorfologia e Meio Ambiente (com Sandra B. Cunha)

Geomorfologia do Brasil (com Sandra B. Cunha)

Avaliação e Perícia Ambiental (com Sandra B. Cunha)

Antonio José Teixeira Guerra
Antonio Soares da Silva
Rogangela Garrido Machado Botelho
(organizadores)

Erosão e Conservação dos Solos

Conceitos, Temas e Aplicações

12ª EDIÇÃO

BERTRAND BRASIL
Rio de Janeiro | 2023

Capa: Leonardo Carvalho (utilizando foto de Antonio J. T. Guerra)

Editoração: DFL

2023
Impresso no Brasil
Printed in Brazil

CIP-Brasil. Catalogação-na-fonte
Sindicato Nacional dos Editores de Livros, RJ

E67
12ª ed.

Erosão e conservação dos solos: conceitos, temas e aplicações / Antonio José Teixeira Guerra, Antonio Soares da Silva, Rosangela Garrido Machado Botelho (organizadores). – 12ª ed. – Rio de Janeiro: Bertrand Brasil, 2023.
340p.

Inclui bibliografia
ISBN 978-85-286-0738-3

1. Solo – Erosão. 2. Solos – Conservação. I. Guerra, Antonio José Teixeira. II. Silva, Antonio Soares da. III. Botelho, Rosangela Garrido Machado.

CDD – 631.45
CDU – 631.459

99-1366

EDITORA BERTRAND BRASIL LTDA.
Rua Argentina, 171 – 3° andar – São Cristóvão
Rio de Janeiro – RJ – 20921-380
Tel.: (021) 2585-2000

Atendimento e venda direta ao leitor:
sac@record.com.br

SUMÁRIO

Capítulo 3 Análise Morfológica dos Solos e Erosão
Antonio Soares da Silva

Capítulo 4 Micromorfologia de Solos Aplicada ao Diagnóstico de Erosão
Selma Simões de Castro

Autores

ANTONIO JOSÉ TEIXEIRA GUERRA é doutor em Geografia pela Universidade de Londres (Inglaterra), pós-doutorado em Erosão de Solos pela Universidade de Oxford, pesquisador do CNPq e professor adjunto do Departamento de Geografia da Universidade Federal do Rio de Janeiro (Instituto de Geociências, Ilha do Fundão, Cidade Universitária, CEP 21.940-590, Rio de Janeiro — *e-mail:* guerra@igeo.ufrj.br).

MARCELO ACCIOLY TEIXEIRA DE OLIVEIRA é doutor em Geografia pela Universidade de Paris IV — Sorbonne (França), e professor adjunto do Departamento de Geociências da Universidade Federal de Santa Catarina (Centro de Filosofia e Ciências Humanas, Campus Universitário — Trindade, CEP 88.040-900, Florianópolis, Santa Catarina — *e-mail:* marcelo@cfh.ufsc.br).

ANTONIO SOARES DA SILVA é mestre em Geografia pela UFRJ, doutorando em Geografia Física pela USP e Pesquisador Associado do Lagesolos (Laboratório de Geomorfologia Experimental e Erosão dos Solos), do Departamento de Geografia da Universidade Federal do Rio de Janeiro (Instituto de Geociências, Ilha do Fundão, Cidade Universitária, CEP 21.940-590, Rio de Janeiro — *e-mail:* asoares@igeo.ufrj.br).

SELMA SIMÕES DE CASTRO é doutora em Geografia Física pela USP e professora titular do Instituto de Estudos Sócio-Ambientais, da Universidade Federal de Goiás (Instituto de Estudos Sócio-Ambientais, Campus II Samambaia, Caixa Postal 131, CEP 74.001-970, Goiânia, Goiás — *e-mail:* selma@iesa.ufg.br).

ARIADNE DO CARMO FONSECA é doutora em Geologia pela USP e professora adjunta do Departamento de Geologia da Universidade Federal do Ceará (Departamento de Geologia, Campus do Pici, CEP 60.451-970, Fortaleza, Ceará — *e-mail:* ariadne@ufc.br).

CLAUDETE APARECIDA DALLEVEDOVE BACCARO é doutora em Geografia Física pela USP e professora titular do Departamento de Geografia da Universidade Federal de Uberlândia (Departamento de Geografia, Ed. Universitário, Av. João Neves de Ávila, 2.160, CEP 38.408-100, Uberlândia, Minas Gerais — *e-mail:* cbaccaro@degeo.ufu.br).

FERNANDO XIMENES DE TAVARES SALOMÃO é doutor em Geografia Física pela USP e professor adjunto do Departamento de Geologia da Universidade Federal de Mato Grosso (Departamento de Geologia, Av. Fernando Correia, s/n, Cuiabá, Mato Grosso, CEP. 78.060-900 — *e-mail:* salmig@nutecnet.com.br).

ROSANGELA GARRIDO MACHADO BOTELHO é mestre em Geografia pela UFRJ, doutoranda em Geografia Física pela USP e Pesquisadora Associada do Lagesolos (Laboratório de Geomorfologia Experimental e Erosão dos Solos), do Departamento de Geografia da Universidade Federal do Rio de Janeiro (Instituto de Geociências, Ilha do Fundão, Cidade Universitária, CEP 21.940-590, Rio de Janeiro — *e-mail:* rbotelho@igeo.ufrj.br).

NEUSA MARIA COSTA MAFRA é doutora em Geografia pela Universidade de Valência (Espanha) e professora adjunta do Departamento de Geografia da Universidade Estadual do Rio de Janeiro (Rua São Francisco Xavier, 524, sala 4.001, Bloco D, Maracanã, CEP 20.559-900, Rio de Janeiro — *e-mail:* costanm@uerj.br).

APRESENTAÇÃO

O livro EROSÃO E CONSERVAÇÃO DOS SOLOS — CONCEITOS, TEMAS E APLICAÇÕES reúne a produção científica do LAGESOLOS (Laboratório de Geomorfologia Experimental e Erosão dos Solos), do Departamento de Geografia da UFRJ, do LAGES (Laboratório de Geomorfologia e Erosão de Solos), do Departamento de Geografia da UFU, do LAGEA (Laboratório de Geomorfologia Experimental e Aplicada), do Departamento de Geociências da UFSC, além da produção científica de pesquisadores de outras universidades brasileiras. Procuramos colocar à disposição dos leitores o estado da arte em erosão dos solos, levando em conta uma série de aspectos que possibilitem a melhor compreensão do tema aqui proposto. Para tal, o livro começa abordando o *Início do processo erosivo,* através do estudo das ravinas, para em seguida analisar os *processos erosivos e preservação de áreas de risco de erosão por voçorocas.* O capítulo três destaca a importância da *Análise morfológica dos solos e erosão,* enquanto o capítulo quatro estuda a *Micromorfologia de solos aplicada ao diagnóstico da erosão.* A *Geoquímica dos solos* pode também ser de grande valia na compreensão dos processos erosivos e é, dessa forma, abordada no capítulo cinco deste livro. No capítulo seis, o livro enfoca os *Processos erosivos no cerrado,* região do Brasil onde esses processos têm se alastrado nas últimas décadas. *Abordagens voltadas ao controle dos processos erosivos* também se revestem de grande importância em um livro deste tipo e são, por isso mesmo, aqui analisadas no capítulo sete. Os dois últimos capítulos destacam o *Planejamento ambiental em microbacias hidrográficas* (capítulo oito) e a *Erosão e planificação de uso do solo* (capítulo nove), pois entendemos que o conhecimento básico dos processos erosivos, analisados nos capítulos anteriores, é de grande valia para o planejamento e que a melhor forma de combate à erosão é a prevenção, através do uso racional dos recursos naturais, principalmente o solo.

EROSÃO E CONSERVAÇÃO DOS SOLOS — CONCEITOS, TEMAS E APLICAÇÕES vem preencher uma lacuna na literatura voltada para os cursos de graduação e pós-graduação em áreas de Geografia, Geologia, Biologia, Ecologia, Engenharia Agronômica, Civil e Florestal, e nas demais Ciências da Terra. Os solos são a base das atividades agropastoris e construção de casas, prédios, pontes, viadutos etc. Dessa maneira, as informações contidas neste livro procuram atender a todos aqueles envolvidos em projetos de consultoria e ao poder público, no sentido de orientar melhor a utilização do solo, protegendo-o contra a erosão.

Os organizadores de EROSÃO E CONSERVAÇÃO DOS SOLOS — CONCEITOS, TEMAS E APLICAÇÕES agradecem aos colegas das demais universidades brasileiras pela dedicação na elaboração dos seus respectivos capítulos, tornando nosso livro um manual de estudo, um guia mesmo, para todos aqueles interessados em erosão dos solos. Com esta obra, o mercado editorial brasileiro passa a contar com mais um livro na língua portuguesa, sobre um tema até então dominantemente tratado em obras estrangeiras. Além da facilidade de leitura, pelo acesso à nossa língua, os exemplos são, na sua maioria, relativos ao território brasileiro, o que torna o presente livro uma contribuição na resolução de muitos dos problemas ambientais com que nos defrontamos na atualidade.

Os organizadores

Prefácio

A degradação dos solos afeta tanto as terras agrícolas como as áreas com vegetação natural e pode ser considerada, dessa forma, um dos mais importantes problemas ambientais dos nossos dias. Cerca de 15% das terras são atingidas pela degradação. Atualmente a erosão acelerada dos solos, tanto pelas águas como pelo vento, é responsável por 56% e 28%, respectivamente, da degradação dos solos no mundo. O Brasil não está imune a esses problemas, e grandes áreas do seu território têm sido identificadas com solos bastante degradados.

A degradação dos solos está intimamente associada ao avanço da agricultura. O ser humano tem sido muito inteligente em termos de produzir alimentos, roupas e aumentar o nível de vida de uma parte da população mundial, mas não tem sido capaz, o suficiente, para associar o desenvolvimento com a conservação dos solos.

Todas essas questões têm sido amplamente debatidas nos dias de hoje, nos países em desenvolvimento. Cinco mil anos atrás o avanço da agricultura ("desenvolvimento") no sul da Inglaterra levou a uma erosão acelerada dos solos. Talvez 75% da profundidade dos solos ingleses tenham sido perdidos, num período compreendido entre 4.000 e 2.000 anos atrás. Os fazendeiros da Idade do Ferro Britânica não tinham muito do que se orgulhar quanto a isso e deveriam agradecer por não haver ainda na época a imprensa, porque certamente os jornalistas iriam criticar esses fazendeiros; podemos até imaginar as notícias das manchetes dos jornais.

Os problemas da erosão dos solos no Brasil, atualmente, são uma combinação de um rápido desenvolvimento, solos frágeis e um regime climático imperdoável. O desafio é compreender os processos responsáveis pela erosão, reconhecendo que esses processos não são meramente físicos, mas também sócio-econômicos. Os solos erodem não apenas porque chove forte, mas porque foram desmatados e cultivados de maneira incorreta. Por que é necessário desmatar o solo, se quase que inevitavelmente irá ocorrer erosão? Talvez a resposta tenha a ver com a pobreza e a falta de acesso às terras aráveis? Ou, no caso dos grandes proprietários, tenha a ver com a falta de incentivos para conservar os solos? Mas nem tudo são notícias ruins. Um grande sucesso tem sido alcançado no Paraná, com o Programa de Manejo Integrado do Solo e da Água, usando a microbacia hidrográfica, como unidade de planejamento e de execução. Além disso, outros programas de proteção e recuperação dos solos têm tido grande sucesso também nos estados de Santa Catarina e Rio Grande do Sul. Precisamos saber mais sobre essas histórias de sucesso.

A prevenção da erosão depende do nosso entendimento sobre como, onde e por que ela ocorre. A formação de ravinas e o desenvolvimento de voçorocas são igualmente tópicos importantes. Numa escala mais ampla, o planejamento do uso da terra em uma bacia hidrográfica pode também ser usado como uma técnica preventiva. *Erosão e Conservação dos Solos — conceitos, temas e aplicações* aborda muito bem esses e outros tópicos de grande relevância para a compreensão do problema. Eu dou as boas-vindas e me congratulo com a equipe de especialistas brasileiros, que escreveram um livro contendo exemplos do seu país. Se aprendemos alguma coisa dos muitos esquemas de conservação dos solos, que fracassaram nos últimos anos, isso pode ser devido às "soluções" técnicas exportadas pelos países do hemisfério norte para os problemas do hemisfério sul.

Dr. John Boardman
Environmental Change Unit – School of Geography – University of Oxford
Março de 1999 – Inglaterra

CAPÍTULO 1

O Início do Processo Erosivo

Antonio José Teixeira Guerra

1. *Introdução*

O processo erosivo causado pela água das chuvas tem abrangência em quase toda a superfície terrestre, em especial nas áreas com clima tropical, onde os totais pluviométricos são bem mais elevados do que em outras regiões do planeta. Além disso, em muitas dessas áreas, as chuvas concentram-se em certas estações do ano, o que agrava ainda mais a erosão. O processo tende a se acelerar, à medida que mais terras são desmatadas para a exploração de madeira e/ou para a produção agrícola, uma vez que os solos ficam desprotegidos da cobertura vegetal e, conseqüentemente, as chuvas incidem diretamente sobre a superfície do terreno.

Este capítulo aborda o início do processo erosivo, que se reveste de grande importância, porque para evitar a erosão é preciso que se conheça a dinâmica erosiva, desde os seus primórdios, ou seja, a partir do momento em que as gotas de chuva começam a bater nos solos. Nesse momento, começa o *splash,* que pode causar a ruptura dos agregados, selando o topo do solo. Dessa maneira, este capítulo está estruturado da seguinte maneira: primeiro, é abordado o papel do *splash* no processo erosivo e a conseqüente formação de crostas, com a selagem do solo; depois, a infiltração de água e a formação de poças (*ponds*), à medida que o solo torna-se saturado. A partir daí, a água começa a escoar na superfície, primeiramente em lençol, depois através de fluxos lineares, que evoluem para microrravinas, podendo algumas formar cabeceiras, e algumas dessas cabeceiras podem bifurcar, formando novas ravinas.

Para compreender melhor o início do processo erosivo, são analisados tanto os estudos feitos em laboratórios, como aqueles desenvolvidos em campo. Além disso, como é importante predizer a formação de ravinas, tanto em termos espaciais, ou seja, em que parte das encostas elas podem ocorrer, como em termos temporais (quando vão se estabelecer), alguns modelos são abordados também neste capítulo. Finalmente, as ravinas podem evoluir e se conectar com processos erosivos de maiores proporções, que são as voçorocas; e isso também está contemplado neste capítulo. Acreditamos que para a adoção de práticas de conservação de solos é preciso conhecer bem o processo erosivo como um todo, e para tal é fundamental que se entenda a erosão desde os seus primeiros estágios, ou seja, a partir do momento em que as gotas de chuva começam a bater no solo e provocar ruptura de agregados, através da ação do *splash,* até causar a selagem do solo, dificultando a infiltração, promovendo o escoamento difuso, que se concentra, formando ravinas e voçorocas.

2. *Papel do* Splash

A ação do *splash,* também conhecido por erosão por salpicamento (Guerra e Guerra, 1997), em português, é o estágio mais inicial do processo erosivo, pois prepara as partículas que compõem o solo, para serem transportadas pelo escoamento superficial. Essa preparação se dá tanto pela ruptura dos agregados, quebrando-os em tamanhos menores, como pela própria ação transportadora que o salpicamento provoca nas partículas dos solos. Além disso, os agregados vão preenchendo os poros da superfície do solo, provocando a selagem e a conseqüente diminuição da porosidade, o que aumenta o escoamento das águas.

O papel do *splash* varia não só com a resistência do solo ao impacto das gotas de água, mas também com a própria energia cinética das gotas de chuva. Dependendo da energia impactada sobre o solo, vai ocorrer, com maior ou com menor facilidade, a ruptura dos agregados, formando as crostas que provocam a selagem dos solos.

2.1. Energia Cinética da Chuva

A energia cinética determina a erosividade, que é a habilidade da chuva em causar erosão. A determinação do potencial erosivo depende principalmente dos parâmetros de erosividade e também das características das gotas de chuva, que variam no tempo e no espaço. É bom ressaltar que o vento pode afetar a erosividade, especialmente se a chuva for atingida por ventos violentos (Guerra, 1991).

Existem vários parâmetros que podem ser utilizados para medir a erosividade da chuva. O problema central é escolher um que seja o mais adequado para a maioria dos casos, em especial porque cada ambiente e cada tempestade são únicos na escala temporal e espacial e, conseqüentemente, a erosão varia de diferentes maneiras (Stocking, 1977). Existe uma grande variedade de parâmetros, podendo ser destacados: o total de precipitação, a intensidade da chuva, o momento e a energia cinética (Ke). Cada um deles tem suas vantagens e desvantagens, mas a grande maioria dos autores têm utilizado a energia cinética, por terem concluído que esse parâmetro é o melhor para predizer a perda de solo (Wischmeier e Smith, 1958; Hudson, 1961; Young e Wiersma, 1973; Evans, 1980; Morgan *et al.,* 1987; Mutter e Burnham, 1990; Guerra, 1991 e 1998a). Esses mesmos autores têm demonstrado que a energia cinética da chuva está relacionada à intensidade da chuva, porque é a energia total das gotas existentes em um evento de precipitação. Na medida em que uma grande percentagem das gotas maiores (> 4,0mm) situam-se na intensidade entre 50 e 100mm/h, as energias cinéticas maiores estão nesse intervalo de intensidade. Levando-se em conta que a energia cinética está relacionada à intensidade da chuva, ela é uma função da sua duração, massa, tamanho da gota e velocidade.

Segundo Goudie (1985), energia cinética é a energia resultante do movimento translacional de um corpo, e, do ponto de vista teórico, a energia cinética de uma chuva é altamente significante para a erosão, porque envolve gasto de energia para a ruptura dos agregados e para o *splash* de partículas. Apesar disso, não existe um valor que possa ser utilizado para qualquer área, pois para cada ambiente existe uma série de fatores que detonam os processos erosivos. Para Hudson (1961), a erosão é causada quase que exclusivamente por chuvas com intensidades maiores que 25mm/h (Ke > 25), enquanto Boardman e Robinson (1985) apontam que, para o Reino Unido, os valores mínimos ainda estão duvidosos, tendo definido um mínimo de 5mm/h (Ke > 5). Morgan (1980) destaca valores de 10mm/h (Ke > 10) como sendo suficientes para gerar erosão. O importante aqui é assinalar que, além da energia cinética, outros fatores influenciam no processo erosivo e, portanto, fica difícil definir um valor universal para detonar o processo, sob quaisquer circunstâncias. De qualquer forma, é claro que, quanto maior a energia cinética de uma chuva, maior será a probabilidade em causar a ruptura dos agregados.

2.2. Ruptura dos Agregados

Vários autores têm enfatizado a importância da matéria orgânica na estabilidade dos agregados (Epstein e Grant, 1967; Farres, 1978; Verhaegen, 1984; De Ploey e Poesen, 1985; Imeson e Kwaad, 1990; Guerra, 1990, 1991, 1994 e 1998a; Guerra e Almeida, 1993; Guerra e Guerra, 1997). O teor de matéria orgânica, juntamente com outras propriedades dos solos, afeta diretamente a ruptura dos agregados. Essas propriedades são a textura, a densidade aparente, a porosidade, a estrutura, além de parâmetros relacionados às características das encostas, cobertura vegetal, erosividade da chuva e ao uso e manejo do solo. Apesar de todos esses fatores interferirem sobre os agregados, a maioria dos estudos sobre erodibilidade têm indicado que, à medida que o teor de matéria orgânica diminui, aumenta a instabilidade dos agregados. De Ploey e Poesen (1985), por exemplo, apontam que solos com menos de 2% de matéria orgânica possuem baixa estabilidade de agregados, enquanto Greenland *et al.* (1975) afirmam que solos com menos de 3,5% de matéria orgânica são instáveis, ou seja, não existe um único índice considerado universal que determine a instabilidade dos solos. De qualquer forma, valores entre esses percentuais apontados acima são preocupantes, no que diz respeito à capacidade dos solos de resistirem ao impacto das gotas de chuva.

Devido ao fato de que os solos com maior erodibilidade são aqueles com maior teor de silte, Wischmeier e Mannering (1969) descobriram que o teor de matéria orgânica tem maior influência justamente sobre solos com maiores teores de silte, porque, nos solos com maior teor de argila, esta pode estar atuando no sentido de aumentar a resistência dos agregados ao impacto das gotas de chuva. O problema é que os solos com alto teor de silte, que são usados agricolamente, sem cuidados de manejo, passam a se tornar mais erodíveis, à medida que perdem matéria orgânica, ao longo do tempo, em especial quando não há reposição desse elemento. Dessa forma, a ruptura dos agregados tende a aumentar, à medida que os solos são usados pela agricultura, paralelamente à diminuição do teor de matéria orgânica.

A ruptura dos agregados pode ser considerada um dos primeiros fatores no processo de erosão dos solos (Figura 1.1), pois é a partir dessa ruptura, que outros processos se desencadeiam no topo do solo, no senti-

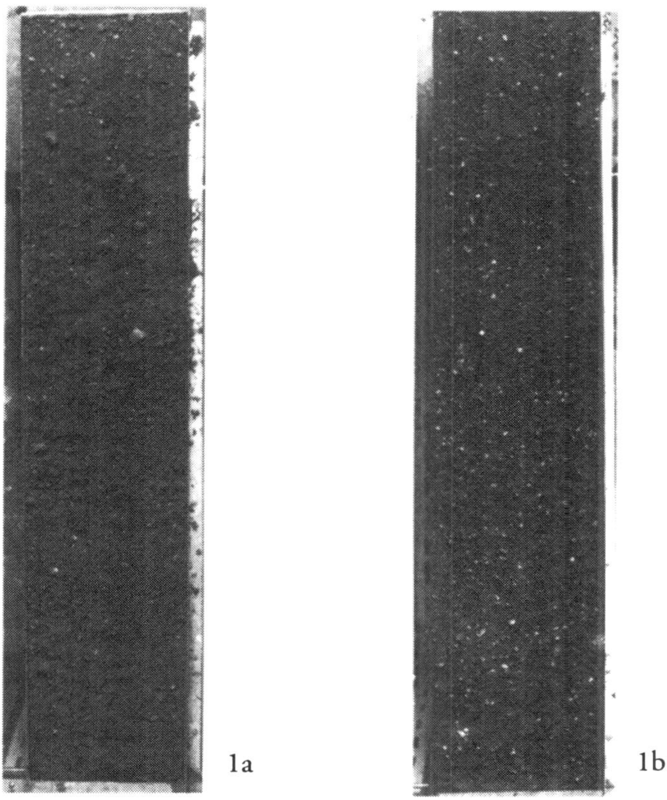

FIGURA 1.1. Visão do solo colocado em um flume, mostrando a situação da presença de agregados maiores (1a) e com agregados menores (1b), após ter sido submetido à chuva simulada.

do de desestabilizá-lo e, conseqüentemente, começar a ocorrer o processo erosivo. A propósito disso, Farres (1978) destaca que a evolução da ruptura dos agregados se inicia com o impacto das gotas de chuva e, uma vez vencida a resistência interna dos agregados à energia cinética dessas gotas, a tendência é que eles se rompam, formando partículas pequenas, ou seja, grãos individuais, que poderão preencher os poros existentes no topo do solo, diminuindo não só a porosidade e aumentando a densidade aparente, mas também dando início ao processo de formação de crostas na superfície do terreno, o que aumentará o escoamento superficial.

2.3. Formação de Crostas e Selagem dos Solos

À medida que os agregados se rompem no topo do solo, vai ocorrendo a formação de crostas (Figura 1.2), que eventualmente provocarão a selagem dos solos. Esse processo é responsável pela diminuição das taxas de infiltração e, conseqüentemente, aumentam as taxas de escoamento superficial, podendo aumentar a perda de solo.

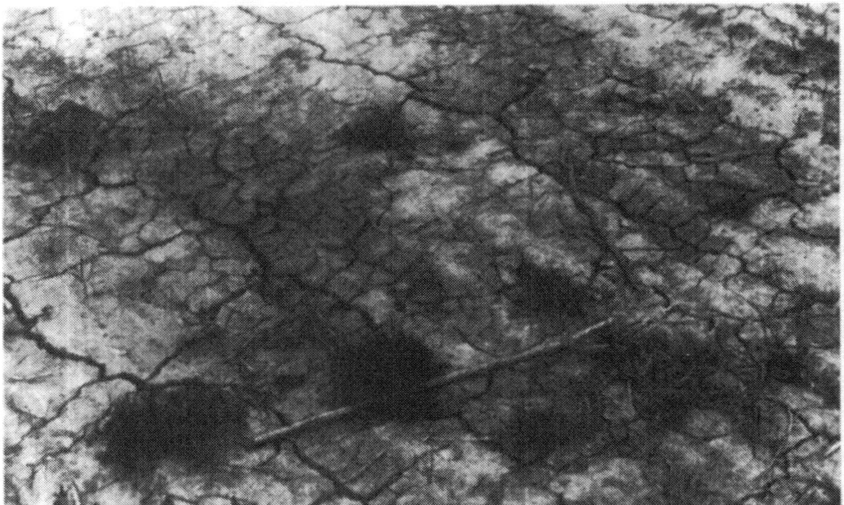

Figura 1.2. Solo coberto por crostas, em função da ação do *splash,* na região de Rogate, no sul da Inglaterra.

Segundo Farres (1978), a formação de crostas no topo do solo é um dos mecanismos mais importantes que antecede ao *runoff*. Farres demonstrou que a formação de crostas pode ocorrer rapidamente, em um único evento chuvoso. Epstein e Grant (1967) também observaram a formação de crostas, em um experimento sob chuva simulada, apenas seis minutos após o início dos ensaios, em um solo franco-siltoso. Os mesmos autores observaram, nesse experimento, que a densidade aparente aumentou de 1,1g/cm^3 para 1,54g/cm^3, depois que as crostas se formaram. Esse aumento significativo da densidade aparente é responsável pelo início do processo erosivo, pois diminui a porosidade, dificultando a infiltração de água no solo, formando as poças, que se interligam e começam o processo de escoamento.

A grande importância para o processo de erosão é que, a partir do momento em que as crostas se formam no topo do solo, a superfície do terreno se torna selada, dificultando a infiltração da água das chuvas. Isso faz com que haja uma mudança de processos: de grande destacamento (*detachment*) e baixo transporte, antes de se iniciar o *runoff*, para baixo destacamento e alto transporte, durante o escoamento superficial. Apesar de a formação de crostas poder ser o resultado de uma única tempestade, De Ploey (1981) descreveu para os solos da Bélgica como sendo um processo contínuo, que culmina com o fim da estação chuvosa, que é o inverno. Isso se dá com maior intensidade, quando a estação chuvosa coincide com os solos descobertos, ou por uma colheita anterior a essa estação, ou por um plantio recente. De Ploey (1981) coletou amostras, que denominou de solos estáveis, que registraram a formação de crostas em menos de 50% da superfície total da área estudada, enquanto os solos denominados de instáveis apresentaram mais de 50% de sua área total com cobertura de crostas. De Ploey (1977) atribuiu a maior presença de argila e matéria orgânica nos solos, quando eram mais estáveis e, conseqüentemente, menos propensos a serem cobertos por crostas. Essa constatação concorda com os trabalhos desenvolvidos por Bryan (1974), que também destacou a importância que o teor de matéria orgânica tem em reduzir a formação de crostas no topo do solo, mesmo quando não consegue evitar totalmente a sua formação.

O agente principal na formação de crostas é o impacto causado pelas gotas de chuva, que causa a ruptura dos agregados, selando a superfície do solo. Apesar de a formação de crostas ser mais comum no topo do solo,

Hodges e Bryan (1982) observaram que na região conhecida como *badlands* do Dinossauro, no Canadá, as crostas se formaram também em subsuperfície, em solos resultantes da decomposição de folhelho, resultante provavelmente da ação de superconsolidação glacial.

Estudos de Poesen e Govers (1986) concordam com trabalhos desenvolvidos por outros autores. Esses dois pesquisadores observaram em parcelas (*plots*) na região colinosa de Huldenberg, com predomínio de solos francos, que a formação de crostas e a compactação dos solos em condições naturais aumentam a ação do *runoff* e, com isso, aumenta a possibilidade da formação de ravinas.

A estabilidade dos agregados possui um papel fundamental na erodibilidade dos solos. Thornes (1980) destaca que a infiltração ocorre mais rapidamente nos solos que contêm agregados maiores e mais estáveis, diminuindo, conseqüentemente, a produção de *runoff*. À medida que os agregados são destruídos e a superfície do solo se torna selada, as crostas passam a oferecer maior resistência à ação do *splash*, mas por outro lado aumenta a ação do *runoff*, podendo atingir altas velocidades, que serão suficientes para destacar sedimentos e transportá-los dentro das ravinas. A única situação em que a superfície selada pelas crostas não representa aumento da produção de *runoff* é quando o topo do solo se torna tão seco, que se formam rachaduras na superfície e, conseqüentemente, a infiltração é maior que o escoamento. Mas essa é uma situação relativamente rara no processo erosivo. Na maioria dos casos, há uma diminuição das taxas de infiltração, formando-se poças na superfície do terreno, que acabam por dar início ao processo de escoamento superficial.

3. *Infiltração e Formação de Poças na Superfície do Solo*

O ciclo hidrológico é de importância fundamental para o processo erosivo, pois parte da água da chuva cai diretamente no solo, outra parte é interceptada pela cobertura vegetal, podendo retornar à atmosfera pela evaporação ou chegar ao solo, através do gotejamento das folhas e pelo fluxo de tronco (*stemflow*). Essa água que chega ao solo, diretamente pelo impacto das gotas, ou indiretamente após ser interceptada pela cobertura vegetal, é que vai participar da erosão. A água pode tomar vários caminhos: primeiro causa o *splash,* depois se infiltra, aumentando o teor de umidade, podendo saturar o solo e, finalmente, pode se armazenar nas irregularidades do solo, formando as poças (*ponds*), que eventualmente poderão dar início ao escoamento superficial.

Este item trata justamente da importância que uma parte da água que compõe o ciclo hidrológico tem para a geração de *runoff,* ao se infiltrar, saturar o solo, formar poças e, conseqüentemente, provocar o escoamento superficial, que será o responsável pelos processos erosivos de superfície.

3.1. Infiltração

A água da chuva que chega ao solo pode ser armazenada em pequenas depressões, ou se infiltrar, contribuindo, dessa forma, para aumentar a capacidade de armazenamento de água nos solos. Esse processo vai ser influenciado pelas propriedades do solo, características das chuvas, tipo de cobertura vegetal, uso e manejo do solo, características das encostas e microtopografia da superfície do terreno (Evans, 1980; Thornes, 1980; De Ploey e Poesen, 1985; Guerra, 1991, 1996 e 1998a; Coelho Netto, 1998).

Morgan (1986) enfatiza que, durante uma tempestade, os espaços existentes entre as partículas de solo preenchem-se de água, e as forças de capilaridade decrescem, de tal forma que as taxas de infiltração decaem, tornando o solo saturado, não conseguindo, a partir de um determinado momento, absorver mais água. Além disso, o decréscimo de absorção de água na superfície se dá também pela formação de crostas, devido à ação do *splash.* Esses fatores combinados é que provocarão a formação de poças no topo do solo e o início do escoamento superficial.

O processo de infiltração, que é fundamental para se compreender a dinâmica da erosão, não é estático ao longo do ano (Heathwaite *et al.*, 1990). No entanto, segundo esses autores, essa variação pode ser ainda maior, dependendo do tipo de uso do solo, o que afetará a densidade aparente, agindo diretamente sobre a porosidade. Isso ocorre especialmente em áreas onde o gado compacta a superfície do terreno.

Uma outra variável importante no processo de infiltração é a umidade antecedente do solo, pois quando a chuva começa e já existe uma certa umidade antecedente, a tendência é de que o solo se sature mais rapidamente, dando origem à formação de poças e ao escoamento superficial, também mais rapidamente do que em solos com menor umidade antecedente.

Quando a umidade do solo aumenta, a resistência ao cisalhamento diminui. Morgan (1984) descreve que, à medida que a umidade do solo aumenta, este acaba atingindo seu limite de liquidez e pode começar a fluir. Por outro lado, dependendo da textura do solo, a umidade pode atuar como um elemento agregador. É o caso, por exemplo, dos solos franco-arenosos (Hartmann e Boodt, 1974), onde o aumento do teor de umidade pode dar maior resistência ao cisalhamento. Hodges e Bryan (1982) concluem que a umidade do solo é o fator crítico na determinação da incidência, tempo e magnitude da resposta do *runoff* a um evento chuvoso. Portanto, essa variável deve ser considerada, quando se procura compreender os processos de infiltração. Essa umidade, à medida que aumenta, vai dificultando a ação da infiltração, resultando na saturação e, conseqüentemente, na formação de poças.

O uso e manejo do solo podem ser uma outra variável responsável pela variabilidade da infiltração ao longo do ano. Reed (1979), por exemplo, estudou alguns solos argilosos no sul da Inglaterra e demonstrou que a capacidade de armazenamento na microtopografia da superfície do terreno diminui de 5 a 7mm, antes do cultivo, para 3mm, depois das operações com as máquinas agrícolas, após o cultivo. Isso pode também afetar o processo de infiltração, atuando diretamente sobre a formação de poças e sobre a geração de *runoff*.

3.2. Formação de Poças

A formação das poças (*ponds*) na superfície do solo é o estágio que antecede ao escoamento superficial. Mas, para que sejam formadas, é preciso que haja condições que promovam a concentração de água nas irregularidades existentes no topo do solo (microtopografia), que podem ter de 1 a 2mm de profundidade (Figura 1.3), até alguns centímetros, dependendo do tipo de solo e do tipo de máquina agrícola utilizada no cultivo.

A taxa de infiltração, que é o índice que mede a velocidade com que a água da chuva se infiltra no solo (Morgan, 1986), possui um papel importante na formação das poças e, conseqüentemente, na geração de

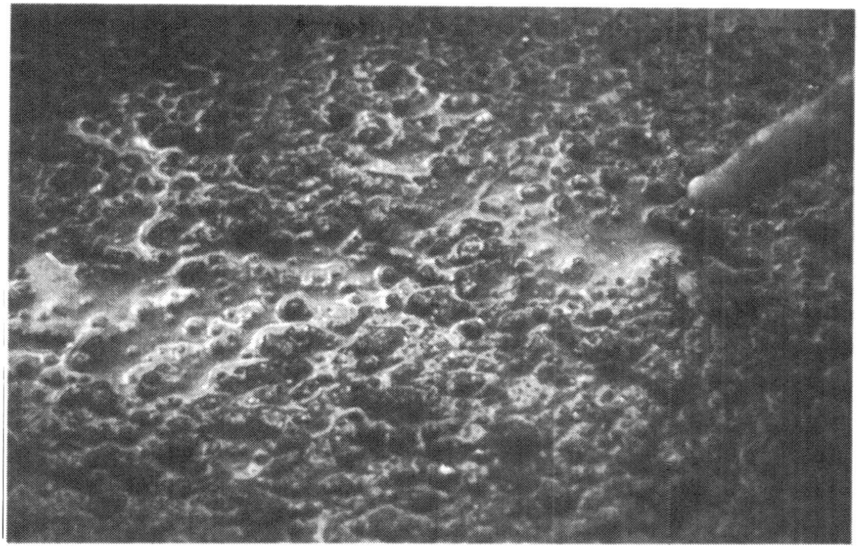

FIGURA 1.3. Formação de poças no topo do solo, durante experimento usando um simulador de chuvas.

runoff, pois uma vez saturado o solo, cessa a infiltração e começam a se formar as poças. Estas, por sua vez, ocupam as irregularidades existentes na superfície. Uma vez que essas irregularidades estejam preenchidas por água, começam a se ligar umas com as outras. Nesse momento inicia-se o escoamento superficial, que a princípio é difuso, podendo tornar-se concentrado, à medida que o processo tem continuidade espacial e temporal. Entretanto, De Ploey (1983) afirma que é muito difícil fazer uma distinção nítida entre o tempo que leva para as poças se formarem e o início do *runoff*. Para o referido autor, quando as poças estão formadas, o *runoff* já está iniciando. Mas, na prática, as poças são formadas antes da geração do *runoff*. Apesar de serem quase que concomitantes, existe um pequeno intervalo de tempo entre um processo e outro. A propósito disso, Kumke e Mullins (1997) determinaram, através de mensurações feitas no campo, o tempo para a formação de poças. Para tal, os autores determinaram as taxas cumulativas de infiltração, usando infiltrômetros, com cilindros duplos e tensiômetros, em solos franco-arenosos, no nordeste da Escócia. O tempo para a formação de poças foi determinado através da adição de água, até que as poças se formassem. Esse tempo demonstrou ser altamente dependente das condições iniciais de umidade do solo e aumentou drasticamente, à medida que os solos eram mais secos.

Se por um lado as irregularidades existentes no topo do solo podem retardar o processo de escoamento superficial, armazenando água nessas depressões, por outro lado, uma vez rompidas, através do acúmulo de água, podem dar início a processos rápidos de formação de ravinas, que se estabelecerão na superfície do terreno. Caso não existam essas irregularidades, pode ser mais difícil desenvolverem-se ravinas, por não haver a possibilidade de se armazenar água em um estágio pré-formador de ravinas. Mas, por outro lado, a água que cai na superfície do terreno pode começar a escoar rapidamente, ou seja, as duas condições (presença e ausência de depressões) podem resultar na formação de ravinas, de maneiras diversas. Esse é um fator bem contraditório no estudo da formação de ravinas, e vários autores têm pesquisado esse tema. Por exemplo, Gascuel-Odoux *et al.* (1996) afirmam que nas regiões agrícolas o peso das variações da microtopografia é fundamental para explicar as variações na formação de ravinas, além, é claro, das propriedades físicas dos solos. Os autores afirmam ainda que isto pode estar relacionado também à macrotopografia, ou seja, a forma, declividade e comprimento das encostas.

Outros fatores que devem ser levados em consideração quando se estuda a formação de poças são a porosidade e a densidade aparente do topo do solo. Quanto mais densa e menos porosa, a superfície poderá absorver menos água, formando poças mais rapidamente, que vão alimentar o escoamento superficial. Evans (1996) aponta que as estruturas da superfície do solo também influenciam a permeabilidade, pois quando o topo do solo apresenta uma estrutura fraca, a infiltração de água torna-se difícil, formando poças e alimentando o *runoff*. Quanto à pedregosidade do solo, esta pode tanto funcionar no sentido de retardar o escoamento superficial, formando grandes poças, como pode acelerar o escoamento, uma vez que essas poças sejam rompidas pelo acúmulo de água (Evans, 1996). O que se pode depreender do que foi aqui apresentado, é que a microtopografia tem um papel importante na formação de poças, mas que a existência de depressões no topo do solo pode atuar tanto no sentido de retardar, como acelerar o processo erosivo. Outras variáveis vão também atuar nesse processo, como: erosividade das chuvas, propriedades dos solos, características das encostas, uso e manejo do solo, etc., tornando altamente complexa a compreensão do início da geração de *runoff*, que por sua vez detonará todo o processo erosivo.

4. *Início do Escoamento Superficial*

À medida que a água se infiltra no solo e começa a saturá-lo, poças se formam na superfície, podendo iniciar o escoamento superficial. Horton (1945) foi um dos primeiros pesquisadores a procurar compreender como esses processos se desenvolvem nas encostas. O autor baseou seu conceito de evolução de bacias de drenagem no desenvolvimento seqüencial de sistemas de ravinas por recuo das cabeceiras e micropiratatia (*micro-piracy*). A visão de Horton em relação aos processos de escoamento superficial e da formação de ravinas está relacionada aos conceitos de infiltração e geração de *runoff* e foi criada, em grande parte, a partir de experimentos feitos em parcelas, em áreas de solos agrícolas. Segundo Horton (1945), a remoção inicial de partículas pelo fluxo superficial é atribuída à força de cisalhamento exercida pelo *runoff*, à medida que este fluxo aumenta sua profundidade, encosta abaixo. A partir disso, o autor criou o conceito de área sem erosão (*belt of no erosion*), que ocorreria, segundo o autor, no topo das encostas.

Segundo Horton (1945), o conceito de evolução de ravinas baseia-se no fato de que, quando a precipitação excede a capacidade de infiltração do solo, inicia-se o escoamento superficial. A água acumula-se em depressões (microtopografia) na superfície do solo, até que começa a descer a encosta, através de um lençol (*sheetflow*), que pode evoluir para uma ravina (Guerra, 1998b). Nesse processo, esse fluxo passa a ser linear (*flowline*), depois evolui para microrravinas (*micro-rills*), e depois para microrravinas com cabeceiras (*headcuts*). Ao mesmo tempo que essa evolução vai se estabelecendo na superfície do terreno, pode ocorrer também o desenvolvimento de bifurcações, através dos pontos de ruptura (*knickpoints*) das ravinas.

4.1. Escoamento em Lençol (*Sheetflow*)

A água que se acumula nas depressões do terreno começa a descer pela encosta quando o solo está saturado e as poças não conseguem mais conter essa água. A princípio, o fluxo é difuso, ou seja, um escoamento em lençol (*sheetflow*). Esse tipo de processo é também conhecido por fluxo laminar, provocando a erosão em lençol, ou erosão laminar. Segundo Horton (1945), a força de cisalhamento imposta por esse fluxo ainda não é suficiente para transportar partículas, mas, à medida que esse fluxo de água aumenta e acelera, encosta abaixo, ocorre o cisalhamento das partículas do solo e, finalmente, a erosão começa a ocorrer a partir de uma distância crítica do topo da encosta (Merritt, 1984; Guerra, 1998b).

Nesse estágio do processo erosivo, começa a ocorrer uma pequena incisão no solo, em especial onde o fluxo de água começa a se concentrar, podendo dar início à formação de ravinas. Sendo assim, esse é o ponto de partida de todo o processo erosivo (Morgan, 1986), quando a água inicia o seu escoamento pelo topo do solo (*topsoil*). Segundo Merritt (1984), o fluxo em lençol (*sheetflow*) pode ser considerado o primeiro estágio do processo erosivo, compreendendo um fluxo mais ou menos regular, que desce por uma superfície com poucas irregularidades, sendo um fluxo laminar. Segundo Merritt (1984), a concentração de sedimentos e a velocidade das partículas vão aumentando, à medida que o fluxo vai descendo a encosta, ao mesmo tempo que o processo erosivo vai se estabelecendo. Apesar disso, nesse estágio a erosão ainda é incipiente, muito localizada e envolve apenas o transporte individual dos grãos que compõem o solo, ou seja, uma vez detectado o processo erosivo nesse estágio, ainda há grandes possibilidades de se recuperar a área atingida.

4.2. Desenvolvimento de Fluxo Linear (*Flowline*)

O termo *flowline,* aqui traduzido por fluxo linear, é o estágio seguinte ao escoamento em lençol (*sheetflow*). Nesse estágio começa a haver uma concentração do fluxo de água. À medida que o fluxo se torna concentrado em canais bem pequenos, em pontos aleatórios da encosta, a profundidade do fluxo aumenta e a velocidade diminui, devido ao aumento da rugosidade, e há uma queda simultânea da energia do fluxo, causada pelo movimento de partículas que são transportadas por esses pequenos canais que estão se formando e que são os embriões das futuras ravinas (Figura 1.4).

Nesse estágio de evolução do escoamento superficial, a concentração de sedimentos no interior do fluxo linear faz com que haja um forte atrito entre essas partículas e o fundo dos pequenos canais, causando mais erosão nos canais que estão começando a se formar. Além disso, uma outra característica desse estágio de evolução das ravinas é que começam a se for-

FIGURA 1.4. Formação de pequenos canais, durante experimento onde foi utilizado um simulador de chuvas. Esse é um dos estágios da evolução das ravinas. Pode-se notar também a concentração de água formando poças, que originam e, ao mesmo tempo, alimentam as ravinas.

mar dentro desses pequenos canais uma série de marcas devidas ao depósito de sedimentos, que se dá com a diminuição de energia do fluxo linear, quer seja ao final da chuva, ou pela diminuição de gradiente da própria encosta, ao longo do percurso desse fluxo.

4.3. Desenvolvimento de Microrravinas (*Micro-Rills*)

O desenvolvimento de microrravinas (*micro-rills*) é o terceiro estágio da evolução do escoamento superficial no processo de formação de ravinas. Nesse caso, a maior parte da água que escoa em superfície está concentrada em canais bem definidos, embora ainda sejam bem pequenos. A turbulência do fluxo aumenta bastante nesse estágio, que já encontra o fundo das ravinas que estão se formando (daí o termo microrravina), com algumas ondulações, ou rugosidades, advindas do estágio anterior — fluxo linear.

As irregularidades existentes dentro das microrravinas, resultantes dos processos de sedimentação, tendem a se ampliar e, ao mesmo tempo que aumentam em volume, ficam mais instáveis, fazendo com que o fluxo se torne cada vez mais turbulento. Isso pode fazer com que o fluxo se torne também mais instável. Esse aumento de rugosidade no fundo dos pequenos canais causa uma turbulência bem localizada, aumentando a erosão, podendo começar a surgir algumas pequenas cabeceiras nas ravinas que estão se formando na encosta, com o surgimento também de algumas pequenas poças, situadas a jusante dessas cabeceiras. Quando essas poças e as cabeceiras começam a se formar dentro das microrravinas, a evolução do processo erosivo está atingindo o estágio que vem a seguir, ou seja, a formação de microrravinas com cabeceiras.

4.4. Formação de Microrravinas com Cabeceiras (*Headcuts*)

O quarto estágio na evolução das ravinas é a formação de microrravinas com cabeceiras (*headcuts*). Essas cabeceiras tendem a coincidir com um segundo pico na produção de sedimentos, resultantes da erosão ocorrida dentro das ravinas. Isso demonstra que, nesse estágio de evolução das ravinas, o processo está alcançando um nível de equilíbrio dinâmico, ou seja, nesse estágio ocorre uma zona de deposição de sedimentos, abaixo das cabeceiras, indicando que a taxa de produção de sedimentos, a partir do recuo das cabeceiras, excede a capacidade de transporte do fluxo de água.

À medida que as cabeceiras recuam em direção às partes mais elevadas das encostas, o canal se torna mais largo e mais profundo, tendo, dessa forma, condições de transportar os sedimentos que chegam a esses canais e, à medida que se desenvolvem a partir de outras cabeceiras, tornam-se pequenas ravinas. Essas poderiam ser consideradas, na prática, as ravinas propriamente ditas. Apesar de já poderem ser consideradas ravinas desde o terceiro estágio de evolução (desenvolvimento de microrravinas), essas incisões iniciais do solo são tão pequenas (milimétricas), que na maioria das vezes não são muito bem identificadas na paisagem. Esse tipo de evolução que ocorre na natureza é melhor observado quando se fazem estudos em laboratórios, ou mesmo no campo, utilizando-se simuladores de chuva que permitem um maior controle e acompanhamento dos processos em escala tão reduzida.

4.5. Desenvolvimento de Bifurcações, Através dos Pontos de Ruptura (*Knickpoints*)

Segundo Bryan (1990), a formação de ravinas é um processo erosivo crítico, freqüentemente associado a um rápido aumento na concentração de sedimentos transportados pelo *runoff*. O reconhecimento do desenvolvimento de ravinas é de grande importância prática na conservação dos solos, e a não-distinção entre situações onde as ravinas podem se estabelecer, ou não, contribui para uma menor capacidade de predição da ocorrência de tais processos em alguns modelos, como é o caso da Equação Universal de Perda do Solo.

Uma vez estabelecidas em uma encosta, as ravinas tendem a evoluir através de bifurcações em *knickpoints* (pontos de ruptura). Bryan (1990) demonstrou em experimentos executados com simuladores de chuva, em laboratório, que, logo após a formação das ravinas na superfície do solo, com a presença de cabeceiras (quarto estágio na evolução das ravinas), *knickpoints* começam a se estabelecer nessa rede em formação. Alguns desses *knickpoints* podem ser destruídos, à medida que a rede de ravinas se bifurca e evolui, enquanto outros podem continuar a permanecer nas encostas que estão passando por esses processos erosivos. Segundo Bryan (1990), a maioria dos *knickpoints* se formam como uma resposta a condições hidráulicas que se estabelecem durante a evolução das ravinas. Entretanto, o autor ressalta que o desenvolvimento dessas condições hidráulicas é tão rápido, que é difícil isolar as condições iniciais da sua formação.

Através dos experimentos conduzidos em laboratório, Bryan (1990) observou também que, em superfícies mais irregulares, o transporte inicial de sedimentos, pelas ravinas, após o estabelecimento das cabeceiras, pode fazer reduzir a rugosidade dentro das ravinas e, conseqüentemente, levar a um alargamento e menor profundidade dos microcanais que estão se formando, o que, segundo o referido autor, é a condição ideal para a formação dos *knickpoints*. Uma vez formados, eles seguem uma evolução variada e complexa, que inclui seu recuo rápido e bifurcação, que estão relacionados à deposição localizada de sedimentos dentro dos canais que estão se formando.

O principal significado geomorfológico dos *knickpoints* é o seu papel na evolução dos sistemas de ravinas e sua influência na hidrologia das encostas, em especial através dos processos cíclicos de ravinamento e de coluviação, que foram descritos por Bryan e Poesen (1989). Muitas das observações já feitas na evolução da rede de ravinas, a partir da bifurcação dos *knickpoints*, podem ter analogia com a evolução das cabeceiras que se estabelecem numa rede de voçorocas, mas dados precisos, no que diz respeito às condições hidráulicas em escala maior, como nas voçorocas, ainda não estão disponíveis e são mais difíceis de serem simulados em laboratórios. Segundo Imeson e Kwaad (1980), o desenvolvimento de um modelo pode tornar possível determinar se os processos de formação e evolução dos *knickpoints*, que ocorrem em microescala, podem estar ligados, numa seqüência evolutiva, com características morfológicas semelhantes, mas bem maiores, ou seja, aquelas que ocorrem na evolução das voçorocas.

5. *Importância dos Estudos de Laboratório no Desenvolvimento das Ravinas*

Os estudos feitos em laboratório, no que diz respeito à compreensão da formação e evolução das ravinas, são fundamentais para se entender como o processo se desenvolve. Apesar de existirem muitos trabalhos desenvolvidos no campo, como será visto na seção seguinte deste capítulo, os ensaios de laboratório permitem, talvez pelo maior controle, uma compreensão mais plena de como o processo de evolução das ravinas ocorre.

Para De Ploey (1983), as ravinas podem se formar a uma distância muito curta, a partir de um divisor, mas essa distância não pode ser universal, ou seja, as condições locais onde o processo se estabelece é que vão determinar onde as ravinas se iniciam. Vários estudiosos têm demonstrado a importância dos estudos de laboratório para compreender essa e outras questões relacionadas com o desenvolvimento das ravinas, seus vários estágios de desenvolvimento e as condições hidráulicas na sua formação. Para tal, intensidades de chuva diferentes têm sido utilizadas, bem como diversos tipos de solos e inclinações dos flumes, onde os solos são colocados, também são adotados. Em suma, acredita-se que, só através dessa grande variedade de estudos, será possível chegar a uma compreensão mais precisa de como, onde e por que as ravinas surgem, evoluem e se conectam a outros processos erosivos. A partir disso, acredita-se que será possível adotar medidas preventivas, no sentido de promover a conservação dos solos, evitando o estabelecimento de tais processos, em especial nas áreas agrícolas. Esta seção deste capítulo destaca alguns trabalhos já desenvolvidos, em laboratórios, no sentido de se compreender a formação das ravinas e como elas evoluem (Merritt, 1984; Rauws, 1987; Fujiwara *et al.*, 1990; Govers *et al.*, 1990; Slattery e Bryan, 1992; Proffitt *et al.*, 1993; Guerra, 1998b).

5.1. Identificação dos Vários Estágios

A identificação dos vários estágios de evolução das ravinas é de importância fundamental, uma vez que a ravina é o ponto de partida do processo erosivo linear. Além disso, é só a partir do entendimento do início do processo que se podem tomar medidas no sentido de se evitar o estabelecimento do processo erosivo. Essa identificação é mais precisa, quando se adotam ensaios de laboratório.

Os trabalhos de laboratório, se por um lado utilizam condições simuladas, tanto em termos de chuva, como em termos da estrutura do solo, que quase sempre é alterada, por outro lado permitem maior controle dos experimentos do que nos trabalhos de campo. Não há o risco de haver interferências externas, quando os procedimentos são feitos em laboratório. Essas interferências podem ser relativas ao vento, chuva natural, temperaturas muito altas, ou muito baixas, fornecimento de água, variação da luminosidade ao longo do dia, principalmente quando se está fazendo o registro dos experimentos, quer seja através de fotografias ou vídeo. Esse tipo de interferência não ocorre nos ensaios de laboratório, mas, por outro lado, há que se ter sempre em mente que as condições naturais são bastante alteradas, quando se traz o solo para o laboratório. Mesmo assim, muitos dos avanços obtidos no estudo das ravinas têm sido conseguidos em laboratórios, como atesta a literatura citada anteriormente.

Por exemplo, a identificação dos cinco estágios, já analisada no item 4 deste capítulo, só foi possível através dos ensaios de laboratório, onde o controle é quase total, e as condições de registro dos experimentos também são mais facilitadas, em relação aos ensaios de campo. Tanto Merritt (1984), como Bryan (1990), identificaram os estágios de evolução das ravinas, através de experimentos de laboratório. Os cinco estágios identificados são: escoamento em lençol (*sheetflow*), desenvolvimento de fluxo linear (*flowline*), formação de microrravinas (*micro-rills*), microrravinas com cabeceiras (*headcuts*), e desenvolvimento de bifurcações através dos pontos de ruptura (*knickpoints*). Essa evolução, que foi muito bem observada e quantificada em laboratório, ocorre, na prática, nos solos, quando expostos à chuva natural, assim como à simulada, nas encostas, fora dos laboratórios. Entretanto, a identificação desses cinco estágios no campo foi facilitada a partir dos dados gerados nos estudos de laboratório.

5.2. Condições Hidráulicas na Formação de Ravinas

Vários pesquisadores têm enfatizado a importância das condições hidráulicas no início do processo de formação de ravinas. Kirkby (1980), por exemplo, distinguiu dois aspectos na modelagem da formação de ravinas. A primeira é que as ravinas se formam como um balanço entre o material removido das inter-ravinas e a erosão que acontece dentro das ravinas. O outro aspecto é que as ravinas vão se formar, assim que for excedido um limite em relação às condições hidráulicas. Esse limite, segundo Kirkby (1980), é uma função da resistência do material na área que está prestes a ser ravinada. A partir da compreensão dos mecanismos de geração e desenvolvimento das ravinas é que se pode identificar um método efetivo de se controlar o seu surgimento. Para tal é preciso conhecer as condições hidráulicas na formação das ravinas.

Essas condições, no entanto, variam de acordo com as propriedades do solo, com as características das encostas, com o uso e manejo da terra e com o tipo de chuva. Mesmo assim, vários autores têm sugerido quais condições hidráulicas são suficientes para gerar as ravinas (Figura 1.5). Por exemplo, Govers *et al.* (1990) realizaram experimentos em um flume com vinte metros de comprimento e chegaram à conclusão de que, para um solo franco, a formação do *runoff*, que acaba resultando no desenvolvimen-

FIGURA 1.5. Ravinas formadas em um corte de estrada, no município de Açailândia (Maranhão). Pode-se notar que as ravinas só se formaram no horizonte C do solo, onde as propriedades químicas e físicas facilitaram o seu estabelecimento.

to de ravinas, é dependente das variações de umidade antecedente e da densidade aparente do solo, que irá influenciar sobre as taxas de infiltração.

O trabalho de Slattery e Bryan (1992) procura compreender quais as condições hidráulicas ideais para a formação de ravinas, utilizando chuva simulada em um laboratório. Os ensaios foram feitos em um solo altamente suscetível à formação de crostas, ou seja, possibilitando o escoamento superficial, com relativa facilidade. As intensidades de chuva variaram de 30 a 35mm/h, atingindo aproximadamente 70% da energia cinética de uma chuva natural, com características semelhantes a essa chuva simulada utilizada. Os autores observaram também que ocorrem processos secundários, como o fornecimento de sedimento a ser transportado dentro das ravinas, através do colapso de material das bordas das ravinas. Um outro aspecto observado por Slattery e Bryan (1992) é que as ravinas se formam através dos *knickpoints,* já mencionados neste capítulo. Assim, os trabalhos desenvolvidos por alguns autores muitas vezes vêm reforçar as pesquisas feitas por outros estudiosos. Para Slattery e Bryan (1992), as condições ideais para a formação dos *knickpoints* e, conseqüentemente, para a geração de ravinas são o desenvolvimento de fluxos críticos e de ondas, que vão causar uma incisão no topo do solo. Com esse estudo, os referidos autores concluíram que existe uma relação não linear entre a carga de sedimentos, a erosão por ravinas e as condições hidráulicas. Além disso, Slattery e Bryan (1992) observaram que as ravinas estão associadas a uma crescente capacidade de transporte de sedimentos, à medida que se desenvolvem. Entretanto, esses autores não conseguiram definir claramente as condições hidráulicas ideais para a formação das ravinas, demonstrando a complexidade desse tema de estudo.

Os estudos de Rauws (1987) apontam as condições hidráulicas mínimas para que ocorra o desenvolvimento de ravinas. Os experimentos foram feitos em flumes de 40 centímetros de largura, por 2 metros de comprimento. A declividade do flume variou entre 1,5° e 8°, com 10 centímetros de profundidade do solo colocado dentro do flume. A partir dos ensaios de laboratório, Rauws (1987) chegou à conclusão de que, sobre sedimentos com pouca coesão, as ravinas começam a se formar em encostas com declividades entre 2° e 3°, a partir de cabeceiras (*headcuts*), sempre que a velocidade do fluxo de água exceder 3,2 a 3,4cm/s. Nessas encostas, o referido autor observou que os limites das condições hidráulicas coincidem com o aparecimento de pontos de turbulência, em condições de fluxo superficial. Esse resultado vem confirmar trabalhos feitos por Govers (1987), que propõe velocidades entre 3,0 e 3,5cm/s, como um possível limite para a formação de ravinas. A estrutura do fluxo resultante pode ser altamente complexa. Entretanto, em encostas com menos de 2° de declividade, a resposta sedimentológica do fluxo é totalmente diferente, ou seja, praticamente não há transporte de material, quando a declividade é inferior a 2°.

6. Importância dos Estudos de Campo no Desenvolvimento das Ravinas

Os estudos realizados em campo são de importância fundamental no entendimento da formação e desenvolvimento das ravinas. Assim como nos estudos de laboratório, existe uma série de técnicas que podem ser utilizadas, dependendo da escala, do tempo e recursos disponíveis e dos objetivos do estudo. Essas técnicas podem ser adaptadas e/ou modificadas, em função das condições ambientais e dos recursos financeiros disponíveis para o projeto. Dentre todas as técnicas já utilizadas nos estudos relativos às ravinas, as mais adotadas, até o presente momento, têm sido os simuladores de chuvas, que podem simular a intensidade, a duração e a quantidade de chuva desejada, não ficando o pesquisador sujeito às condições meteorológicas, para desenvolver seus estudos. Além disso, o monitoramento do surgimento e da evolução das ravinas tem sido feito através das estações experimentais, com dimensões e tratamentos variados, dependendo dos objetivos do estudo.

Como, na maioria das vezes, as ravinas surgem em áreas agrícolas, este item contempla também como essas formas erosivas podem ser monitoradas, tanto no que diz respeito à sua formação, como ao seu desenvolvimento. Isso pode ser de grande importância, não só para a compreensão do processo, mas também no fornecimento de subsídios, para os modelos que procuram prever onde, como e quando as ravinas podem se formar no campo. Com isso, pode-se procurar evitar que essas formas erosivas se estabeleçam, podendo-se inclusive evitar também que as ravinas evoluam e se transformem em voçorocas, que quase sempre causam grandes prejuízos nas áreas rurais e também nas áreas urbanas, quando aí se estabelecem.

6.1. Uso de Simuladores de Chuvas

O uso de simuladores de chuvas (Figura 1.6) tem sido cada vez mais popularizado entre os diversos pesquisadores, no sentido de se compreender como as ravinas se formam, levando em conta diversos tipos de solos, com suas respectivas propriedades físicas e químicas, diferentes declividades das encostas, diversos tipos de cobertura vegetal e uso do solo, bem como variadas intensidades e duração dos eventos chuvosos simulados, aplicados diretamente no campo. Tais experimentos possuem algumas vantagens e desvantagens. A principal é que a chuva é simulada no solo, sem haver nenhuma alteração da sua estrutura, enquanto algumas das desvantagens são principalmente de ordem operacional, como o transporte do equipamento, suprimento de água, presença de ventos e até mesmo o risco da ocorrência de um evento chuvoso natural, durante uma simulação, o que pode preju-

FIGURA 1.6. Simulador de chuvas utilizado para o estudo da formação e evolução de ravinas, em Oxford, na Inglaterra.

dicar ou mesmo interromper os experimentos. Mesmo assim, vários pesquisadores têm utilizado simuladores de chuva no campo, para compreender como os processos de formação e evolução das ravinas ocorrem.

O uso dos simuladores em experimentos no campo tem sido empregado há vários anos, sendo aqui destacados apenas alguns exemplos, tais como os trabalhos de Dunne (1980), Bowyer-Bower e Bryan (1986), Dunne e Aubry (1986), Imeson e Verstraten (1988), Rauws e Govers (1988), Dietrich e Dunne (1993), Quinton *et al.* (1997). Guerra (1998b) destaca a importância de como os simuladores têm sido utilizados, tanto no laboratório como no campo, para compreender os processos de formação de ravinas. É, na realidade, da combinação desses experimentos que muito tem avançado a compreensão do processo de formação das ravinas.

Dunne (1980) já chamava a atenção dos princípios que governam o desenvolvimento das ravinas, desde o início da sua formação, passando pela sua evolução, até chegar a formar uma rede de canais que se integram na paisagem. Segundo Dunne (1980), as observações feitas em campo são fundamentais para se compreender como os processos operam, no sentido de formar as ravinas que podem se articular numa rede de canais. As observações de Dunne (1980) concordam com as de Horton (1945), de que existe uma série de relacionamentos importantes entre a geomorfologia e a hidrologia, que explicam a formação da rede de canais e das bacias de drenagem, baseada na mecânica do *runoff*, ou seja, a princípio, a erosão se processa nas encostas, concentrando-se nos canais, nos fundos de vale, organizando, assim, a rede de drenagem em uma determinada área. Dunne (1980) enfatiza que muitos aspectos relativos a esses processos podem ser examinados e quantificados, através do uso de simuladores de chuva. Isso é bem exemplificado nos estudos de Bowyer-Bower e Bryan (1986), quando destacam a importância dos simuladores de chuvas, para se compreenderem os processos de evolução das ravinas e da formação de uma rede de canais efêmera, na região de Alberta, no Canadá. Os autores compararam, através de chuvas simuladas, com a mesma intensidade, mas em solos oriundos de folhelhos e de calcários, que a formação de ravinas se dá de forma diferente. Nos solos oriundos dos folhelhos, as ravinas formadas foram largas e rasas, originando-se a uma certa distância do topo das cristas divisoras, enquanto que nos solos oriundos dos calcários, as ravinas foram mais profundas e mais estreitas, formando uma rede muito mais densa do que nos folhelhos.

Dunne e Aubry (1986) conduziram experimentos, usando um simulador de chuvas, nas savanas do Quênia, com o objetivo de compreender a hidráulica do escoamento superficial e do transporte de sedimentos, que pode formar ravinas. Os resultados obtidos pelos autores confirmam a teoria de que o início e a manutenção das ravinas dependem do equilíbrio entre o transporte de sedimentos, dentro das ravinas, e da ação do *splash,* que tende a remover sedimentos das partes mais proeminentes, para dentro dos canais, tornando a superfície mais aplainada.

O trabalho de Imeson e Verstraten (1988) destaca o papel das condições físico-químicas dos solos na formação de ravinas. Segundo esses autores, as ravinas ocorrem onde o solo possa absorver bastante água, através da macroporosidade, produzida pela dilatação e contração das argilas. Imeson e Verstraten (1988) sugerem que esse processo possa ter analogia com a macroporosidade produzida pela ação do cultivo, causada pelos tratores agrícolas. Grandes poças podem ser formadas na superfície do solo, que uma vez rompidas irão dar início ao processo de formação das ravinas.

Simuladores de chuvas têm também sido utilizados para investigar o papel da cobertura vegetal na produção de *runoff,* que pode levar à formação de ravinas. É o caso do trabalho desenvolvido por Quinton *et al.* (1997). Os autores utilizaram um simulador de chuvas no sudoeste da Espanha. Os resultados obtidos apontaram para a importância da cobertura vegetal, com pelo menos 30% de cobertura do solo. A partir desse percentual, houve uma redução significativa de escoamento superficial e tornou-se mais difícil a formação de ravinas, destacando a importância da cobertura vegetal, para evitar-se o estabelecimento de processos erosivos no topo do solo.

6.2. Papel das Estações Experimentais

As estações experimentais têm tido um papel fundamental no estudo da formação de ravinas e dos processos erosivos como um todo, e vêm sendo utilizadas há várias décadas, desde os trabalhos de Wischmeier (1959 e 1966), Wischmeier e Smith (1958 e 1968), Wischmeier e Mannering (1969), que culminaram com a criação da Equação Universal de Perda do Solo.

Nas décadas de 80 e 90, vários trabalhos baseados em dados oriundos de estações experimentais têm sido publicados, mas a maioria deles leva em consideração as perdas de água e de solo como um todo e não fazem muita distinção entre o material transportado nas ravinas e aquele que é deslocado pela ação do *splash,* da zona entre as ravinas (Dunne e Aubry, 1986; Rauws e Govers, 1988; Guerra e Oliveira, 1995; Guerra *et al.*, 1995; Kumke e Mullins, 1997).

Abrahams *et al.* (1992) conduziram experimentos em parcelas, em zonas semi-áridas no Arizona, Estados Unidos. Nesse caso, entretanto, os autores estavam mais preocupados com os processos que se desenvolvem nas zonas das inter-ravinas (*interrills*) do que com os processos desenvolvidos dentro das ravinas. Abrahams *et al.* (1992) observaram que o fluxo que corre nas inter-ravinas possui a forma de um lençol de água, podendo convergir ou se dispersar, ao redor de irregularidades do solo, blocos de rocha, ou da própria vegetação. Nesse caso, os referidos autores pesquisaram os processos que antecedem a formação das ravinas, quando o escoamento ainda é difuso, não estando concentrados em pequenos canais.

Dentre os vários trabalhos consultados e analisados para a realização deste capítulo, aquele que mais detalha a formação de ravinas e sua contribuição para a produção de sedimentos utilizando a metodologia empregada nas parcelas (*plots*) é o de Hasholt (1995). Nesse trabalho, o autor destaca o papel das ravinas no transporte de sedimentos a longa distância. Um dos objetivos do estudo desse autor é fazer uma avaliação da importância da erosão por ravinas, comparada a outras formas de erosão. Segundo Hasholt (1995), o estudo das ravinas, através do monitoramento em parcelas, oferece condições ideais e únicas, sob circunstâncias com alto controle. As mensurações nas parcelas foram feitas mensalmente, ou a cada duas semanas, dependendo dos eventos chuvosos. Através desse monitoramento, o autor observou que, nas parcelas estudadas, a erosão por ravina se iniciou a uma distância que variou entre 2 e 6 metros do topo da parcela, indicando que há um certo limite crítico da profundidade do escoamento superficial, abaixo do qual não se formam ravinas. Além disso, Hasholt (1995) observou que o volume das ravinas pode ser mais bem mensurado logo após a sua formação; caso contrário, processos resultantes do *splash* e do *slump* podem mascarar as suas características iniciais. Nos solos mais argilosos, o autor observou que há uma maior dificuldade de se formarem ravinas, enquanto nos solos mais arenosos elas se formaram com mais facilidade. Hasholt (1995) finaliza seu trabalho destacando que as ravinas podem ser uma forma significativa de transporte de sedimentos, podendo chegar até a 2.000t/km^2. Dessa forma, o autor considera que as áreas de risco de formação de ravinas deveriam ser identificadas com mais cautela e, conseqüentemente, ser tratadas, de forma a evitar a ocorrência desses processos, que podem ser altamente negativos para os solos.

6.3. Monitoramento da Formação e Evolução das Ravinas em Áreas Agrícolas

Uma outra forma de se compreender o papel das ravinas no processo erosivo é através do seu monitoramento *in situ,* ou seja, nos próprios campos agrícolas onde elas ocorrem. Vários pesquisadores vêm estudando as ravinas, utilizando técnicas e métodos diferentes para compreender como, onde e por que elas surgem no terreno e como evoluem (Robinson e Naghizadeh, 1992; Evans, 1992, 1993 e 1996; Gauscuel-Odoux *et al.,* 1996).

Robinson e Naghizadeh (1992), por exemplo, chamam a atenção para os efeitos de diferentes práticas de cultivo na geração do *runoff* e formação de ravinas, no sul da Inglaterra, em uma região conhecida por South Downs. Com os resultados obtidos, os autores demonstraram que, dependendo das práticas de cultivo, ravinas podem se estabelecer com mais facilidade. Os resultados obtidos por Robinson e Naghizadeh (1992) apontaram diferenças até dez vezes superiores em termos de erosão, em relação aos campos cultivados com métodos tradicionais, enquanto nos campos plantados com sistemas de cultivos mais modernos, praticamente não houve erosão.

Outro pesquisador que vem tratando do problema da erosão como um todo, e em especial das ravinas, é Evans (1992, 1993 e 1996), que tem demonstrado uma série de características importantes, relativas ao processo erosivo, principalmente aquelas que dizem respeito ao monitoramento direto nos campos agrícolas. Por exemplo, Evans (1992) comparou diferentes áreas na Inglaterra, como os solos arenosos de Nottinghamshire, com os solos mais argilosos de Bedfordshire. Nas áreas argilosas, as ravinas restringiram-se aos fundos dos vales, enquanto nos solos mais arenosos as ravinas se encontraram de forma mais generalizada pelas encostas. Além disso, o volume de material erodido foi muito maior nos campos agrícolas arenosos do que nos argilosos. Isso vem exemplificar uma série de estudos anteriores, que apontam o papel da textura na erodibilidade dos solos. Evans (1993 e 1996) aponta, ainda, que há uma grande necessidade de se monitorar mais campos na Inglaterra e em outras partes do mundo para se poder compreender melhor o processo de formação e evolução das ravinas.

Um outro trabalho interessante é aquele desenvolvido por Gascuel-Odoux *et al.* (1996), onde os autores enfatizam o papel das variações espaciais e temporais do escoamento concentrado e do transporte de sedimentos na formação de ravinas, nos campos agrícolas. Os autores acompanharam os processos de ravinamento, na região da Bretanha, na França, e observaram o papel das diferenças de textura, microtopografia e cobertura vegetal, nas diferentes taxas de erosão. Uma vez formadas crostas na superfície do solo e com uma cobertura vegetal mais densa, devido ao crescimento dos cultivos, os solos se tornaram protegidos contra a ação do ravinamento. Mas, muitas vezes os processos de formação de ravinas se iniciaram antes de o solo estar bem protegido pela cobertura vegetal. Nesse caso, a formação das crostas fez com que as taxas de infiltração fossem menores, e o escoamento superficial foi capaz de gerar ravinas.

Guerra e Botelho (1998) chamam a atenção para a erosão dos solos brasileiros, não só através do escoamento difuso, como também de ravinas e voçorocas, como sendo um dos fatores responsáveis pela perda não só de solo, mas também de sua fertilidade, em especial naquelas áreas onde os sistemas de cultivos não respeitam os limites relacionados às propriedades químicas e físicas dos solos, às características das chuvas (concentradas em poucos meses, durante o ano) e algumas características das encostas, que podem favorecer o estabelecimento de ravinas.

7. *Papel dos Modelos no Estudo das Ravinas*

Horton (1945) pode ser considerado um dos primeiros pesquisadores a procurar desenvolver modelos para compreender a formação e evolução das ravinas. Esses modelos podem ser baseados em experimentos de laboratório, de campo, mistos, combinando os dois, ou então modelos teóricos, como o desenvolvido por Favis-Mortlock (1996). Segundo esse autor, ainda são poucos os modelos criados para prever o desenvolvimento de ravinas. Isso reforça o que Dietrich e Dunne (1993) destacam, ou seja, que a definição de onde exatamente as ravinas se formam é uma questão chave no desenvolvimento de modelos que empregam dados digitais de elevação. E isso ainda não está bem resolvido nos dias de hoje. A propósito disso, Favis-Mortlock *et al.* (1998) procuram examinar como as ravinas podem ser previstas, através de uma abordagem dinâmica de sistemas auto-organizativos. Os autores sugerem que é possível prever a formação de redes de ravinas e como elas evoluem, combinando modelos teóricos com observações feitas a partir de experimentos feitos com simuladores de chuva no campo. A adoção de modelos digitais de elevação é fundamental nesse tipo de estudo, pois os dados quantitativos podem ser facilmente gerados, bem como mensurados, com detalhe que chega até a precisão de 1mm.

Segundo Favis-Mortolock (1996), que criou um modelo chamado *RillGrow*, as ravinas formadas pelo *runoff* e pelo *overland flow*, resultantes das poças (*ponds*) que se formam no topo do solo e que se rompem nos *knickpoints*, podem ser imaginadas como sendo competitivas. Nessa "competição", como afirma o referido autor, as ravinas de mais "sucesso" se tornam descontínuas, competindo com outras para se tornarem um subconjunto de ravinas contínuas. Segundo Favis-Mortlock (1996), o "sucesso" das ravinas vai depender tanto da sua posição na encosta, como da microtopografia existente no local onde elas estão se formando e evoluindo. Por sua vez, essa microtopografia tende a ser modificada pelos processos erosivos que se estabelecem na superfície do solo, à medida que as ravinas crescem ou evoluem. Daí o fato de o referido autor ter dado o nome de *RillGrow* ao seu modelo teórico, cuja melhor tradução para o português seria "crescimento de ravinas".

O modelo em questão considera cada gota de água separadamente e, dessa forma, não opera em um domínio real de tempo. Sendo assim, não há possibilidade de se calcular a descarga resultante do *runoff*, em um dado intervalo de tempo. Dessa forma, Favis-Mortlock (1996) assumiu uma velocidade constante de 20cm/s para o *runoff*.

Apesar de o *RillGrow* ter algumas limitações, os resultados obtidos por Favis-Mortlock (1996) enfatizam a necessidade de seguir uma abordagem evolutiva para compreender a formação e evolução das ravinas, guiadas por regras que atuam numa escala milimétrica, pois essa é a escala em que as ravinas se iniciam nos campos agrícolas, podendo evoluir, à medida que descem as encostas. A partir dessa escala, podem-se reproduzir muitas das características emergentes dos sistemas de ravinas. Essas características podem ser destacadas como o relacionamento existente entre as ravinas e a declividade das encostas; o balanço espacial entre a erosão por ravina e inter-ravina, a variação na profundidade das ravinas e as mudanças na microtopografia do terreno. Apesar da escala reduzida dos modelos e de uma série de outras limitações que os mesmos podem oferecer, eles podem dar uma grande contribuição da realidade, no que se refere ao processo de formação de ravinas, evolução e criação de uma verdadeira rede de ravinas na superfície das encostas, além da possibilidade de entender como se dá a conexão das ravinas com outros processos erosivos.

8. Conexão com Outros Processos Erosivos

Ravinas permanentes, que persistem no mesmo local por períodos prolongados, quase sempre evoluem para voçorocas, encosta abaixo, e podem formar os estágios iniciais da evolução de redes de drenagem (Bryan, 1987). Daí a importância do conhecimento de como, onde e por que as ravinas se formam. É a partir disso que se podem tomar medidas para evitar o surgimento das ravinas e, conseqüentemente, reduzir o risco da formação de voçorocas que evoluem a partir das ravinas (Figura 1.7).

Como afirma Evans (1996), os solos que permanecem sob agricultura altamente mecanizada, por um período prolongado, tendem a se tornar mais sensíveis à formação de ravinas, que podem evoluir para voçorocas. Isso se deve à degradação da estrutura desses solos e ao declínio de matéria orgânica, que ocorre principalmente no topo do solo. Essa diminuição do teor de matéria orgânica faz com que esses solos se tornem mais suscetíveis à formação de crostas no topo do solo, que dificultam a infiltração, aumentando o escoamento superficial, que eventualmente provoca o desenvolvimento de ravinas.

Horton (1945) foi um dos primeiros pesquisadores a se preocupar com a conexão existente entre as ravinas e outros processos erosivos, que

FIGURA 1.7. Evolução de processo erosivo, passando de ravina para voçoroca, numa área de pasto, em Açailândia, Maranhão.

podem levar a uma degradação intensa das encostas. Essa conexão existe desde os primeiros estágios do processo erosivo, quando o escoamento superficial ainda é difuso (Merritt, 1984), passando por toda uma evolução, quando as águas começam a criar a incisão de sulcos na superfície do terreno, até sua possível evolução para voçorocas (Guerra, 1998), que podem chegar a alcançar quilômetros de extensão. Assim, um processo erosivo que pode se iniciar com alguns milímetros ou centímetros de profundidade e largura, com poucos metros de comprimento, pode alcançar vários metros de largura e profundidade e quilômetros de comprimento, chegando às vezes a criar uma rede de canais conectados (Dietrich e Dunne, 1993). A compreensão de como essa conexão se dá ainda não está totalmente entendida e deve ser motivo de investigações daqui para a frente, se quisermos mesmo controlar os processos erosivos nas encostas.

Apesar de existirem várias pesquisas mais ou menos isoladas, em diversas partes do mundo, em andamento no presente, acredita-se que, a partir dos resultados alcançados por essas investigações, pode-se conseguir compreender a conexão existente entre esses processos, que geram uma verdadeira degradação das encostas onde se instalam. A propósito disso, Dietrich e Dunne (1993) enfatizam que muitos estudos sobre as cabeceiras de drenagem têm abordado uma questão bem aplicada, ou seja, o desenvolvimento de voçorocas, em resposta a diferentes tipos de uso da terra. Tanto os estudos teóricos como os práticos têm demonstrado que as cabeceiras dos canais são características importantes, que devem ser pesquisadas com maior detalhe, no sentido de se compreender melhor como os mecanismos de evolução do processo operam. Por isso é importante entender a conexão existente entre as ravinas, através da sua evolução, formando voçorocas, que podem ainda evoluir para criar verdadeiras redes de canais de drenagem.

9. Conclusões

A partir de uma série de questões levantadas neste capítulo, espera-se que o leitor possa ter compreendido, não só o processo de formação das ravinas, mas como podem evoluir, formando voçorocas e criando uma paisagem degradada. Além disso, foi objetivo, também, chamar a atenção de um processo, que muitas vezes fica relegado a um segundo plano, porque não é tão visível como o processo de voçorocamento, mas que seu surgimento e evolução podem levar à formação de voçorocas, como já foi abordado ao longo do capítulo. Daí a ênfase dada ao estudo das ravinas, podendo ser o primeiro estágio de um processo erosivo mais violento.

Outro aspecto que deve ser enfatizado é o de que, ao compreender que existem conexões entre a erosão em lençol, que pode evoluir para a formação de ravinas e, posteriormente, para a erosão em voçorocas, é importante compreender-se como as ravinas se formam, para que possa não só ser evitado o seu estabelecimento numa encosta, mas, uma vez estabelecidas, se possa, pelo menos, tentar evitar o seu crescimento, para que não cheguem a se transformar em voçorocas.

Uma série de teorias e abordagens foram aqui discutidas, no sentido de permitir que o leitor possa compreender como o processo de formação de ravinas se desenvolve, desde o seu início, caminhando pelo seu desenvolvimento, até o estágio em que pode chegar a formas erosivas que são muito mais difíceis de serem contidas, como as voçorocas.

Por fim, é sempre bom chamar a atenção que, a partir do conhecimento mais detalhado sobre as ravinas, de como e onde se formam, e como evoluem nas encostas, pode-se tentar evitá-las, adotando técnicas e estratégias de conservação dos solos, com o objetivo mais amplo de um desenvolvimento sustentável nas áreas agropastoris brasileiras. O conhecimento mais aprofundado do processo de desenvolvimento das ravinas também pode ser conseguido, à medida que modelos sejam criados, com o objetivo de prever onde e quando essas formas erosivas poderão se estabelecer e, com isso, evitar que esse tipo de erosão surja em determinada encosta.

10. Bibliografia

ABRAHAMS, A.D., PARSONS, A.J., e HIRSCH, P.J. (1992). Field and laboratory studies of resistance to interrill overland flow on semi-arid hillslopes, southern Arizona. *In:* Overland Flow — Hydraulics and Erosion Mechanics. Editores: A.J. Parsons e A.D. Abrahams. University College London Press, Londres, 1-23.

BOARDMAN, J., e ROBINSON, D.A. (1985). Soil erosion, climatic vagary and agricultural change on the hydraulic on the South Downs around Lewes and Brighton, autumn 1982. *Applied Geography,* 5, 243-258.

BOWYER-BOWER, T.A.S., e BRYAN, R.B. (1986). Rill initiation: concepts and experimental evaluation on badland slopes. *Z. Geomorph. N.F.,* 60, 161-175.

BRYAN, R.B. (1974). Water erosion by splash and the erodibility of Albertan soils. *Geogr. Annlr.,* 56A, 159-181.

BRYAN, R.B. (1987). Processes and significance of rill development. *Catena Supplement,* 8, 1-15.

BRYAN, R.B. (1990). Knickpoint evolution in rillwash. *Catena Supplement,* 17, 111-132.

BRYAN, R.B., e POESEN, J. (1989). Laboratory experiments on the influence of slope length on runoff, percolation and rill development. *Earth Surface Processes and Landforms,* 14, 211-231.

COELHO NETTO, A.L. (1998). Hidrologia de encosta na interface com a geomorfologia. *In:* Geomorfologia — uma atualização de bases e conceitos. Orgs. A.J.T. Guerra e S.B. Cunha, 3ª edição, Ed. Betrand Brasil, 93-148.

DE PLOEY, J. (1977). Some experimental data on slopewash and wind action, with reference to Quaternary morphogenesis in Belgium. *Earth Surface Processes,* 2, 101-115.

DE PLOEY, J. (1981). Crusting and time-dependent rainwash mechanisms on loamy soil. *In:* Soil Conservation Problems and Prospects. Editor: R.P.C. Morgan, 139-152.

DE PLOEY, J. (1983). Runoff and rill generation on sandy and loamy topsoils. *Z. Geomorph. N.F.,* 46, 15-23.

DE PLOEY, J., e POESEN, J. (1985). Aggregate stability, runoff generation and interril erosion. *In:* Geomorphology and Soils. Editores: K.S. Richards, R.R. Arnett e S. Ellis, 99-120.

DIETRICH, W.E., e DUNNE, T. (1993). The channel head. *In:* Channel Network Hydrology. Editores: K. Beven e M. Kirkby. John Wiley Ltd., 175-219.

DUNNE, T. (1980). Formation and control of channel networks. *Progress in Physical Geography,* 4, 211-239.

DUNNE, T., e AUBRY, B.F. (1986). Evaluation of Horton's theory of sheet-wash and rill erosion on the basis of field experiments. *The Binghamton Symposia in Geomorphology: International Series,* 16, 31-53.

EPSTEIN, E., e GRANT, W.J. (1967). Soil losses and crust formation as related to some physical properties. *Proceedings of Soil Science Society of America,* 31, 547-550.

EVANS, R. (1980). Mechanics of water erosion and their spatial and temporal controls: an empirical viewpoint. *In:* Soil erosion. Editores: M.J. Kirkby e R.P.C. Morgan, 109-128.

EVANS, R. (1992). Rill erosion in contrasting landscapes. *Soil Use and Management,* 8, 4, 170-175.

EVANS, R. (1993). Extent, frequency and rates of rilling of arable land in localities in England and Wales. *In:* Farm Land Erosion: In Temperate Plains Environment and Hills. Org. S. Wicherek. Elsevier Science Publishers, 177-190.

EVANS, R. (1996). Some soil factors influencing accelerated water erosion of arable land. *Progress in Physical Geography,* 20, 2, 205-215.

FARRES, P. (1978). The role of time and aggregate size in the crusting process. *Earth Surface Processes,* 243-254.

FAVIS-MORTLOCK, D.T. (1996). An evolutionary approach to the simulation of rill initiation and development. *In:* Proceedings of the First International Conference on GeoComputation, Universidade de Leeds, vol. I, 248-281.

FAVIS-MORTLOCK, D.T., GUERRA, A.J.T., e BOARDMAN, J. (1998). A self-organizing dynamic systems approach to hillslope rill initiation and growth: model development and validation. *Proceedings of the International Symposium on Modelling Soil Erosion, Sediment Transport and Closely Related Hydrological Processes,* Viena, Austria, 13-17 julho/98, 249, 53-61.

FUJIWARA, T., FUKADA, M., e MOTOYOSHI, F. (1990). An experimental study of the rill formation process on a bare slope. *Technology Reports of the Yamagushi University,* Japão, 4,4, 313-323.

GASCUEL-ODOUX, G., CROS-CAYOT, S., e DURAND, P. (1996). Spatial variations of sheet flow and sediment transport on an agricultural field. *Earth Surface Processes and Landforms,* 21, 843-851.

GOVERS, G. (1987). Selectivity and transport capacity of thin flows in relation to rill erosion. *Catena,* 12, 35-49.

GOVERS, G., EVERAERT, W., POESEN, J., RAUWS, G., DE PLOEY, J., e LAUTRIDOU, J.P. (1990). A long flume study of the dynamic factors affecting the resistance of a loamy soil to concentrated flow erosion. *Earth Surface Processes and Landforms,* 15, 313-328.

GOUDIE, A. (1985). The Encyclopaedic Dictionary of Physical Geography. Basil Blackwell Ltd., Oxford, Inglaterra, 528p.

GREENLAND, D.J., RIMMER, D., e PAYNE, D. (1975). Determination of the structural stability class of English and Welsh soils using a water coherence test. *Journal of Soil Science,* 26, 294-303.

GUERRA, A.J.T. (1990). O papel da matéria orgânica e dos agregados na erodibilidade dos solos. *Anuário do Instituto de Geociências da UFRJ,* 13, 43-52.

GUERRA, A.J.T. (1991). Soil characteristics and erosion, with particular reference to organic matter content. Tese de Doutorado, Universidade de Londres, 441p.

GUERRA, A.J.T. (1994). The effect of organic matter content on soil erosion in simulated rainfall experiments in W. Sussex, U.K. *Soil Use and Management,* Harpenden, Inglaterra, 10, 60-64.

GUERRA, A.J.T. (1996). Processos erosivos nas encostas. *In:* Geomorfologia — exercícios, técnicas e aplicações. Orgs. S.B. Cunha e A.J.T. Guerra. Ed. Bertrand Brasil, 139-155.

GUERRA, A.J.T. (1998a). Processos erosivos nas encostas. *In:* Geomorfologia — uma atualização de bases e conceitos. Orgs. A.J.T. Guerra e S.B. Cunha, 3ª edição, Ed. Betrand Brasil, 149-209.

GUERRA, A.J.T. (1998b). Ravinas: processo de formação e desenvolvimento. *Anuário do Instituto de Geociências,* UFRJ, 2, 80-95.

GUERRA, A.J.T., e ALMEIDA, F.G. (1993). Propriedades dos solos e análises dos processos erosivos no município de Sorriso-MT. *Anais do IV Encontro Nacional de Estudos sobre o Meio Ambiente,* Cuiabá, Mato Grosso.

GUERRA, A.J.T., e OLIVEIRA, M.C. (1995). A influência dos diferentes tratamentos do solo, na seletividade do transporte de sedimentos: um estudo comparativo entre duas estações experimentais. *Anais do VI Simpósio de Geografia Física Aplicada.* Goiânia, vol. I, 455-458.

GUERRA, A.J.T., TEIXEIRA, P.M.F., e SANTOS, R.F. (1995). Análise dos dados em uma estação experimental em área de mata secundária, Corrêas, Petrópolis (RJ). *Anais do VI Simpósio de Geografia Física Aplicada.* Goiânia, vol. I, 78-80.

GUERRA, A.J.T., e BOTELHO, R.G.M. (1998). Erosão dos solos. *In:* Geomorfologia do Brasil. Orgs. S.B. Cunha e A.J.T. Guerra. Ed. Bertrand Brasil, 177-223.

GUERRA, A.T., e GUERRA, A.J.T. (1997). Novo Dicionário Geológico-Geomorfológico. Editora Bertrand Brasil, Rio de Janeiro, 648p.

HARTMANN, R., e BOODT, M. (1974). The influence of the moisture content, texture and organic matter on the aggregation of sandy and loamy soils. *Geoderma,* 11, 53-62.

HASHOLT, B. (1995). Formation of rills and their contribution to sediment yield. *In:* Surface runoff, erosion and loss of phosphorus at two agricultural soils in Denmark — plot studies 1989-92-report No. 14, 107-114.

HEATHWAITE, A.L., BURT, T.P., e TRUDGIL, S.T. (1990). Land use controls on sediment production in a lowland catchment, South-west England. *In:* Soil Erosion on Agricultural Land. Editores: J. Boardman, I.D.L. Foster e J.A. Dearing, 69-86.

HODGES, W.K., e BRYAN, R.B. (1982). The influence of material behaviour on runoff initiation in the Dinosaur Badlands, Canada. *In:* Badlands Geomorphology and Piping. Editores: R.B. Bryan e A. Yair, Geo Books (Geo Abstracts Ltd.), 13-46.

HORTON, R.E. (1945). Erosional development of streams and their drainage basins: hydrological approach to quantitative morphology. *Bulletin of the Geological Society of America,* 56, 275-370.

HUDSON, N.W. (1961). An introduction to the mechanics of soil erosion under conditions of sub-tropical rainfall. *Proc. Trans. Rhod. Sci. Ass.,* 49, 15-25.

IMESON, A.C., e KWAAD, F.J.P.M. (1980). Gully types and gully prediction. *Geografisch Tijdschrift,* 14, 430-441.

IMESON, A.C., e KWAAD, F.J.P.M. (1990). The response of tilled soils to wetting by rainfall and the dynamic character of soil erodibility. *In:* Soil erosion on agricultural land. Editores: J. Boardman, I.D.L. Foster e J.A. Dearing, 3-14.

IMESON, A.C., e VERSTRATEN, J.M. (1988). Rills on badland slopes: a physico-chemically controlled phenomenon. *Catena Supplement,* 12, 130-159.

KIRKBY, M.J. (1980). Modelling soil erosion processes. *In:* Soil Erosion. Edtitores: M.J. Kirkby e R.P.C. Morgan. J. Wiley, Inglaterra, 183-216.

KUMKE, T., e MULLINS, C.E. (1997). Field measurements of time to ponding. *Soil Use and Management,* 13, 24-28.

MERRITT, E. (1984). The identification of four stages during micro-rill development. *Earth Surface Processes and Landforms,* 9, 493-496.

MORGAN, R.P.C. (1980). Field studies of sediment transport by overland flow. *Earth Surface Processes,* 5, 307-316.

MORGAN, R.P.C. (1984). Soil degradation and erosion as a result of agricultural practice. *In:* Geomorphology and Soils. Editores: K.S. Richards, R.R. Arnett e S. Ellis. George Allen and Unwin, Londres, 370-395.

MORGAN, R.P.C. (1986). Soil erosion and conservation. Longman Group, Inglaterra, 298p.

MORGAN, R.P.C., MARTIN, L., e NOBLE, C.A. (1987). Soil erosion in the United Kingdom: a case study from Mid-Bedfordshire. *Occasional Paper,* 14, Silsoe, Cranfield Institute of Technology, Inglaterra.

MUTTER, G.M., e BURNHAM, C.P. (1990). Plot studies comparing water erosion on chalky and non-calcareous soils. *In:* Soil erosion on agricultural land. Editores: J. Boardman, I.D.L. Foster e J.A. Dearing, 15-23.

POESEN, J., e GOVERS, G. (1986). A field-scale study of surface sealing and compaction on loam and sandy loam soils. Part II. Impact of soil surface sealing and compaction on water erosion processes. *In:* Assessment of soil surface sealing and crusting. Proceedings of the Symposium held in Ghent, Bélgica, 1985. Editores: F. Callebaut, D. Gabriels e M. De Boodt, 183-193.

PROFFITT, A.P.B., ROSE, C.W., e LOVELL, C.J. (1993). Settling velocity characteristics of sediment detached from a soil surface by raindrop impact. *Catena Supplement,* 20, 27-40.

QUINTON, J.M., EDWARDS, G.M., e MORGAN, R.P.C. (1997). The influence of vegetation species and plant properties on runoff and soil erosion: results from a rainfall simulation study in South East Spain. *Soil Use and Management,* 13, 143-148.

RAUWS, G. (1987). The initiation of rills on plane beds of non-cohesive sediments. *Catena Supplement,* 8, 107-118.

RAUWS, G., e GOVERS, G. (1988). Hydraulic and soil mechanical aspects of rill generation on agricultural soils. *Journal of Soil Science,* 39, 111-124.

REED, A.H. (1979). Accelerated erosion of arable soils in the United Kingdom by rainfall and runoff. *Outlook on Agriculture,* 10, 1, 41-48.

ROBINSON, D.A., e NAGHIZADEH, R. (1992). The impact of cultivation practice and whellings on runoff generation and soil erosion on the South Downs: some experimental results using simulated rainfall. *Soil Use and Management,* 8, 4, 151-156.

SLATTERY, M.C., e BRYAN, R.B. (1992). Hydraulic conditions for rill incision under simulated rainfall: a laboratory experiment. *Earth Surface Processes and Landforms,* 17, 127-146.

STOCKING, M.A. (1977). Rainfall erosivity in erosion: some problems and applications. *Research Discussion Paper,* 13, Universidade de Edinburgh, Dept. de Geografia, 29p.

THORNES, J.B. (1980). Erosional processes of running water and their spatial and temporal controls: a theoretical viewpoint. *In:* Soil erosion. Editores: M.J. Kirkby e R.P.C. Morgan, 129-182.

VERHAEGEN, T. (1984). The influence of soil properties on the erodibility of Belgian loamy soils: a study based on rainfall simulation experiments. *Earth Surface Processes and Landforms,* 9, 499-507.

WISCHMEIER, W.H. (1959). A rainfall erosion index for a Universal Soil Loss Equation. *Proc. Soil Sci. Soc. Am.,* 23, 246-249.

WISCHMEIER, W.H. (1966). Relation of field-plot runoff to management and physical factors. *Proc. Soil Sci. Soc. Am.,* 30, 272-277.

WISCHMEIER, W.H., e MANNERING, J.V. (1969). Relation of soil properties to its erodibility. *Proceedings of Soil Science Society of America,* 33, 133-137.

WISCHMEIER, W.H., e SMITH, D.D. (1958). Rainfall energy and its relationship to soil loss. *Trans. Am. Geophis. Union,* 39, 285-291.

WISCHMEIER, W.H., e SMITH, D.D. (1968). Predicting rainfall erosion losses. *Guide to conservation farming,* U.S. Department of Agriculture Handbook, 537, 58p.

YOUNG, R.A., e WIERSMA, J.L. (1973). The role of rainfall impact in soil detachment and transport. *Water Resources Research,* 9, 1629-1639.

CAPÍTULO 2

PROCESSOS EROSIVOS E PRESERVAÇÃO DE ÁREAS DE RISCO DE EROSÃO POR VOÇOROCAS

Marcelo Accioly Teixeira de Oliveira

1. INTRODUÇÃO

A identificação dos mecanismos que determinam o processo erosivo é fundamental para a elaboração de projetos de controle da erosão e deve ser cuidadosamente definida durante a etapa de cadastramento de processos erosivos em campo (DAEE/IPT, 1989). Neste capítulo, são abordadas características importantes relacionadas à erosão por voçorocas que auxiliam a identificação dos principais mecanismos envolvidos no processo erosivo. Essas características são as chamadas feições erosivas, que podem ser observadas em incisões em diferentes graus de atividade e de evolução.

O estudo da evolução de incisões erosivas tem sido privilegiado pela geomorfologia, disciplina que se interessa pelos processos de esculturação do relevo terrestre. Através da observação, monitoramento e experimentação em campo e em laboratório, muitos mecanismos básicos têm sido identificados (Bryan e Poesen, 1989; Swanson *et al.*, 1989), e modelos de diversas categorias têm sido propostos (Wischmeier, 1976; Kirkby, 1987; Lane *et al.*, 1988).

Após a exposição dos principais mecanismos envolvidos no processo erosivo e das feições erosivas associadas, serão tecidas algumas considerações sobre interações entre diferentes mecanismos erosivos e suas conseqüências morfogenéticas, tendo como base um modelo conceitual de evolução de voçorocas. A aplicação deste modelo a problemas de erosão e sedimentação no interior de bacias hidrográficas será igualmente discutida. Através da análise da evolução morfogenética de determinados setores de bacias hidrográficas, serão propostos critérios de identificação de áreas de risco de erosão por voçorocas. Com base no conceito de bacia de drenagem e na associação entre cabeceira de vale e manancial, propõe-se que áreas de risco, devidamente identificadas, sejam contempladas pela legislação de proteção ambiental, com o objetivo de prevenir a manifestação da erosão por ravinas e por voçorocas.

Porém, com o intuito de evitar dúvidas relacionadas à terminologia utilizada neste capítulo, antes de tratarmos dos assuntos acima seria oportuno esclarecer desde já o que se entende por ravinas e por voçorocas.

Ravinas e voçorocas podem ser consideradas como incisões que resultam da tendência de sistemas naturais a atingir um estado de equilíbrio entre energia disponível e eficiência do sistema em dissipar energia. Quando um sistema natural (encosta, bacia hidrográfica, etc.) não é eficiente para dissipar a energia disponível, o sistema se adapta, de forma a atingir novo estado de equilíbrio (Bak, 1997). No caso dos solos, tanto a mudança na quantidade de energia disponível (intensidade e freqüência de precipitações, teor de umidade dos solos, etc.), quanto a alteração das características do sistema (uso do solo, cobertura vegetal, grau de estruturação, etc.) podem levar a uma situação de desequilíbrio entre energia disponível e capacidade de dissipação de energia.

O termo erosão acelerada dos solos, por vezes utilizado para fazer referência à erosão por voçorocas, deriva da concepção de que ravinas e voçorocas resultam da intervenção causada pelas atividades humanas (Neboit, 1983). Apesar de pertinente, esta concepção ignora o fato de que ravinas e voçorocas são feições erosivas que caracterizam, no Brasil e em outras partes do mundo, antigos depósitos sedimentares cuja idade pode atingir mais de 20.000 AP (Hugget, 1974; Oliveira, 1989; Camargo, 1998), sendo portanto, no que nos diz respeito, anteriores aos primeiros humanos documentados na América do Sul (Mello e Alvim, 1972). Conseqüentemente, ravinas e voçorocas podem ser vistas como canais incisos naturais que resultam de desequilíbrios naturais ou induzidos pelo homem.

Resta ainda esclarecer o que distingue uma ravina de uma voçoroca. Diversas definições podem ser encontradas na literatura internacional e nacional (Heede, 1970; Imeson e Kwaad, 1980; Ponçano e Prandini, 1987). Em geral, predominam distinções de caráter dimensional. Segundo este critério, ravinas seriam incisões de até 50 centímetros de largura e profundidade. Acima desses valores, as incisões erosivas seriam denominadas de voçorocas (Guerra, 1998).

Mais recentemente, técnicos do Instituto Paulista de Tecnologia têm veiculado a definição segundo a qual ravinas seriam canais criados pela ação do escoamento superficial; e voçorocas, canais esculpidos pelo afloramento do lençol freático (Cavaguti, 1994; Canil *et al.*, 1995). Apesar de útil do ponto de vista técnico, pois facilita o planejamento de eventuais obras de controle e de recuperação de incisões erosivas, a definição proposta pelo IPT lança confusão no meio acadêmico.

Esta definição opõe, por exemplo, mecanismos que com freqüência interagem em diferentes estágios do processo erosivo, dificultando a compreensão da evolução do processo erosivo a partir de sulcos, passando por ravinas e chegando a voçorocas. Embora esta evolução nem sempre seja pertinente, a sua utilidade pedagógica é incontestável.

A associação de ravinas ao escoamento superficial e a de voçorocas ao escoamento subsuperficial se contrapõem, ainda, às terminologias utilizadas a nível internacional, dificultando nossa comunicação com colegas estrangeiros. Além do mais, considerar que uma incisão com mais de 10 metros de profundidade seja denominada "ravina" esbarra com dificuldades de ordem etimológica que caracterizam nosso linguajar brasileiro (ver, por exemplo, a origem dos termos "ravin" e "ravine" em francês e do termo "voçoroca", ou "boçoroca" em português).

Por respeito aos conceitos mais largamente difundidos e aceitos na comunidade acadêmica nacional, optamos aqui por guardar a definição dimensional como o critério básico para a distinção entre ravinas e voçorocas. Portanto, são consideradas ravinas incisões com menos de 50 centímetros, e voçorocas incisões com largura e profundidade superiores a 50 centímetros.

2. *Feições Erosivas e Identificação de Processos Erosivos*

2.1. Principais Mecanismos Responsáveis pela Erosão por Ravinas e Voçorocas

A erosão por ravinas e voçorocas é causada por vários mecanismos que atuam em diferentes escalas temporais e espaciais. Todos derivam de rotas tomadas pelos fluxos de água, que podem ocorrer na superfície ou em subsuperfície (Coelho Netto, 1998).

Como considerações mais aprofundadas sobre a origem dessas rotas de fluxo escapam aos objetivos deste capítulo, serão enumerados a seguir os principais mecanismos envolvidos no processo erosivo, acompanhados de considerações genéricas de ordem física. Podemos, portanto, discernir os mecanismos que se seguem:

a) Deslocamento de partículas por impacto de gotas de chuva

Conhecido como *splash erosion*, ou erosão por salpico, o deslocamento de partículas por impacto de gotas de chuva acarreta compactação da superfície do terreno, através da remobilização de silte e argila nos espaços intergranulares, e erosão, através da projeção de partículas para fora da zona de impacto. A compactação cria uma crosta superficial de 0,1 a 3,0mm de espessura (Farres, 1978), que pode implicar a redução da capacidade de infiltração de 50% a 1.000%, de acordo com as características do solo e com a energia da chuva (Morin *et al.*, 1981; Hoogmoed e Stroosnijder, 1984), aumentando o escoamento superficial durante eventos chuvosos. A projeção de partículas implica erosão e depende da intensidade e, sobretudo, da energia cinética da chuva. A energia cinética das gotas de chuva é obtida através da expressão:

$$E_k = {}^1/_2\, m\, v^2,$$

onde m representa a massa (kg) e v a velocidade ($m.s^{-1}$). Boa parte dessa energia é dissipada em atrito, sobrando apenas 2% de energia para o trabalho erosivo (Selby, 1994). A projeção de partículas para fora da zona de impacto contribui com o fornecimento de material móvel a ser carreado pelo escoamento superficial.

Experimentos sobre a erosão por salpico indicam interações importantes entre as propriedades da chuva, as propriedades dos materiais de solo e a geometria da superfície do terreno (Cruse e Larson, 1977; Froehlich, 1986; De Ploey e Poesen, 1987). A sua freqüência depende da freqüência de eventos pluviométricos intensos.

b) Transporte de partículas de solo pelo escoamento superficial difuso

A partir dos trabalhos de Horton (1945) e Dunne (1980), emergem duas rotas possíveis de formação do escoamento superficial: o fluxo superficial hortoniano e o fluxo subsuperficial de saturação (Coelho Netto, 1998).

A rugosidade do terreno gera resistência de atrito ao escoamento superficial, que promove turbulência no fluxo. O número de Reynolds (R_e) é um índice de turbulência do fluxo e pode ser expresso pela equação:

$$R_e = \rho \ UL / \eta = UL / v,$$

onde ρ é a densidade do fluido, U a sua velocidade característica, L o comprimento, η a viscosidade molecular do fluido e v a viscosidade cinemática do fluido.

Fisicamente, o número de Reynolds descreve o balanço entre forças inerciais do fluxo (produto no numerador) e forças de viscosidade. Pode, portanto, ser entendido como um índice da estabilidade do fluxo, pois fluxos turbulentos podem ser considerados instáveis, se comparados ao elevado grau de ordem interna dos fluxos laminares, nos quais predominam forças de viscosidade (Allen, 1994). Números de Reynolds acima de 2.000 indicam condições de turbulência, e, abaixo de 500, fluxo laminar (Hillel, 1974; Hénin, 1977). A transição entre os dois tipos de regime se encontra na zona entre 500 e 2.000. Valores publicados de R_e para o escoamento superficial são, em geral, inferiores a 100 para solos cultivados, podendo atingir, em determinadas condições, 1.200 a 3.000 (Selby, 1994).

O transporte de partículas por fluxos superficiais pode ser compreendido como o resultado de tensões cisalhantes que superam a resistência estática das partículas individuais. A partir do momento em que o fluxo é capaz de manter o movimento generalizado das partículas (Bridge,

1981), as forças cisalhantes tendem a atingir o seu efeito máximo, para um dado número de Reynolds, implicando transporte.

Para ocorrer erosão é necessário que um certo limiar de velocidade seja ultrapassado, de acordo com as dimensões das partículas (Hjulström, 1935). Valores registrados de velocidade do escoamento superficial variam de 0,0015 a 0,3 $m.s^{-1}$, o que é suficiente para transportar silte e areia fina (Selby, 1994). Esse mecanismo depende, entre outros fatores, da geração de fluxos de chuva, e sua escala temporal de atuação depende da duração e da intensidade dos eventos chuvosos.

c) Transporte de partículas por fluxos concentrados

Ao convergir para microdepressões do terreno, o escoamento superficial se transforma em fluxo concentrado, formando sulcos, ravinas e mesmo voçorocas. Ao se concentrar inicialmente em uma microincisão, o fluido adquire características dinâmicas que indicam que, para um dado coeficiente de deflúvio, e em determinadas condições de energia total do sistema, o fluxo pode assumir um dos dois estados especificados pelo número de Froude (*Fr*). O número de Froude é obtido pela fórmula adimensional abaixo:

$$Fr = q^2 / gh^3 = U / (gh)^{1/2},$$

na qual q é a descarga por unidade de fluxo ($m^3.m^{-1}.s^{-1}$) e h a profundidade do fluxo. Deve ser observado que a velocidade média $U = q / h$.

O número de Froude prevê dois estados de fluxo: o fluxo subcrítico e o fluxo supercrítico. Fluxos subcríticos ($Fr < 1$) caracterizam fluxos canalizados cuja superfície guarda aspecto suave. Fluxos supercríticos ($Fr > 1$), tipicamente mais rápidos e menos profundos, podem manter grandes ondas na superfície. O limiar entre estes dois estados é definido por $Fr = 1$, que descreve um fluxo crítico.

No número de Froude, a velocidade do numerador implica uma força inercial; e o denominador, uma força gravitacional, sendo portanto *Fr* um quociente que define a estabilidade da superfície do escoamento canalizado. Em fluxos subcríticos, por exemplo, predominam forças gravitacionais que mantêm a superfície do fluxo estável. Quando o fluxo é supercrítico, as forças gravitacionais são insuficientes para estabilizar a superfície (Allen, 1994).

Em fluxos supercríticos, as partículas transportadas assumem trajetórias variadas, chocam-se entre si e com o fundo e as bordas do canal. O efeito do impacto de partículas sobre o material estático do fundo e das bordas do canal é denominado corrasão, que provoca a dissecação ou o alargamento do canal.

As incisões, assim criadas, são denominadas sulcos ou ravinas (Bryan e Poesen, 1989) e podem surgir com *Fr* entre 2,3 e 2,8, para solos não saturados, e *Fr* de aproximadamente 1,2, para solos saturados (De Ploey, 1983).

As velocidades de escoamento em ravinas excedem freqüentemente 0,3 $m.s^{-1}$, gerando fluxos turbulentos, e podem atingir velocidades da ordem de 3 $m.s^{-1}$ em vertentes muito íngremes (Evans, 1980). Quando fluxos supersaturados são gerados, ravinas podem transportar fragmentos do calibre de blocos (Beverage e Culbertson, 1964).

A dissecação, ou aprofundamento de incisões, sob o efeito do escoamento superficial concentrado ao longo do tempo depende, entre outros fatores de caráter local (declividade, características mecânicas dos materiais, etc.), da freqüência de chuvas volumosas ou concentradas.

d) Erosão por quedas-d'água

A erosão por quedas-d'água (*plunge pool erosion*) se origina a partir da água de escoamento superficial que desemboca no interior de incisões erosivas.

Dietrich e Dunne (1993), em trabalho dos mais importantes sobre a gênese de incisões em áreas de cabeceira de drenagem publicados recentemente, salientam que, a partir do momento em que o escoamento superficial se concentra em depressões do terreno, a convergência de fluxo na margem a montante da depressão ocasiona uma diminuição da profundidade do escoamento e da descarga ao longo das margens da depressão que se encontram imediatamente a jusante (Figura 2.1).

Como a diminuição da profundidade do escoamento e de sua descarga ao longo das margens acarreta redução da remoção de partículas nesses setores, individualizam-se margens mais abruptas que tendem a ser

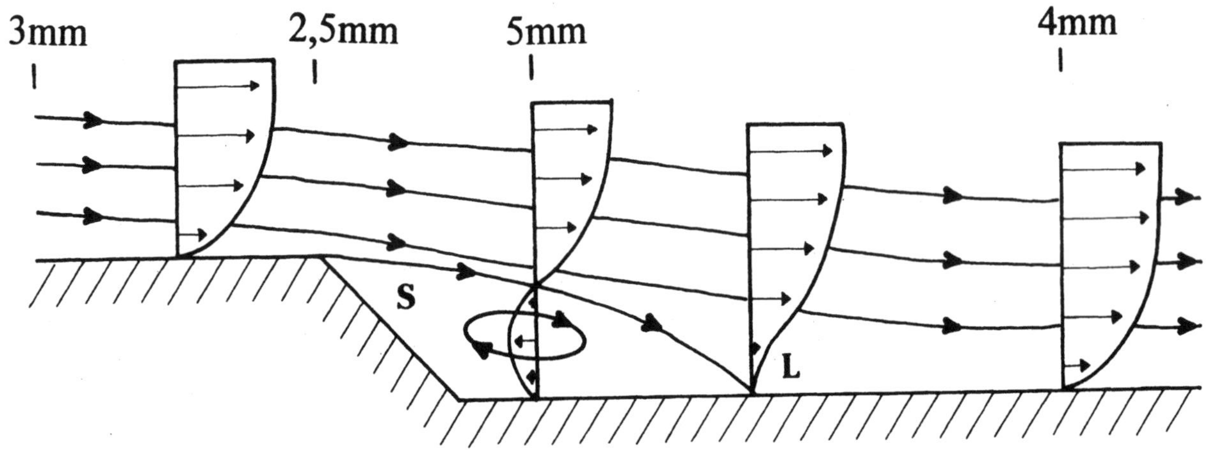

FIGURA 2.1. Distribuição de velocidades e de padrões de linhas de fluxo em lâmina d'água atravessando borda de depressão. Ao passar pela borda, linhas de fluxo se destacam do fluido no ponto de separação S e o reintegram no ponto de ligação L. Entre o ponto S e o ponto L, as linhas de fluxo criam um vórtice, com inversão da direção de fluxo na base da depressão. Figura adaptada de Allen (1994), sobre a qual foram inseridas referências às variações de profundidade da lâmina d'água, tais como sugeridas por Dietrich e Dunne (1993).

mais estáveis, em detrimento da calha principal. Quando as margens do canal assim constituídas possuem, por algum motivo, maior coesão aparente, forma-se uma borda estável ao longo da qual o escoamento desemboca em forma de cascata. A turbulência causada pela queda-d'água retira material em torno da zona de impacto e escava uma depressão na base da borda, configurando a chamada erosão por quedas-d'água.

A profundidade das depressões varia de forma relativamente rápida com o aumento do coeficiente de deflúvio (Dietrich e Dunne, 1993). A ação combinada da erosão por cascatas e do aumento da altura do degrau formado pode gerar movimentos de massa localizados. A altura crítica de estabilidade do degrau pode ser estimada através da análise de Cunhas de Culmann (Terzaghi e Peck, 1948; Selby, 1982).

A atuação da erosão em cascatas depende, portanto, de diferenças de coesão entre os materiais erodidos e da freqüência de eventos chuvosos que produzam escoamento superficial na cabeceira de incisões erosivas, ou ao longo de seus canais. Quedas-d'água podem ser geradas tanto durante chuvas intensas e concentradas, quanto durante chuvas de baixa intensidade, porém contínuas ao longo de um ou mais dias.

e) Solapamento da base de taludes

O solapamento da base de taludes pode ocorrer por outros mecanismos, além da erosão por cascatas. Como o transporte de partículas pelo escoamento superficial já foi mencionado, e o transporte por exfiltração do lençol freático será abordado posteriormente, vamos ater-nos à atuação dos chamados filetes subverticais de escoamento superficial (Oliveira *et al.*, 1995).

Trata-se de outro efeito da erosão por quedas-d'água. Em função de menores descargas na área de contato entre a lâmina d'água e a borda do degrau na qual desemboca a água, um filme de água se distingue do volume principal da cascata e escorre ao longo das paredes da incisão, ligado às partículas sólidas por forças de adesão (Hillel, 1974). Esse filme de água tende a dissipar-se para baixo, ou para jusante, ao longo da parede, formando filetes subverticais de escoamento difuso que esculpem alcovas de regressão.

Experimentos de campo evidenciam que de 70 a 90% do material removido das paredes de alcovas de regressão, em solos de baixa coesão, relacionam-se com o transporte de partículas por filetes subverticais (Oliveira, 1997). Partículas assim transportadas variam de areias médias a silte e argila. Após uma série de eventos chuvosos, esse tipo de escoamento esculpe uma alcova de forma sinusoidal na parede do degrau. Ao se aprofundarem no talude afetado, as alcovas assim criadas causam desmoronamentos periódicos que contribuem para a extensão das bordas, ou da cabeça da incisão, para montante (Oliveira, 1996; Nascimento, 1998).

De acordo com as observações realizadas, a escala temporal de atuação desse mecanismo depende das mesmas condições às quais está sujeita a erosão por quedas-d'água.

f) Liquefação de materiais de solo

Em condições de desenvolvimento de poropressões na água do solo (Iverson e Major, 1986), dois mecanismos podem interagir e fazer com que materiais inconsolidados se comportem como fluido: a fluidização e a liquefação.

Quando um fluido atravessa partículas empilhadas em estado de equilíbrio metaestável, as partículas individuais experimentam um empuxo para cima que é contrabalançado por seus pesos individuais. Qualquer aumento suplementar do empuxo provocará o desprendimento das partículas individuais, anulando as forças de atrito e fazendo com que a camada afetada sofra pequena expansão. Esse processo é denominado fluidização (Allen, 1994) e pode ser especificado a partir da velocidade do fluido (V_{fl}) que afeta as partículas empilhadas na camada:

$$V_{fl} = V_o (1 - C_{cam})^n,$$

onde V_o é a velocidade de precipitação de uma partícula individual, C_{cam} é a concentração de partículas na camada, geralmente entre 0,6 e 0,7, e n é um expoente empírico cujos valores dependem do número de Reynolds e podem variar de 2,33, para $R_e < 1$ (fluxo laminar), 4,65, para $R_e > 10^3$ (fluxo turbulento em ressurgências). A partir do momento em que o fluido cessa de atuar, termina a fluidização.

A liquefação ocorre quando materiais inconsolidados são submetidos a fracas tensões cisalhantes de natureza cíclica. O estado de liquefação é relativamente rápido, e a mobilização do material é imediatamente seguida por novo empilhamento das partículas individuais.

Quando os materiais possuem coesão, a liquefação é controlada pelas forças relacionadas na equação de Coulomb:

$$\tau = \tau_0 + \sigma_n \tan\phi,$$

onde τ é a tensão cisalhante; τ_0 é a coesão; σ_n é a tensão normal, e $\tan\phi$ é o ângulo de atrito interno. Em geral, pode-se considerar que taludes mais íngremes do que $\tan\phi$ podem levar ao colapso do material. Poropressões exercidas por fluido reduzem as forças de coesão τ_0 e o ângulo a partir do qual o colapso pode ocorrer.

Esses processos se manifestam quando os materiais de solo estão saturados. Quando a saturação resulta de variações do nível do lençol freático, a liquefação pode ocorrer em ritmos sazonais, sendo estações úmidas as mais propícias. No caso de zonas de saturação suspensas, a liquefação pode ocorrer durante chuvas que se estendam por um ou mais dias.

g) Movimentos de massa localizados

Vários são os tipos de movimentos de massa que podem ser verificados em voçorocas. Praticamente toda a gama de transporte em massa auxilia o desenvolvimento dessas incisões, desde os mais lentos aos mais rápidos e desde os mais sólidos aos mais fluidos, de acordo com o sistema de classificação utilizado.

Esses movimentos dependem basicamente da resistência dos materiais, cujas variáveis são relacionadas na equação de Coulomb. Como a enumeração de tais movimentos escapa dos objetivos deste capítulo, faremos referência apenas aos fatores que levam à diminuição da resistência ao cisalhamento dos materiais em áreas suscetíveis à erosão por voçorocas.

Esses fatores podem ser organizados de acordo com a sua contribuição, seja para aumentar as tensões cisalhantes, seja para diminuir a resistência ao cisalhamento.

a) Fatores que aumentam as tensões cisalhantes em encostas e paredes de voçorocas: remoção de suporte lateral; sobrecarga; solapamento; pressão lateral; tensões transitórias relacionadas a vibrações de diversas origens.

b) Fatores que podem diminuir a resistência ao cisalhamento dos materiais: composição e textura; reações físico-químicas; efeitos da água matricial; alterações da estrututra; remoção da vegetação.

Considerações mais detalhadas sobre este mecanismo podem ser obtidas, por exemplo, em Guidicini e Nieble (1976).

h) Arraste de partículas por percolação

O arraste de partículas por percolação ocorre como resultado da água que atravessa um meio poroso, após aflorar ao longo de uma superfície exposta (Dunne, 1990). A mobilização das partículas pode ocorrer por fluidização ou por colapso de materiais coesivos, tal como determinado pelo jogo de forças relacionados na equação de Coulomb. Esse tipo de arraste de partículas gera um tipo de erosão que é denominado erosão de vazamento (Coelho Netto, 1998).

Para haver erosão, é preciso que uma descarga crítica se desenvolva em torno da área de afloramento da água que atravessa o meio poroso. O arraste de partículas por percolação ocorre associado a perturbações que acarretem variações do nível do lençol freático, como, por exemplo, aumento das precipitações. Dunne (1990) salienta que tais perturbações podem ocorrer também em decorrência de variações das características hidrogeológicas de aqüíferos, como variações locais de condutividade hidráulica ou de porosidade.

i) Arraste de partículas por fluxos concentrados em túneis ou dutos

A erosão em túneis ocorre sob o efeito de água de escoamento superficial e subsuperficial que penetra em furos biogênicos, ou fendas de diversas origens. Os principais mecanismos que atuam na escavação e alargamento de túneis estão associados à origem da água que penetra nos furos ou fendas (Dunne, 1990).

Se a água atinge o túnel por via subsuperficial, predominam forças e fatores que atuam na erosão por vazamento. Se a água se origina de fluxos superficiais, predomina a atuação de fluxos turbulentos, cujas características foram abordadas nos itens 2.1.b e 2.1.c. A erosão em dutos constitui, portanto, excelente exemplo de interação entre diferentes mecanismos fundamentais que podem gerar feições erosivas.

De acordo com Dunne (1990), o termo *pipe erosion*, ou erosão por *pipes*, deveria ser substituído por *tunnel scour*, "erosão em dutos", ou, literalmente, "lavagem em túneis", de modo a evitar ambigüidades que o termo *piping* acarreta (Dunne, 1990). O autor salienta que deve ser considerada a atuação por vezes simultânea de diferentes mecanismos ao longo dos dutos.

2.2. Feições Erosivas: Cadastramento e Previsão de Mecanismos Erosivos

No item anterior, foram enumerados vários mecanismos que atuam na formação e na evolução de ravinas e voçorocas. Foi dada ênfase à dinâmica que os caracteriza, indicadas suas escalas temporais de atuação e sugeridas algumas possibilidades de interação entre mecanismos individuais. Neste item, serão discutidas as feições erosivas que resultam da atuação de tais mecanismos.

Como a observação da ação de mecanismos específicos em campo é relativamente rara, a identificação de feições erosivas assume importância na etapa de cadastramento de voçorocas e ravinas e pode, conforme os recursos financeiros disponíveis, tornar mais preciso o dimensionamento de eventuais medidas corretivas a serem implementadas. Exemplos de feições erosivas são relacionados a seguir.

Pedestais (*demoiselles*) (Figura 2.2) indicam a ocorrência de salpicamento intercalado com remoção das partículas pelo escoamento superficial. Em geral, essas feições são formas residuais esculpidas abaixo de um objeto cuja densidade não permitiu a sua remoção (grânulos e seixos de minerais variados). São muito comuns no interior de incisões erosivas ou em vertentes desprovidas de vegetação e fornecem, de imediato, um parâmetro para estimar a taxa de ablação pluvial da superfície nas quais são esculpidas.

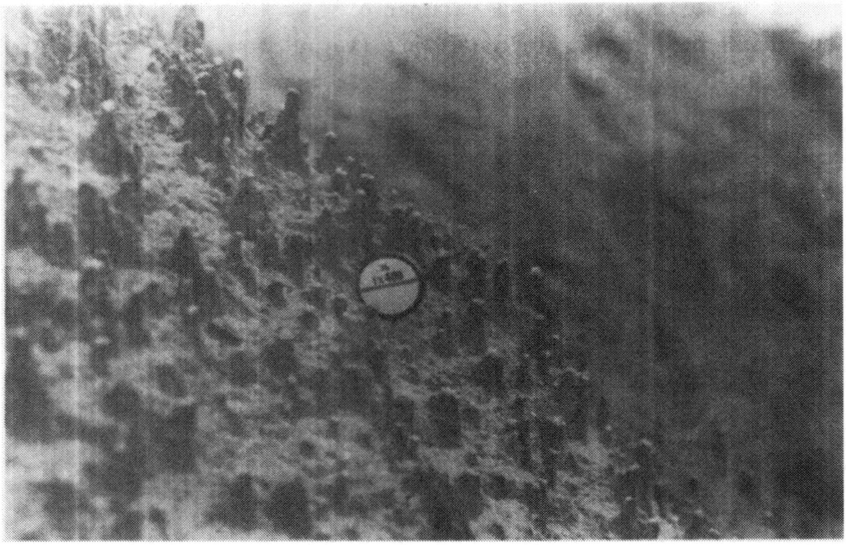

FIGURA 2.2. Pedestais no interior de voçoroca, criados pela ablação pluvial (Florianópolis, SC). Notar grânulos de quartzo sobre os pedestais.

Sulcos e ravinas (Figura 2.3) formados na superfície de encostas com vegetação relativamente degradada, ou no interior de voçorocas, indicam as rotas de organização do escoamento superficial concentrado.

Alcovas de regressão são feições erosivas que podem ser observadas sob diferentes condições litológicas e climáticas, podendo ser esculpidas tanto pelo escoamento superficial na forma de filetes subverticais (Figura 2.4), quanto pela exfiltração do lençol freático (Figura 2.5), ou ainda pela combinação desses dois mecanismos.

Filetes subverticais (Figura 2.6) são documentados preferencialmente em paredes de voçorocas esculpidas em materiais pouco coesivos (Oliveira *et al.*, 1995). No entanto, a sua ação pode ser observada, mesmo em materiais que apresentam maior coesão, como em saprolitos derivados de siltitos e argilitos.

Dutos de convergência e caneluras (Figura 2.7) são comuns em incisões de pequeno porte (ravinas) e entre sulcos ou ravinas descontínuas (Oliveira, 1992) e indicam variações das características mecânicas das coberturas superficiais. Podem também ocorrer como feições de detalhe

FIGURA 2.3. Ravina escavada no eixo de voçoroca (Florianópolis, SC).

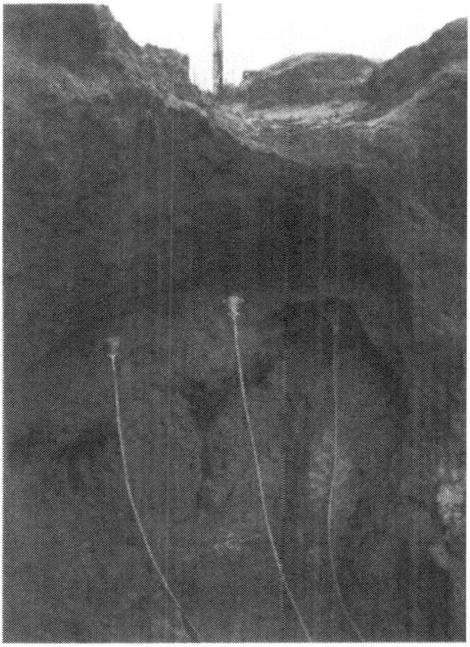

FIGURA 2.4. Alcova de regressão criada por filetes de escoamento superficial (Florianópolis, SC).

FIGURA 2.5. Alcova criada por afloramento do lençol freático (Lapa, PR).

FIGURA 2.6. Filetes de escoamento superficial, carreando material liquefeito ao longo de parede de voçoroca (Florianópolis, SC).

FIGURA 2.7. Duto de convergência em ravina descontínua escavada entre degraus de rastejamento. O eixo maior do duto segue a provável superfície de cisalhamento entre degraus deslocados (Bananal, SP).

em voçorocas. Geralmente são esculpidas pela convergência de fluxo superficial para o interior de fendas ou de macroporos biogênicos, podendo interagir posteriormente com zonas de saturação próximas à superfície. Resultam, portanto, de interações entre erosão por quedas-d'água e eventuais ressurgências de zonas de saturação. Desenvolvem-se com freqüência em encostas nas quais terracetes são formados pelo rastejamento.

Marmitas ou panelas (*plunging pool*) (Figura 2.8) indicam a atuação de erosão por quedas-d'água na base de taludes ou de degraus no interior de voçorocas. Em geral, apresentam geometria relativamente dissimétrica, sendo mais profundas a montante e mais rasas a jusante.

Quedas de areia (Figura 2.9) resultam da liquefação espontânea de materiais inconsolidados e não coesivos. Podem ser provocadas tanto por instabilidades associadas a movimentos de massa localizados, quanto pela exposição à chuva e a filetes d'água, após a dissecação.

Quedas de torrões (Figura 2.10) caracterizam movimentos de massa associados, seja ao solapamento da base de taludes, seja ao desprendimen-

FIGURA 2.8. Marmita rasa escavada na base de degrau em voçoroca (Florianópolis, SC).

FIGURA 2.9. Pequeno cone de areia criado por liquefação de camada de solo pouco coesa (Resende, RJ).

FIGURA 2.10. Queda de torrões por solapamento da superfície topográfica devido à erosão por vazamento (Lapa, PR).

to de material ao longo de fendas de tração. Em geral, torrões desprendidos de fendas de tração apresentam menor concentração por metro quadrado do que os originados por solapamento.

Costelas e depressões (Figura 2.11) são feições de detalhe que podem ser encontradas em materiais de origens diversas (aluvial, coluvial, eólico, etc.), em geral poligenéticas, e indicam variações, em profundidade, da resistência ao cisalhamento dos materiais de cobertura superficial (Nascimento, 1998). São expostas pela dissecação de incisões e individualizadas, tanto pela ação de filetes subverticais quanto pela exfiltração do lençol freático. No caso da exfiltração do lençol, não são identificadas feições de detalhe, como escamas (Figura 2.12) e filetes nas paredes das costelas nem das depressões.

Fendas e dutos indicam a existência de movimento generalizado da encosta em torno da incisão erosiva. Podem ser formados por movimentos translacionais profundos, por tração nas bordas da incisão, ou por expansão e contração de argilominerais do tipo 2:1 com substituições octaédricas. Tais feições podem servir de passagem para água oriunda tanto da

FIGURA 2.11. Costelas e depressões formadas por diferença de resistência em solo alúvio-coluvial (Bananal, SP). Notar camada coesa sobre a qual se apóia o esquadro.

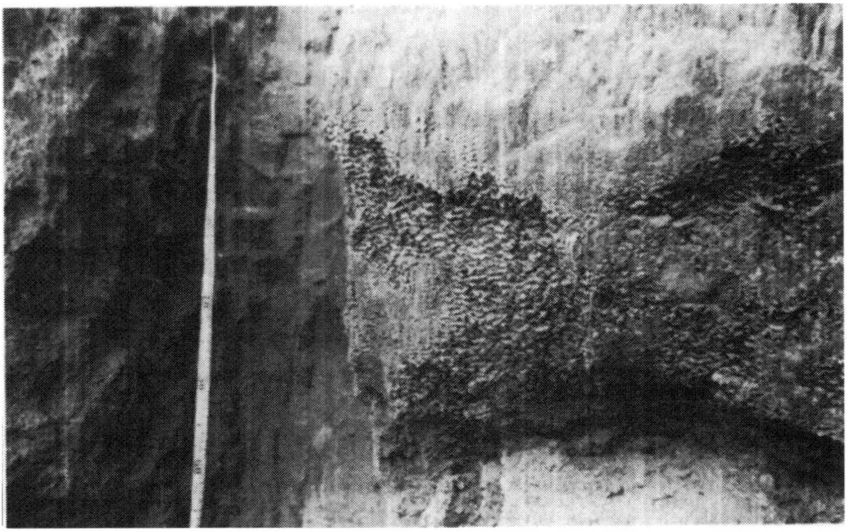

FIGURA 2.12. Escamas formadas pela acumulação de terra fina sobre costela no interior de voçoroca (Bananal, SP).

superfície da encosta (Figura 2.13), quanto do lençol freático, constituindo o que geralmente se denomina de erosão por *pipes*.

Movimentos de massa constituem uma enorme variedade de feições erosivas. As mais comuns estão associadas à extensão para montante ou ao alargamento das incisões erosivas (Figura 2.14). Em geral, a sua ocorrência pode ser facilmente identificada pelos resíduos deixados imediatamente abaixo das bordas da incisão.

Poças de ressurgência (Figura 2.15) indicam áreas de ressurgência do lençol freático, ao longo de incisões erosivas. Sua identificação é fundamental para o correto dimensionamento de eventuais estruturas de correção da erosão. Em geral, em áreas onde há duas estações bem definidas, constituem no período seco zonas deprimidas que, por estarem distantes

FIGURA 2.13. Duto no interior de voçoroca (Lapa, PR). Notar metade inferior do duto, preenchida por sedimentos carreados em seu interior.

FIGURA 2.14. Entulhos criados por movimentos de massa responsáveis pelo recuo de cabeceira de voçoroca (Resende, RJ).

FIGURA 2.15. Poça de ressurgência em ravina (Palmeira, PR). Notar que a poça intercepta duto próximo à superfície do terreno.

das bordas da incisão, não devem ser confundidas com marmitas ou panelas. Ao contrário destas, as poças de ressurgência tendem a desenvolver perfil relativamente simétrico, de montante para jusante.

A convergência de mecanismos que atuam em voçorocas gera grande número de feições erosivas. A sua identificação possibilita a avaliação das interações possíveis entre mecanismos individuais no interior de uma incisão, durante o cadastramento.

Ocorre que para o correto cadastramento das feições erosivas identificadas é necessário realizar diagnóstico preliminar sobre a atividade da feição erosiva. Não há mistério quanto a isto e, em geral, algumas observações de cunho qualitativo são suficientes. O frescor da feição erosiva constitui bom indicador e deve ser fundamentado sobre a noção de sucessão ao longo do tempo.

Feições erosivas esculpidas recentemente apresentam ainda estruturas sedimentares ou erosivas efêmeras, que indicam direções de fluxo (Lucchi, 1992). Em algumas ocasiões, são suficientes apenas algumas chuvas para apagar tais estruturas de superfície. Sob o efeito do impacto de gotas de chuva, as estruturas de fluxo se dissipam, e a superfície sedimentar ou erosiva se compacta.

Se o mecanismo que gerou a feição erosiva no local não atua há algum tempo, a superfície compactada começa a desenvolver uma crosta de poucos milímetros, na qual se concentram argilominerais e óxidos variados (Nascimento, 1998). Com o passar do tempo, leveduras e musgos começam a colonizar a crosta criada sobre a feição erosiva, que pode mesmo vir a desaparecer no momento em que a vegetação começa a colonizar a área na qual o mecanismo atuou no passado.

Com base nessa simples enumeração, que poderia ser ainda expandida e detalhada, uma escala qualitativa poderia ser elaborada, classificando feições erosivas, por exemplo, de muito frescas a muito maduras. O mesmo trabalho de rastreamento de feições erosivas deve ser expandido sobre a área em torno da incisão erosiva, de modo a encontrar sistemas que possam influenciar a retomada do processo após a recuperação da área.

3. *Evolução de Voçorocas e Morfogênese de Áreas de Risco*

3.1. Complexidade e Sinergia

Como se observou nos itens anteriores, vários são os mecanismos que podem ser identificados em ravinas e em voçorocas. Variadas são igualmente as escalas de tempo nas quais esses mecanismos atuam.

A complexidade do processo de erosão por voçorocas tem sido mencionada em diversos trabalhos (Guidicini e Nieble, 1976; Bigarella e Mazuchowski, 1985; Cavaguti, 1994). Apesar disso, alguns autores buscam generalizar os fatores que determinam esse tipo de erosão. Selby (1994), por exemplo, salienta que voçorocas se formam quando um pequeno grupo de fatores se conjugam, em áreas submetidas a mudanças ambientais, quais sejam: aumento local de declividade, concentração de fluxos de água e remoção de cobertura vegetal.

No que diz respeito aos mecanismos responsáveis pelo processo erosivo, diferentes mecanismos individuais que atuam em diferentes escalas de tempo e de espaço, associados a um regime variável de precipitações, contribuem com o processo erosivo ao longo do tempo.

Aplicado ao fenômeno erosivo, o conceito de sinergia possibilita abordar a complexidade dessas interações entre mecanismos individuais (Oliveira *et al.*, 1994). De fato, mecanismos individuais podem associar-se e gerar efeitos cuja magnitude supera o simples somatório de seus efeitos individuais, sobretudo ao longo do tempo.

Um exemplo desse tipo de efeito pode ser ilustrado pelo estudo da evolução de alcovas de regressão (Figuras 2.4 e 2.5). Observações realizadas em diversos estados brasileiros sugerem que, em algumas áreas, de acordo com as características do substrato geológico e da evolução do relevo durante o Quaternário, alcovas de regressão se desenvolvem em estreita associação com fluxos subterrâneos; já em outras áreas o mecanismo dominante é o escoamento superficial, desenvolvido em condições específicas (Oliveira *et al.*, 1995; Oliveira, 1997).

Resultados experimentais de campo sugerem o modo pelo qual os dois mecanismos citados podem vir a interagir nas alcovas de regressão. O estudo foi realizado em uma cabeceira de incisão em área com materiais de cobertura pouco coesivos, na qual não há influência do lençol freático no processo erosivo (Oliveira, 1997).

Os resultados indicam que a remoção de sedimentos ao longo das paredes de alcovas de regressão é responsável por 30% do volume total de material retirado da cabeceira da incisão. O restante é atribuído à ação de filetes nas paredes laterais da incisão, à dissecação do fundo da incisão e a desmoronamentos devidos ao solapamento dos taludes, que ocorrem após eventos chuvosos relativamente intensos. O percentual relativo de contribuição do escoamento superficial na forma de filetes no interior das alcovas varia de 70 a 90% do total de material coletado, sendo diretamente proporcional à intensidade das chuvas. Durante chuvas de baixa intensidade e distribuídas ao longo de um ou mais dias, aumenta a participação do escoamento subsuperficial, que é gerado pela percolação de água infiltrada na superfície da encosta. Durante esse tipo de evento, filetes de escoamento superficial interagem com a água de percolação que aflora nas paredes e no teto da alcova, ocorrendo aumento da quantidade de material liquefeito e da taxa de recuo regressivo das alcovas. Foi possível concluir que, em áreas com saprolito pouco coeso sob influência do afloramento do lençol freático, nas quais alcovas de regressão se desenvolvam, as taxas de erosão podem ser aceleradas pelo mesmo tipo de interação (Oliveira, 1997).

3.2. Interação de Mecanismos e Evolução de Voçorocas

A interação sinergética entre diferentes mecanismos específicos pode ser integrada em um modelo de evolução para ravinas e voçorocas. O modelo evolutivo com o qual temos trabalhado surgiu a partir da identificação e do cadastramento de vários casos de incisões erosivas no vale do rio Paraíba do Sul, que levaram à elaboração de uma tipologia para as voçorocas da área (Oliveira e Meis, 1985).

Através da observação da localização de incisões erosivas nas encostas, considerando a sua relação com canais de primeira ordem em campo, uma primeira generalização levou à identificação de incisões conectadas e desconectadas da rede hidrográfica. Baseados na ocorrência de alguns casos, nos quais grandes incisões erosivas ocupam longitudinalmente o conjunto da encosta, foi sugerida a hipótese de que essas grandes incisões seriam o resultado da integração, ao longo do tempo, de incisões conectadas e desconectadas da rede hidrográfica (Figuras 2.16 e 2.17).

Um exemplo de tendência à integração prevista pelo modelo tem sido estudado no município de Resende (RJ). Trata-se de área na qual um sistema de incisões conectadas e desconectadas da rede de drenagem tem sido monitorado desde 1984. Houve, ao longo do tempo, tendência à

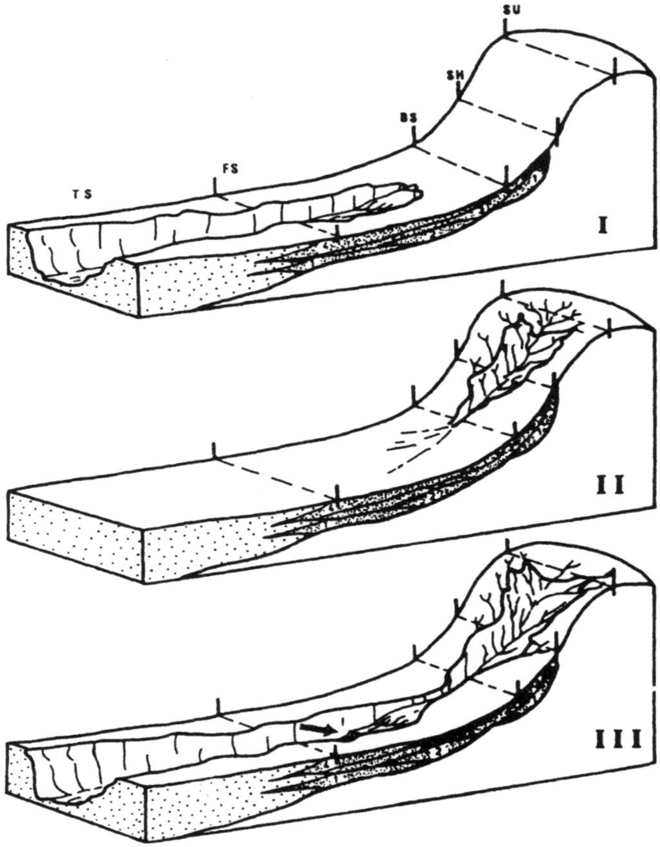

FIGURA 2.16. Modelo de evolução de voçorocas. I: voçoroca conectada à rede hidrográfica; II: voçoroca desconectada da rede hidrográfica; III: integração entre os dois tipos anteriores. A seta na figura III aponta para degrau formado no momento da integração. Na figura I a encosta é subdividida em elementos geométricos, tal como proposto por Ruhe (1974), sendo TS — *toeslope*; FS — *footslope*; BS — *backslope*; SH — *shoulder*; SU — *summit*. Modificado de Oliveira e Meis (1985) e Oliveira (1989).

integração prevista pelo modelo (Oliveira, 1990). As taxas de erosão foram mais importantes no sistema conectado (2.504,29 $m^3.ano^{-1}$) do que no desconectado (48,15 $m^3.ano^{-1}$) e se relacionam com chuvas concentradas durante os meses que caracterizam o verão úmido da área de estudo, período no qual a sinergia entre mecanismos individuais pode atingir maior eficiência na remoção de material (Oliveira, 1996 e 1997). Durante o período de monitoramento (12 anos), as incisões desconectadas expandiram-se para montante e construíram um cone de dejeção a jusante; já a incisão conectada à rede de drenagem expandiu-se para montante, linearmente, ao longo de 83,15 metros.

Como foi salientado anteriormente, alcovas de regressão se desenvolvem em cabeceiras ativas de voçoroca e em degraus que porventura venham a ser constituídos no interior de incisões erosivas. De acordo com a previsão feita pelo modelo conceitual aqui descrito (Figura 2.16), no momento da integração entre incisões conectadas e desconectadas formar-se-ia um degrau entre os dois tipos de incisão. Em tese, à extensão regressiva da incisão conectada estaria associada a dissecação linear da incisão desconectada (Figura 2.17).

Tais como concebidos pelo modelo conceitual, processos de liquefação por afloramento do lençol freático se associariam ao efeito do escoamento superficial sobre materiais pouco coesos na cabeceira da voçoroca conectada, ou na borda do degrau então constituído. Nesses locais, alcovas de regressão se desenvolveriam, promovendo a interação sinergética entre escoamento superficial e escoamento subterrâneo discutida anteriormente.

Se pudéssemos imaginar o momento preciso da integração entre os dois tipos de incisão, constataríamos que a interação entre diferentes mecanismos promoveria aumento localizado da produção de sedimentos no interior de uma bacia hidrográfica. Nesse local e nesse estágio de desenvolvimento, as taxas de erosão dependeriam apenas das propriedades mecânicas do degrau formado entre os dois tipos de incisão. Mudanças abruptas de produção de sedimentos se verificariam a jusante do sistema erosivo, promovendo alterações que se propagariam no interior da bacia hidrográfica.

A aplicação do modelo conceitual aqui descrito à morfogênese de áreas de risco à erosão possibilita a compreensão de como determinados setores de bacias hidrográficas, que constituem ambientes típicos de arti-

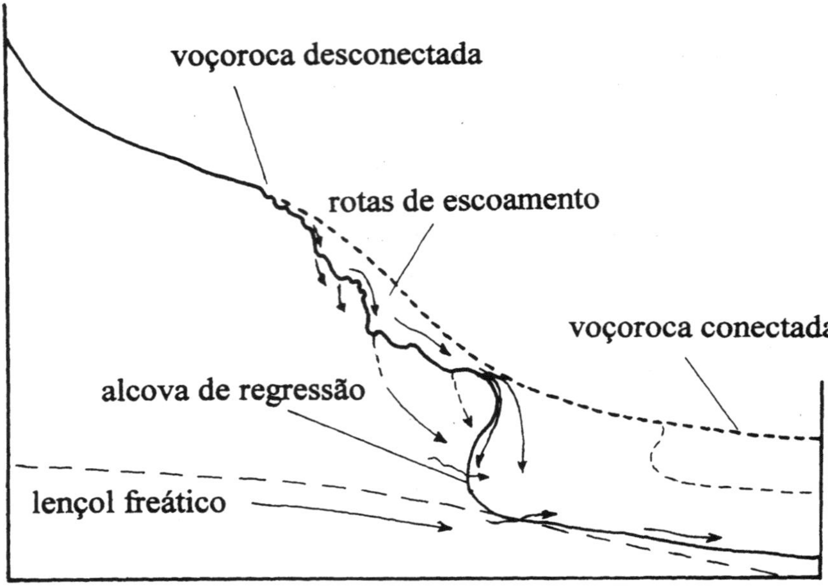

FIGURA 2.17. Principais rotas de fluxo no momento da integração entre voçorocas conectadas e desconectadas. Adaptado de Oliveira (1992).

culação entre encostas e canais fluviais, evoluíram no passado geológico recente. O estudo da evolução quaternária desses setores das bacias hidrográficas sugere que áreas de risco atuais são áreas que no passado foram submetidas a processos erosivos e deposicionais semelhantes.

3.3. MORFOGÊNESE DE ÁREAS DE RISCO

Alterações de cunho morfológico foram geradas no passado e são geradas no presente a partir de desequilíbrios de ordem ambiental, que alteraram o balanço global de transporte e sedimentação, no interior de bacias hidrográficas. Tais desequilíbrios podem ficar registrados, em determinados locais, sob a forma de estruturas de dissecação e de depósitos sedimentares.

Em regiões de clima úmido, a distribuição da rede hidrográfica determina as feições gerais da paisagem (Horton, 1945). Nessas regiões, é rara a coincidência entre rede de canais fluviais e rede de vales fluviais (Dietrich e Dunne, 1993). No detalhe, predomina sobre a topografia das bacias hidrográficas intensa rede de vales não canalizados que alimentam canais fluviais situados a dezenas ou centenas de metros abaixo dos divisores de água. Essa rede de vales não canalizados constitui a área de contribuição de mananciais, de olhos-d'água e de canais de primeira ordem, formando o que pode ser denominado cabeceiras de vale (Dietrich e Dunne, 1993).

O estudo dessas unidades do relevo é de particular interesse para a determinação dos padrões e das freqüências de oscilações hidrodinâmicas no interior de bacias hidrográficas. De fato, o estudo das interações entre encostas e canais fluviais sugere que, nesses pontos das bacias hidrográficas, oscilações das cabeceiras de canais de primeira ordem podem desestabilizar as cabeceiras de vale (Dietrich e Dunne, 1993). Com efeito, os autores observam que cabeceiras de vale mapeadas na Califórnia (EUA) são, em sua maioria, ocupadas por colúvios, que se depositaram a partir de oscilações da posição ocupada pelas cabeceiras de canais de primeira ordem ao longo do tempo.

Apesar de iniciado na década de 60 (Bigarella e Mousinho, 1965), o estudo detalhado de coberturas coluviais no Brasil teve forte impulso a partir das décadas posteriores (Meis e Machado, 1978; Meis e Moura, 1984). Em várias ocasiões, esses trabalhos ressaltaram a existência de processos de erosão por voçorocas que atuaram nas áreas de cabeceira de vale durante o Quaternário, sendo associados tanto à gênese e evolução dessas áreas (Meis e Machado, 1978), quanto à determinação de processos hidrológicos e erosivos atuais (Meis *et al.*, 1985; Oliveira e Meis, 1985).

De acordo com Moura (1998), os complexos de rampas do sudeste do Brasil foram gerados por processos quaternários relacionados a ambientes típicos de articulação entre encostas e canais fluviais. Portanto, a possibilidade de que os complexos de rampa tenham sido influenciados pela integração proposta pelo modelo conceitual de evolução de voçorocas subsiste como forte hipótese para investigações futuras.

Ao aplicar, por exemplo, nosso modelo de evolução de voçorocas em área de clima mediterrâneo, no sul da Espanha, Faulkner (1995) propôs que o modelo conceitual passasse a ser considerado como um modelo integrado de evolução de voçorocas. Com efeito, como sugerido pelo modelo, a possibilidade de taxas aceleradas de erosão no momento da integração entre incisões conectadas e desconectadas constitui forte hipótese de trabalho para a compreensão da variabilidade espacial e temporal dos processos de articulação entre encostas e canais fluviais.

Ao contemplar o conceito de integração entre diferentes processos, nossa tipologia original (Oliveira e Meis, 1985) adquiriu o *status* de modelo conceitual, pois, como sugerido por resultados posteriores (Coelho Netto *et al.*, 1988; Coelho Netto e Fernandes, 1990), favorece a compreensão de processos geomorfológicos que ultrapassam o simples estudo de casos de erosão por voçorocas.

Extrapoladas para o passado geológico recente, as considerações acima nos levam à compreensão de que formas de relevo características de bacias hidrográficas foram esculpidas pela atuação de processos de erosão e de sedimentação ao longo do tempo. Tais formas constituem as chamadas cabeceiras de vale. A sua gênese, como foi apontada por estudos de Geomorfologia do Quaternário, sugere que instabilidades de ordem ambiental favorecem de forma intermitente o desenvolvimento de incisões erosivas. As incisões erosivas formam-se nas cabeceiras de vale, pois são nessas áreas que ocorre convergência entre fluxos superficiais e fluxos subterrâneos.

Quando a rede hidrográfica realiza um processo de adaptação a novas condições hidrodinâmicas, de origem climática ou antrópica, são os setores mais sensíveis do sistema que passarão por modificações mais importantes (Thomas e Allison, 1993). Em geral, as áreas de cabeceiras de vale, também conhecidas como áreas de contribuição em vales não canalizados, são os pontos da rede hidrográfica que demonstram maior sensibilidade às oscilações hidrodinâmicas ao longo do tempo (Dietrich e Dunne, 1993), pois são naquelas que diferentes mecanismos tendem a interagir de forma sinergética. Devido a sua dinâmica pretérita e atual, e às características mecânicas herdadas desta dinâmica, cabeceiras de vale são áreas de risco potencial de erosão por voçorocas.

4. Identificação e Preservação de Áreas de Risco

4.1. Bacias Hidrográficas, Redes de Drenagem e Identificação de Áreas de Risco

Após os estudos sistemáticos e pioneiros de Horton (1945), bacias hidrográficas se constituíram na unidade fundamental de estudo da geomorfologia.

Fundamentados nas leis de organização da drenagem estabelecidas por Horton, estudos de morfometria de redes hidrográficas foram elaborados e levaram à formulação do que ficou conhecido como a abordagem quantitativa em geomorfologia (Strahler, 1958). Independente do mérito dessa abordagem, a hierarquização de canais e de bacias hidrográficas correspondentes permanece como uma formulação que encontra correspondência na dinâmica do escoamento canalizado.

Essa hierarquização pode ser extrapolada para áreas no interior de bacias hidrográficas nas quais não existem canais incisos. De fato, apesar de não possuírem canais incisos, essas áreas participam da transmissão de água e de sedimentos em bacias hidrográficas, constituindo uma rede de maior grau de generalidade que pode ser denominada rede de drenagem. Dietrich e Dunne (1993) exploraram de forma aprofundada as distinções verificadas, em diferentes áreas, entre rede de canais e rede de drenagem.

A delimitação de redes e de bacias de drenagem de diferentes ordens possibilita uma primeira abordagem para a identificação de áreas de risco de erosão por voçorocas (Figura 2.18).

Ao realizarmos os procedimentos básicos de delimitação de bacias hidrográficas, o traçado das redes de drenagem individualiza sub-bacias situadas nas extremidades a montante de uma dada bacia hidrográfica. Essas sub-bacias são as áreas de cabeceiras de vale (Dietrich e Dunne, 1993).

Como foi salientado ao longo deste capítulo, áreas de cabeceiras de vale, ou vales não canalizados, têm sido identificadas como áreas particularmente suscetíveis a desequilíbrios ambientais. Voçorocas tendem a estabelecer-se em cabeceiras de vale que possuem uma rede de eixos de drenagem relativamente densa, em área de substrato cristalofiliano (Oliveira *et al.*, 1994) (Figura 2.19).

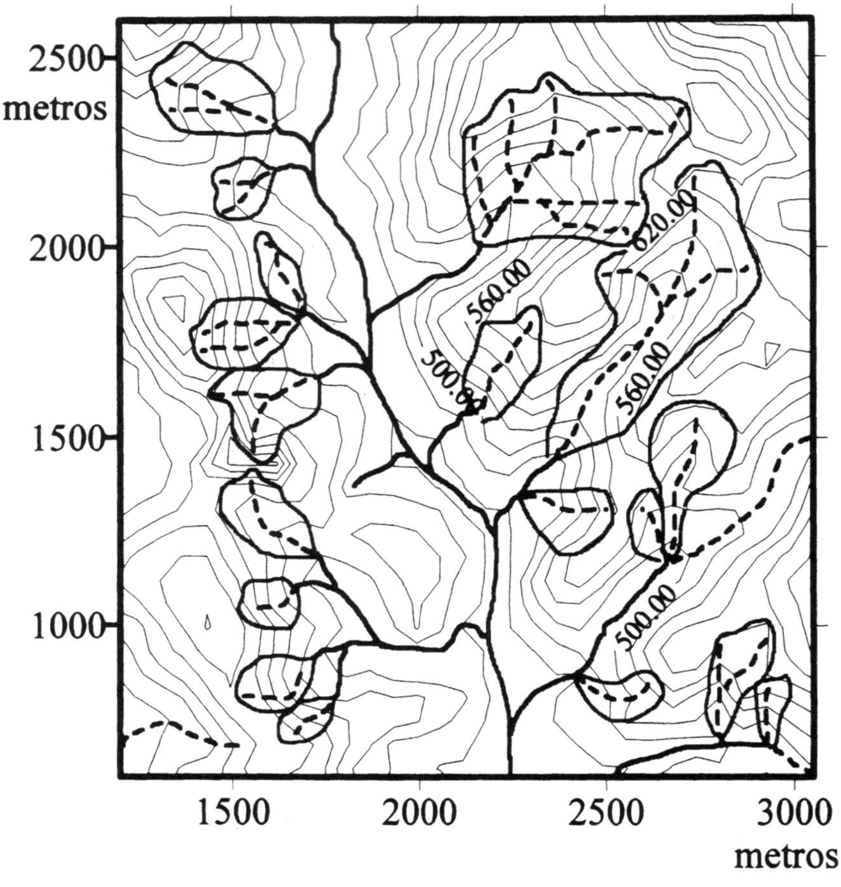

FIGURA 2.18. Representação esquemática de redes de canais, redes de drenagem (pontilhado) e cabeceiras de vale em área de substrato cristalofiliano. A base cartográfica em 1:25.000 não permite a representação da topografia de detalhe da área.

Do ponto de vista geomorfológico, alguns parâmetros associados à gênese dessas áreas auxiliam a sua identificação. A caracterização de suas coberturas móveis (saprolito, solo, colúvios e alúvios) constitui o principal. Aspectos morfológicos associados à ocorrência de coberturas móveis recentes (colúvios e alúvios) em cabeceiras de vale foram largamente estudados por Peixoto (1993) e se encontram sumarizados em Moura (1998).

FIGURA 2.19. Voçorocas, ravinas e linhas de drenagem em sistema integrado de erosão (Barra Mansa, RJ).

No entanto, devido à dissecação diferencial do relevo ao longo do tempo, em função da existência de níveis de base locais (Oliveira, 1992), áreas de cabeceira de vale podem não apresentar cobertura sedimentar recente.

Em fotografias aéreas de áreas de substrato cristalino ou cristalofiliano, cabeceiras de vale com cobertura sedimentar inconsolidada podem ser identificadas como superfícies suaves, delimitadas por rupturas de declive adjacentes a vertentes mais íngremes. Em áreas de substrato sedimentar ou de vulcanismo de fissura, onde predominam formas tabulares, em geral, não existem rupturas de declive claramente identificáveis, com a exceção das cornijas, sendo as áreas de cabeceira de vale com cobertura sedimentar recente individualizadas gradualmente a partir dos interflúvios. De qualquer forma, a identificação de coberturas sedimentares recentes em tais áreas deve ser confirmada por estudos detalhados de campo, realizados principalmente por profissionais envolvidos com a Geomorfologia do Quaternário.

Outro critério que pode ser utilizado na identificação remota dessas áreas se relaciona ao fato de que, em geral, a sua resposta espectral acusa solos com maior teor de umidade. Quando essa característica ocorre em áreas articuladas dentro da hierarquia de redes de drenagem acima mencionada, pode-se considerar que se trata de área de cabeceira de vale. Com os recursos atuais associados ao geoprocessamento, a delimitação de áreas de cabeceira de vale pode ser confrontada com o estado da sua superfície, possibilitando trabalho de atualização cartográfica.

A identificação de cabeceiras de vales se baseia, portanto, em critérios que se desenvolveram nos últimos 50 anos, nos quais as bacias hidrográficas têm sido consideradas como unidades fundamentais de estudo da geomorfologia.

Ao estudar a gênese de canais incisos em cabeceiras de vale, Dietrich e Dunne (1993) afirmam que a identificação desses canais deve ser feita segundo critério basicamente morfológico, independente da ocorrência de fluxo no momento da identificação do canal. Segundo esse critério, canais incisos são, a montante, "os limites superiores de transporte de fluxos e de sedimentos no interior de bordas claramente definidas" (Dietrich e Dunne, 1993). É clara a analogia entre esta definição e a definição de ravinas e de voçorocas utilizada neste capítulo, no qual voçorocas e ravinas são vistas como canais incisos naturais que resultam de desequilíbrios naturais ou induzidos pelo homem.

Devido à interação sinergética que pode ocorrer nessas zonas de convergência de fluxo superficial e subterrâneo, as áreas de cabeceiras de vale constituem as fontes de alimentação para os processos que causam incisões sobre vertentes. Em função dessa característica, áreas de cabeceira de vale devem ser consideradas como áreas de risco de erosão.

4.2. Preservação de Áreas de Risco: da Noção de Manancial à Prevenção da Erosão por Voçorocas

Ao discutirmos a morfogênese de áreas de cabeceira de vales em áreas de clima úmido, no item 3.3, mencionamos uma das principais características morfológicas das bacias hidrográficas de tais áreas: a do predomínio de "intensa rede de vales não canalizados que alimentam canais fluviais situados a dezenas ou centenas de metros abaixo dos divisores de água" (Dietrich e Dunne, 1993).

A existência de rede de vales não canalizados que alimentam canais fluviais nos leva ao conceito de manancial, largamente utilizado em nossa legislação ambiental. A palavra manancial provém do espanhol *manantial* e significa nascente de água; fonte. No sentido figurado, o termo implica origem; princípio; fonte. No que diz respeito à alimentação de canais fluviais, os mananciais são, portanto, as fontes de onde provém a água necessária à manutenção do escoamento canalizado.

Ao abordarmos a preservação de áreas de risco, como são considerados os mananciais, é necessário analisar a legislação relativa a essas áreas. Como analisar mais detalhadamente a legislação vigente escapa aos objetivos deste capítulo, serão apresentadas a seguir algumas observações de cunho genérico sobre a utilização do termo manancial na legislação federal e de diversos estados da União.

A Lei Federal nº 9.433, de 08/01/97, que estabelece a Política Nacional de Recursos Hídricos, prevê que os estados da Federação tenham legislação própria na área de recursos hídricos. Ocorre que nem todos os estados possuíam legislação complementar, até o momento da publicação do Caderno Legislativo nº 002/97, que serviu de fonte de consulta para este capítulo (Brasília, 1997).

No que diz respeito a referências feitas ao termo "manancial" na legislação para recursos hídricos dos estados brasileiros, pode-se ressaltar:

a) para estados com legislação própria: os termos "mananciais", "nascentes", "ressurgências", "olhos-d'água", "mananciais líquidos", "mananciais de água", "nascentes de rios" e "fontes" são utilizados sem definição específica e sujeitos às mesmas restrições de uso para fins de conservação e proteção, respeitando-se as legislações específicas de cada estado. Há determinações quanto à preservação ou recuperação da proteção vegetal para essas áreas através de mata ciliar. A prevenção contra a erosão também é prevista nos termos das respectivas leis;

b) para estados que não dispõem de lei específica: "nascentes", "olhos-d'água", "mananciais" e "mananciais líquidos" são referidos com significados semelhantes, respeitando-se as legislações específicas de cada estado. Há determinações quanto à preservação de mananciais e de canais fluviais através de cobertura vegetal, em faixas de largura variada, conforme estipula a legislação federal pertinente.

O Código Florestal Brasileiro, no artigo 2º, alínea a, e incisos, considera de Preservação Permanente, pelo efeito da Lei nº 4.771/BR, de 15.09.65, "... as florestas e demais formas de vegetação natural situadas [...] ao longo dos rios ou de outro qualquer curso d'água desde o seu nível mais alto em faixa marginal cuja largura mínima..." varia de acordo com a largura do curso d'água. Na alínea c do mesmo artigo são também consideradas como de Preservação Permanente todas as formas de vegetação natural "...nas nascentes, ainda que intermitentes, e nos chamados 'olhos-d'água', qualquer que seja a sua situação topográfica, num raio mínimo de 50 (cinqüenta) metros de largura...".

Observa-se ainda que no conjunto da legislação federal sobre meio ambiente (Ventura e Rambelli, 1996), o termo "manancial" é referido pelo menos 15 vezes, sendo seguido de 11 referências ao termo "nascente" e de 10 referências ao termo "erosão". Muitas vezes, de acordo com a lei específica, "manancial" e "erosão" se relacionam através das medidas preconizadas para a sua respectiva preservação ou prevenção.

Toda a argumentação desenvolvida neste capítulo foi orientada para a caracterização das áreas de cabeceira de vales como áreas de risco de erosão, pois se caracterizam como áreas-fonte, das quais manam fluxos para o escoamento canalizado.

Ocorre que em bacias hidrográficas, áreas de cabeceira de vale estão com freqüência desprovidas de vegetação natural e portam tanto sinais nítidos de degradação pela erosão, quanto vestígios da atuação de processos erosivos pretéritos, indícios da instabilidade intrínseca dessas áreas. Verifica-se, portanto, paradoxo entre o que prevê a lei e o que ocorre no campo, no interior de bacias hidrográficas. Sem entrar no mérito das ambigüidades que caracterizam a aplicação das leis em nosso país, as razões deste paradoxo são:

a) a falta de definição clara, pela legislação, do que poderia vir a ser "manancial" e seus adjetivos: a primeira definição que pudemos encontrar é fornecida pelo Glossário de Termos e Conceitos Técnicos, como anexo de uma publicação que reúne todos os textos da legislação federal sobre meio ambiente (Ventura e Rambelli, 1996), no qual o verbete "nascente" é definido como o "... local onde se verifica o aparecimento de água por afloramento do lençol freático (Resolução CONAMA 004/85)...";

b) a extrema limitação da definição de "nascente" na legislação em vigor, que data de quando o engenheiro norte-americano Horton sequer havia publicado seus trabalhos pioneiros sobre a gênese do escoamento canalizado. De fato, não é considerada nascente "... a veia subterrânea que a alimenta..." (a nascente) (Decreto nº 24.643, de 10 de julho de 1934, capítulo 5, artigo 95), sendo a nascente apenas o ponto no qual aflora o lençol d'água;

c) a arbitrariedade da determinação legal das faixas de proteção vegetal natural em torno dos "mananciais", pois não considera, com exceção do que é previsto pelo estado do Pará (Brasília, 1997), as características morfológicas e, sobretudo, dimensionais das áreas de "nascentes".

No início desta análise, lembramos que existe dissimetria entre rede de cursos d'água e rede de vales não canalizados, em bacias hidrográficas de clima úmido, sendo a primeira alimentada pela água que mana da segunda. Prever de forma arbitrária faixas de proteção vegetal sem considerar tal dissimetria e sem definir o que são as áreas de origem de fluxos, o que são os mananciais, suas veias e fontes, equivale a deixar aberta enorme lacuna para a degradação dos recursos naturais.

Restringir a definição de manancial aos pontos nos quais ocorre afloramento do lençol freático implica riscos, pois esse tipo de fenômeno possui forte característica sazonal, podendo a nascente variar de posição. Sobretudo, parece fundamental que a área total de alimentação de nascentes seja protegida pela lei. Além do mais, fluxos que alimentam canais fluviais de primeira ordem têm origens variadas e, com freqüência, interagem de forma complexa ao longo do tempo, como discutido neste capítulo.

A interação entre mecanismos individuais é uma das principais causas de concentração de voçorocas em cabeceiras de vale. Como salientado ao final do item 4.1, podemos concluir que voçorocas conectadas à rede hidrográfica nada mais são do que canais incisos de primeira ordem que se desenvolvem em função de mecanismos que tendem a convergir nos mananciais.

A definição de áreas de risco de erosão por voçorocas passa, portanto, por uma definição mais abrangente dos mananciais, pois com freqüência é destes que provém a água que produz a erosão. Parodiando o ditado popular, da mesma forma que não há fumaça sem fogo, não há voçoroca sem água. Mananciais, nascentes e fontes, entendidos a partir de um ponto de vista mais abrangente, constituem áreas de risco de erosão por voçorocas.

5. *Conclusões*

Ao longo deste capítulo foi realizado um esforço de sistematização do conhecimento adquirido sobre o problema da erosão por voçorocas. Buscou-se, como forma de auxílio a eventuais medidas de recuperação, favorecer a identificação de mecanismos de detalhe através das feições erosivas. Foi também enfatizada, por evidências de campo e pela aplicação de modelo evolutivo para a erosão, a necessidade de compreender a erosão por voçorocas como fenômeno complexo que resulta da interação de diferentes mecanismos individuais, e que tende a ocorrer em determinados setores das bacias hidrográficas.

No interior das bacias hidrográficas, as chamadas cabeceiras de vale, ou cabeceiras de drenagem, têm sido identificadas como áreas de risco a eventos erosivos. A identificação dessas áreas foi abordada através de procedimentos relativamente simples, que favorecem a sua delimitação e caracterização.

Foi finalmente defendida, como forma para a identificação de áreas de risco de erosão, a associação entre cabeceiras de vale e mananciais, pois voçorocas tendem a se estabelecer nas proximidades das fontes geradoras de fluxos. Analisando a legislação vigente, verificou-se que a definição de áreas de risco de erosão por voçorocas depende da definição legal atribuída ao termo manancial e adjetivos.

Leis de proteção ambiental existem, resta adequá-las à prevenção de uma das formas mais dramáticas e espetaculares de erosão (Thomas, 1994), a erosão por voçorocas.

6. *Bibliografia*

ALLEN, J.R.L. (1994). Fundamental properties of fluids and their relation to sediment transport processes. In: PYE, K. (ed.) *Sediment transport and depositional processes.* Blackwell Scientific Publications, 25-60.

BAK, P. (1997). *How nature works, the science of self-organized criticality*. Oxford University Press, 212 p.

BEVERAGE, J.P., e CULBERTSON J.K. (1964). Hyperconcentrations of suspended sediment. *Journal of the Hydraulic Division of the American Society of Civil Engineers*, 90, 117-128.

BIGARELLA, J.J., e MOUSINHO, M.R. (1965). Considerações a respeito dos terraços fluviais, rampas de colúvio e várzeas. *Boletim Paranaense de Geografia*, vols. 16/17, 153-197.

BIGARELLA, J.J., e MAZUCHOWSKI, J.Z. (1985). *Visão integrada da problemática da erosão*. In: III Simpósio Nacional de Controle da Erosão. Livro Guia. Curitiba. Adea/abge, 332 p.

BRASÍLIA (1997). *Legislação estadual de recursos hídricos*. Caderno Legislativo nº 002/97, Volumes I e II (392 p. e 1028 p.). Brasília, Senado Federal, Gabinete do Senador Bernardo Cabral.

BRIDGE, J.S. (1981). Hydraulic interpretation of grain-size distributions using a physical model for bedload transport. *Journal of Sedimentary Petrology*, 51, 1109-1124.

BRYAN, R.B., e POESEN, J. (1989). Laboratory experiments on the influence of slope length on runoff, percolation and rill development. *Earth Surface Processes and Landforms*, 14, 211-231.

CAMARGO, G. (1998). *Processos de erosão no Centro e Sul do Segundo Planalto Paranaense: evolução de encosta e influência da erosão subterrânea na expansão de voçorocas*. Dissertação de Mestrado, Programa de Pós-Graduação em Geografia, Universidade Federal de Santa Catarina, Florianópolis, 210 p.

CANIL, K.; IWASA, O. Y.; SILVA, W.S., e ALMEIDA, L.E.G. (1995). Mapa de feições erosivas lineares do estado de São Paulo: uma análise qualitativa e quantitativa. In: V Simpósio Nacional de Controle de Erosão, *Anais do...*, Bauru, ABGE, 249-251.

CAVAGUTI, N. (1994). *Erosões lineares e solos urbanos — estudos, caracterização e análise do meio físico de Bauru, São Paulo*. Tese de livre-docência. Faculdade de Engenharia e Tecnologia, UNESP, Bauru, 548 p.

COELHO NETTO, A.L. (1998). Hidrologia de encosta na interface com a geomorfologia. In: Guerra, A.J.T., e Cunha, S.B. (eds.): *Geomorfologia, uma atualização de bases e conceitos*, Bertrand Brasil, Rio de Janeiro, 3ª edição, p. 93-148.

COELHO NETTO, A.L.; FERNANDES, N.F., e DEUS, C.E. (1988). Gullying in the Southeastern Brazilian plateau, Bananal (SP). *Proceedings of the Porto Alegre Symposium in Sediment Budgets*, IAHS Publications, n.174, 35-42.

COELHO NETTO, A.L., e FERNANDES, N.F. (1990). Hillslope erosionsedimentation and relief inversion in SE Brazil: Bananal, SP. In: *Research Needs and Applications to Reduce Erosion in Tropical Steeplands.* Fuji Symposium, Proceedings... IAHS Publication nº 192.

CRUSE, R.M., e LARSON, W.E. (1977). Effect of soil shear strength on soil detachment due to raindrop impact. *Soil Science Society of America Journal,* 41, 777-781.

DAEE/IPT (1989). *Controle de erosão: bases conceituais e técnicas; diretrizes para o planejamento urbano e regional; orientações para o controle de boçorocas urbanas.* São Paulo, DAEE/IPT, Secretaria de Energia e Saneamento. Departamento de Águas e Energia Elétrica do Estado de São Paulo, 92 p.

DE PLOEY, J. (1983). Runoff and rill generation on sandy and loamy topsoils. *Zeitschrift für Geomorphologie,* Suppl. Bd., 46, 15-23.

DE PLOEY, J., e POESEN. J. (1987). Some reflections on modelling hillslope processes. *Catena,* 10 (Suppl.), 67-72.

DIETRICH, W.E., e DUNNE, T. (1993). The channel head. In: BEVEN, K., e KIRKBY, M.J. (eds.): *Channel Network Hydrology,* John Willey and Sons Ltd., 175-219.

DUNNE, T. (1980). Formation and control of channel network. *Progress in Physical Geography,* vol. 4, n. 2, 211-238.

DUNNE, T. (1990). Hydrology, mechanics and geomorphic implications of erosion by subsurface flow. In: HIGGINS, C.G., e COATES, D.R. (eds.), *Groundwater Geomorphology: the role of subsurface water in Earth-surface processes and landscapes,* Geological Society of America Special Paper 252, 1-28.

EVANS, R. (1980). Mechanics of water erosion and their spacial and temporal controls: an empirical viewpoint. In: KIRKBY, M.J., e MORGAN, R.P.C. (eds.), *Soil Erosion,* 110-128, Wiley, Chichester.

FARRES, P. (1978). The role of time and aggregate size in the crusting processes. *Earth Surface Processes,* 3, 243-254.

FAULKNER, H. (1995). Gully erosion associated with the expansion of unterraced almond cultivation in the coastal Sierra de Lujar, S. Spain, *Land Degradation and Rehabilitation,* vol. 6, 179-200.

FROEHLICH, W. (1986). Influence of the slope gradient and supply area on splash, scope of the problem. *Zeitschrift für Geomorphologie,* Suppl. Bd., 60, 105-114.

GUERRA, A.J.T. (1998). Processos erosivos nas encostas. In: GUERRA, A.J.T., e CUNHA, S.B. (eds.). *Geomorfologia, uma atualização de bases e conceitos,* Bertrand Brasil, Rio de Janeiro, 3ª edição, 149-209.

GUIDICINI, G., e NIEBLE, C.M. (1976). *Estabilidade de taludes naturais e de escavação.* Editora Edgard Blücher Ltda., São Paulo, 170 p.

HEEDE, B.H. (1970). Morphology of gullies in the Colorado Rocky Mountains. *Bulletin of the International Association of Science in Hydrology*, vol. 15, 79-89.

HENIN, S. (1977). *Cours de physique du sol*, vol. I, 159 p., et vol. II, 224 p., ORSTOM e EDITEST, Paris, Bruxelles.

HILLEL, D. (1974). *L'eau et le sol. Principes et processus physiques*, Vander, Paris, 291 p.; trad. de: "Soil and Water: physical principles and processes" (1971), Academic Press, New York, 288 p.

HJULSTRÖM, F. (1935). Studies of the morphological activity of rivers as illustrated by the River Fyris. *Bulletin of the Geological Institute of the Uppsala University*, 25, 221-527.

HOOGMOED, W.B., e STROOSNIJDER, L. (1984). Crust formation on sandy soils in the Sahel. I. Rainfal and infiltration. *Soil and Tillage Researches*, 4, 5-24.

HORTON, R.E. (1945). Erosion development of streams and their drainage basins: hydrological approach to quantitative geomorphology. *Geological Society of America Bulletin*, n. 56, 275-376.

HUGGET, R.J. (1974). Percolines or palaeorills? *Area*, vol. 6, nº 3, 4-7.

IMESON, A.C., e KWAAD, F.J.P.M. (1980). Gully types and gully prediction. K.N.A.G. Geografisch Tijdschrift, XIV, 5, 430-441.

IVERSON, R.M., e MAJOR, J.J. (1986). Groundwater seepage vectors and the potential for hillslope failure and debris flow mobilisation. Water Resources Research, 22, 1543-1548.

KIRKBY, M.J. (1987). Modelling some influences of soil erosion, landslides and valley gradient on drainage density and hollow development. In: AHNERT, F. (ed.), *Geomorphological Models*. Catena Suppl. 10, 1-11.

LANE, L.J.; SCHERTZ, D.L.; ALBERTS, E.E.; LAFLEN, J.M., e LOPES, V.L. (1988). The US national project to develop improved erosion prediction technology to replace the USLE. *IAHS Publication*, 174, 473-481.

LUCCHI, F.R. (1992). *Sedimentografia. Atlante fotografico delle strutture dei sedimenti*. Zanichelli, Bologna, 249 p.

MEIS, M.R.M., e MACHADO, M.B. (1978). A morfologia de rampas e terraços do médio vale do rio Doce. *FINISTERRA*, vol.13, nº 26, 201-218.

MEIS M.R.M., e MOURA J.R.S. (1984). Upper Quaternary Sedimentation and Hillslope Evolution: Southeastern Brazilian Plateau. *Americam Journal of Science*, nº 284, 241-254.

MEIS, M.R.M.; COELHO NETTO, A.L., e MOURA,, J.R.S. (1985). As descontinuidades nas formações coluviais como condicionantes dos processos hidrológicos e da erosão linear acelerada. III Simpósio Nacional de Controle da Erosão. Maringá, *Anais do...* ABGE-PR, vol.1, 179-189.

MELLO, E., e ALVIM, M.C. (1972). *Populações e culturas pré-históricas do Brasil.* Assessoria de Relações Públicas da Fundação Nacional do Índio. Editora Gráfica Alvorada Ltda., Brasília.

MORIN, J.; BENYAMINI, Y., e MICHAELI, A. (1981). The effect of raindrop impact on the dynamics of soil surface crusting and water movement on the profile. *Journal of Hidrology*, 52, 321-336.

MOURA, J.R.S. (1998). Geomorfologia do Quaternário. In: GUERRA, A.J.T., e CUNHA, S.B. (eds.): *Geomorfologia, uma atualização de bases e conceitos*, Bertrand Brasil, Rio de Janeiro, 3ª edição, 335-364.

NASCIMENTO, E.E.D.J. (1998). *Contribuição aos estudos de processos erosivos acelerados em áreas de dunas poligenéticas — o caso da praia Mole, ilha de Santa Catarina.* Dissertação de Mestrado, Programa de Pós-Graduação em Geografia, Universidade Federal de Santa Catarina, Florianópolis, 161 p.

NEBOIT, R. (1983). *L'homme et l'érosion.* Faculté de Lettres et Sciences Humaines de l'Université de Clermond Ferrand II, fascicule 17, 183 p.

OLIVEIRA, M.A.T. (1989). Erosion disconformities and gully morphology: a threedimensional approach. *Catena*, volume 16, nº 4/5, 413-423.

OLIVEIRA, M.A.T. (1990). Slope geometry and gully erosion development: Bananal, São Paulo, Brazil. *Zeitschrift für Geomorphologie*, volume 34, nº 4, 423-434.

OLIVEIRA M.A.T. (1992). *Morphologie des versants et ravinements: héritages et morphogénèse actuelle dans une région de socle tropical. Le cas de Bananal, São Paulo, Brésil.* Tese de Doutorado, Universidade de Paris IV, Sorbonne, Paris, França, 401 p.

OLIVEIRA, M.A.T. (1996). Evolução de voçorocas e integração de canais em áreas de cabeceira de drenagem: modelo conceitual, taxas de erosão e sinergia de mecanismos. *Geosul*, nºs 19/20, 153-182.

OLIVEIRA, M.A.T. (1997). Towards the integration of subsurface flow and overland flow in gully head extension: issues from a conceptual model for gully erosion evolution. *South African Journal of Geography*, vol. 2, 79, 120-128.

OLIVEIRA, M.A.T., e MEIS, M.R.M. (1985). Relações entre geometria do relevo e formas de erosão linear acelerada (Bananal, SP). *Geociências*, São Paulo, nº 4, 87-99.

OLIVEIRA, M.A.T.; COELHO NETTO, A.L., e AVELAR, A.S. (1994). Morfometria de encostas e desenvolvimento de boçorocas no médio vale do rio Paraíba do Sul. *Geociências*, São Paulo, vol. 13, 1, 9-23.

OLIVEIRA, M.A.T.; SBRUZZI, G.J., e PAULINO, L.A. (1995). Taxas de erosão por voçorocas no médio vale do rio Paraíba do Sul. In: VI Simpósio de

Geografia Física Aplicada, 1995, Goiânia, *Anais*... Goiânia: Universidade Federal de Goiás, 1995, 647-651.

PEIXOTO, M.N.O. (1993). *Estocagem de sedimentos em cabeceiras de drenagem em anfiteatro — médio vale do rio Paraíba do Sul* (*SP/RJ*). Dissertação de Mestrado, Departamento de Geografia — IGEO/UFRJ. Rio de Janeiro, 192 p.

PONÇANO, W.L., e PRANDINI, I.F. (1987). Boçorocas no Estado de São Paulo: uma revisão. In: IV Simpósio Nacional de Controle da Erosão, 1987, Marília, *Anais do*... Marília: ABGE/DAEE, 149-177.

RUHE, R.V. (1974). *Geomorphology. Geomorphic Processes and Surficial Geology*. Houghton Mifflin Company, Boston, 246 p.

SELBY, M.J. (1982). *Hillslope materials and processes*. Oxford University Press, Oxford, 264 p.

SELBY, M.J. (1994). Hillslope sediment transport and deposition. In: PYE, K. (ed.), *Sediment transport and depositional processes*. Blackwell Scientific Publications, 61-87.

STRAHLER, A.N. (1958). Dimensional analyses applied to fluvially eroded landforms. *Bulletin of the Geological Society of America*, vol. 69, 279-300.

SWANSON, M.L.; KONDOLF, G.M.; e BOISON, P.J. (1989). An example of rapid gully initiation and extension by subsurface erosion: coastal San Mateo County, California. *Geomorphology*, n. 2, 393-403.

TERZAGHI, K., e PECK, R.B. (1948). Soil mechanics in engineering practice. Wiley and Sons, New York, 566 p.

THOMAS, D.S.G., e ALLISON, R.J. (1993). *Landscape Sensitivity*. John Wiley & Sons, Chichester, 347 p.

THOMAS, M.F. (1994). *Geomorphology in the tropics: a study of weathering and denudation in low latitudes*. John Wiley e Sons Ed. Wichester, England, 460 p.

VENTURA, V.J., e RAMBELLI, A.M. (1996). Legislação Federal sobre o Meio Ambiente. Editora Vana Ltda., Taubaté, São Paulo, 1148 p.

WISCHMEIER, W.H. (1976). Use and misuse of the universal soil loss equation. *Journal of Soil Water Conservation*, 31, 5-9.

CAPÍTULO 3

ANÁLISE MORFOLÓGICA DOS SOLOS E EROSÃO

Antonio Soares da Silva

1. Introdução

Os problemas advindos do uso irracional do solo, seja ele urbano ou rural, têm despertado cada vez mais o interesse de estudiosos e pesquisadores do mundo inteiro. O aumento da população mundial e a crescente demanda por alimentos têm levado cientistas a buscar soluções para um uso mais eficiente do solo, equacionando uma maior produção com menores perdas por erosão.

Este capítulo procura dar uma contribuição aos estudos de erosão dos solos sob um enfoque, ou ponto de vista, que tem por objetivo demonstrar a importância das descrições morfológicas de campo e as respostas que podem ser obtidas a partir de tais descrições.

Alguns autores afirmam que a erosão dos solos é um processo que ocorre em duas fases, sendo a primeira constituída da remoção de partículas, e a segunda, referente ao transporte deste material (Bertoni e Lombardi Neto, 1993; Guerra, 1998).

De um modo geral, as pesquisas sobre erosão do solo consideram como sendo fatores controladores dos processos erosivos a erosividade da chuva, as propriedades dos solos (textura, densidade aparente, porosidade, teor de matéria orgânica, teor e estabilidade de agregados e pH do solo), cobertura vegetal e características das encostas (Ellison, 1963; Morgan, 1986; Boardman, 1990; Guerra, 1998).

Não há dúvida de que a análise de tais fatores mostra-se extremamente importante nos estudos de erosão, mas a identificação do arranjo das partículas do solo, da geometria dos seus horizontes e o conseqüente reconhecimento da circulação lateral subsuperficial da água, a partir de uma abordagem predominantemente morfológica em topossequência, podem contribuir de forma acentuada para o melhor equacionamento, bem como diagnóstico mais rápido sobre a erosão. Assim, estudos que objetivam a identificação do arranjo dos agregados do solo podem definir zonas com maior ou menor circulação lateral de água, em função das características de tais agregados.

A introdução da Análise Estrutural da Cobertura Pedológica nos estudos de erosão dos solos permite identificar as transições laterais, geralmente progressivas ao longo de encostas, e, a partir deste momento, definir áreas ou zonas com maior ou menor suscetibilidade à erosão, em função, principalmente, do arranjo dos constituintes do solo e suas implicações quanto à circulação de água.

A Análise Estrutural da Cobertura Pedológica (Boulet *et al.*, 1982a, 1982b, 1982c; Boulet, 1988a e 1988b; Ruellan *et al.*, 1989) corresponde a uma abordagem morfológica das estruturas do solo, que visa identificá-las, estabelecer seu papel no funcionamento do solo, entre outros. Desta forma, abrange desde estudos de morfologia de campo até estudos mais detalhados de microscopia ótica, microscopia eletrônica de varredura, microssonda, etc. Neste capítulo trataremos principalmente dos estudos de morfologia de campo.

2. Descrição de um Perfil de Solo

As descrições morfológicas referentes ao método da análise estrutural obedecem a alguns requisitos e ocorrem a partir da abertura de trincheiras, cujo objetivo é reconhecer as principais variações verticais em alguns perfis ao longo de uma encosta e, posteriormente, através de sondagens sucessivas, reconhecer as variações laterais existentes entre estes perfis na topossequência.

No corte vertical do solo, uma das primeiras etapas é realizar a delimitação dos principais horizontes, descrevendo seus limites e anotando suas profundidades. Segundo Lemos e Santos (1996), os limites podem ser:

Quanto ao grau de distinção:

- Abrupto: faixa de separação menor que 2,5cm;
- Claro: a faixa varia entre 2,5 e 7,5cm;
- Gradual: a faixa varia entre 7,5 e 12,5cm;
- Difuso: a faixa é maior que 12,5cm.

Quanto à topografia dos horizontes:

- Plana: a faixa de separação é quase horizontal;
- Ondulada: a faixa de separação é sinuosa, sendo os desníveis mais largos do que profundos;
- Irregular: a faixa de separação apresenta desníveis mais profundos do que largos;
- Descontínua: a faixa de separação não é contínua, apresenta-se parcial ou completamente desconectada de outras partes do mesmo horizonte.

Neste momento, algumas características observadas no perfil devem ser destacadas. Esta observação mais geral sobre o perfil antecede à etapa de descrição mais detalhada de cada horizonte. A descrição de cada horizonte deve ser a mais rica possível, de modo a permitir que o leitor seja capaz de "ver" o perfil a partir de sua descrição.

Como veremos a seguir, alguns parâmetros morfológicos podem ser destacados como de maior importância durante a descrição de um perfil de solo. A sua correta interpretação em campo pode ajudar em diagnósticos mais rápidos e mais corretos, tornando os prognósticos mais precisos.

2.1. Cor

No exame do perfil de solo, a cor é uma das características morfológicas que mais chama atenção. As variações verticais na tonalidade da cor permitem determinar os horizontes de um perfil de solo. A cor do solo reflete as variações dos conteúdos de matéria orgânica, sílica e compostos de ferro. Sua determinação é feita pela comparação de amostras de horizontes do solo com tabelas especiais, como, por exemplo, o sistema de Munsell (*Munsell Soil Color Chart*), denominado em português Carta de Munsell (Munsell, 1994).

A cor possui três componentes: croma, matiz e valor. O croma refere-se à pureza, intensidade ou saturação de uma cor. O matiz refere-se à combinação dos pigmentos vermelho e amarelo. Já o valor indica a claridade, ou seja, a proporção do preto e do branco. Assim, as cores mais puras estarão à direita na Carta de Munsell; as mais misturadas, à esquerda; as mais claras, no topo; e as mais escuras, na base.

A cor varia em função da umidade do solo; portanto, deve-se determinar a cor do solo quando seco e quando úmido. A descrição de cor dos horizontes deve contemplar as variações que possam existir dentro destes. A existência de volumes com cores diferentes deve ser descrita por tipo de volume, abundância, extensão, forma, limite e contraste em relação a outros volumes que existirem e suas relações com outras características das organizações elementares do horizonte.

A cor pode evidenciar a presença de certos constituintes que conferem diversas tonalidades aos horizontes do solo: a matéria orgânica (escuro), ferro (avermelhado), calcário e sais (branco), etc. Pode também evidenciar o estado de certos constituintes: ferro ferroso (condições de excesso de água — acinzentado ou azulado), goetita (amarelado), hematita (avermelhado).

É importante ressaltar que as cores de um horizonte em uma trincheira podem ser comparadas com um horizonte próximo, ou mesmo em outra trincheira, localizada a jusante ou a montante em níveis de mais claro ou mais escuro, mais avermelhado ou mais amarelado, mas nunca a comparação deve ser feita por números (Ruellan e Dosso, 1993).

A atividade biológica (animais e vegetais), em geral, escurece o solo pela acumulação de matéria orgânica. As migrações de argila e ferro podem tornar o solo mais claro (horizonte de partida de argila e ferro) ou mais avermelhado (horizonte de chegada). As variações nos regimes hídricos também influenciam a cor dos horizontes. Horizontes bem drenados são mais avermelhados; horizontes medianamente drenados são brunos ou amarelados; e os horizontes mal drenados são acinzentados ou mosqueados (cinza, amarelo, vermelho e/ou preto).

É possível efetuar algumas correlações entre a cor do solo e processos atuantes no mesmo. Solos mais escuros (enriquecidos com matéria orgânica) tendem a ser menos suscetíveis à erosão, em função da maior presença de matéria orgânica, que confere maior estabilidade aos agregados do solo. Quando o solo apresenta cores mais claras (amareladas ou brunadas), algumas associações mais complexas podem ser feitas. As correlações são mais amplas e dizem respeito ao teor de umidade do solo (solos mais secos) e o desenvolvimento da vegetação. A pouca umidade inibe o crescimento da cobertura vegetal, diminuindo a sua eficiência, aumentando, assim, o risco à erosão e também a movimentos de massa. As vertentes que recebem maior insolação apresentam menos umidade, solos mais claros, mais rasos e vegetação de menor porte e mais espaçada, e maior incidência de processos erosivos e movimentos de massa do que as vertentes mais protegidas da insolação.

2.2. Agregados

Segundo Curi *et al.* (1993), agregado é um conjunto coerente de partículas primárias do solo com forma e tamanho definidos. Comporta-se, mecanicamente, como uma unidade estrutural. Se o agregado é formado artificialmente (pisoteio de animais, passagem de máquinas, etc.), denomina-se torrão; se, naturalmente, é denominado de *ped*. A morfologia e a presença de agregados variam tanto lateral como verticalmente, e, ainda, podem existir dentro de um mesmo horizonte diferentes tipos de agregados.

Ruellan e Dosso (1993) consideram que os horizontes do solo podem apresentar dois tipos de estruturas (agregados). O primeiro tipo refere-se às estruturas fragmentares, ou seja, com a presença de agregados; e o segundo, às estruturas contínuas, ou seja, sem a presença de agregados.

Podem ser identificados alguns mecanismos que produzem as estruturas fragmentares: a floculação dos constituintes, devido à presença de matéria orgânica e cátions; a acumulação dos constituintes, devido à presença de matéria orgânica, atividade biológica, argila, ferro, calcário e sílica; e fissuração ou quebra dos domínios floculados ou cimentados, devido às variações de volume relacionadas às oscilações no teor de umidade e presença de argilas expansíveis.

Os agregados do solo são descritos pela sua forma (arredondado, anguloso ou laminar), tamanho e grau de desenvolvimento da estrutura (Figura 3.1).

Os agregados arredondados podem ter a estrutura com forma:

- granular — agregados pequenos, em geral menor que 1cm, bem arredondados;
- grumosa — agregados pequenos a médios, em geral menor que 2cm, com contornos irregulares;

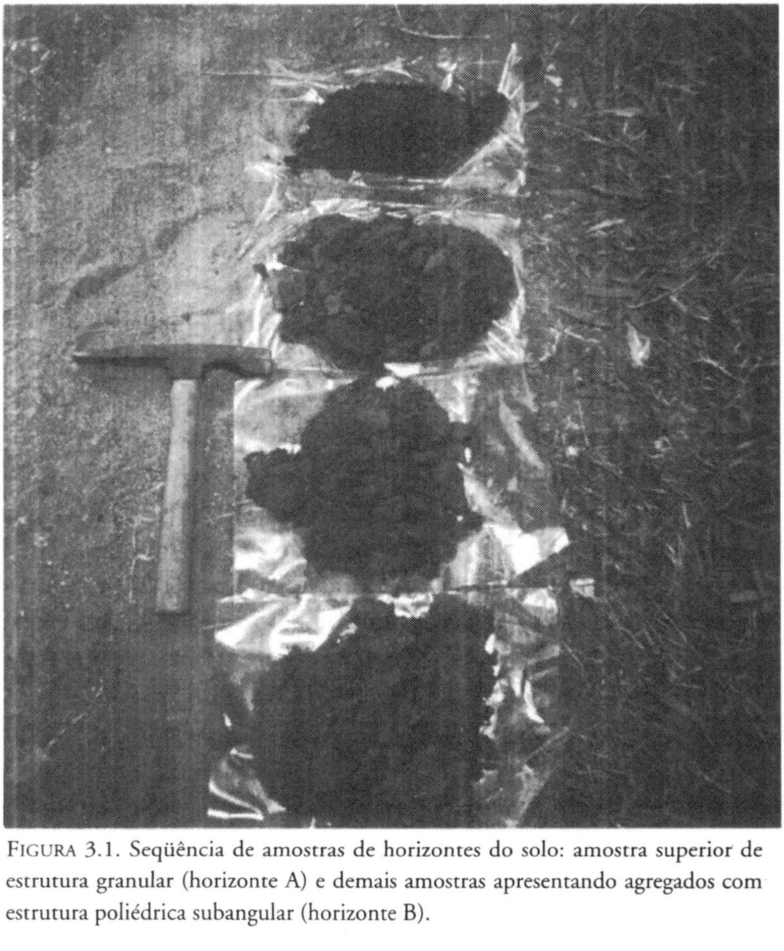

FIGURA 3.1. Seqüência de amostras de horizontes do solo: amostra superior de estrutura granular (horizonte A) e demais amostras apresentando agregados com estrutura poliédrica subangular (horizonte B).

- poliédrica ou blocos subangulares — agregados de tamanhos maiores que apresentam faces arredondadas e planas, com ângulos arredondados.

Os agregados angulosos podem ter estrutura com forma dividida em:

- poliédrica ou blocos angulares — os agregados apresentam faces planas e vértices formados por ângulos;
- prismática — o desenvolvimento dos agregados é mais visível verticalmente. A estrutura prismática apresenta dois subtipos: a prismática propriamente dita e a colunar.

Nas estruturas laminares, as partículas do solo estão dispostas de tal forma que as dimensões horizontais são mais desenvolvidas. Tais estruturas podem apresentar espessura variável. A origem dessas estruturas pode ser natural, como também pode ser originada mecanicamente através da passagem de veículos agrícolas (máquinas e tratores), pisoteio de animais, etc.

A presença de um ou mais tipos de estruturas no solo pode ter diversas interpretações, e a correta análise dessas estruturas pode resultar em um melhor aproveitamento do solo. Assim, a presença de estruturas arredondadas significa um meio poroso onde a água, o ar e a vida animal e vegetal circulam livremente. Normalmente, esses agregados são estáveis em água, indicando uma boa resistência à erosão.

Os agregados angulosos são mais compactos e, conseqüentemente, restringem a atividade biológica, principalmente a animal. A água e o ar circulam mais facilmente nas fissuras existentes entre os agregados. Em períodos úmidos, essa circulação de água é restrita, em função da expansão dos minerais de argila e do conseqüente fechamento das fissuras, acarretando um impedimento à circulação vertical da água, podendo promover o aparecimento de sinais erosivos nos solos que apresentam tais estruturas. Tal fato é agravado se, em superfície, encontra-se um horizonte arenoso, que permita a rápida infiltração da água.

Os agregados laminares apresentam forte impedimento à circulação vertical de água. A disposição predominantemente lateral das partículas do solo cria descontinuidades na circulação da água, ar e vida (vegetal e animal). Nos solos agrícolas, a presença em superfície de tais estruturas condiciona um desenvolvimento lateral das raízes e um maior encharcamento do solo nessa região, assim como também pode favorecer o aparecimento de sinais erosivos. Em profundidade, a presença de tais estruturas pode significar maior predisposição a movimentos de massa, principalmente em regiões de relevo acidentado. Essas estruturas laminares são mais comuns nos horizontes superficiais (horizonte A), mas podem ocorrer também nos horizontes subsuperficiais, no horizonte C, próximo à rocha mãe.

As estruturas prismáticas correspondem àqueles agregados cuja dimensão vertical é maior que a dimensão horizontal (Lemos e Santos, 1996). Esses agregados podem ser de dois tipos: o primeiro, agregados com estrutura prismática propriamente dita, cuja característica é o topo do agregado relativamente plano; e o segundo, agregados com estrutura colunar, cujo topo é ligeiramente arredondado, sendo esta última estrutura diagnóstica de horizonte B nátrico (acumulação de sódio).

Por último, as chamadas estruturas contínuas são identificadas quando não há a presença de agregados individualizados. São reconhecidos dois tipos dessas estruturas: particular (grãos soltos) e maciça. A estrutura particular não apresenta aderência entre os grãos que constituem a estrutura, e os grãos são soltos. A estrutura maciça é reconhecida quando as partículas de um determinado horizonte estão cimentadas sem, contudo, formar agregados. Este tipo de estrutura é encontrado nos horizontes glei.

Em função da ausência ou da pouca quantidade de elementos agregadores (matéria orgânica e/ou argila), as estruturas particulares apresentam elevados riscos à erosão. As partículas de areia e/ou silte são facilmente destacadas, iniciando-se, assim, o processo erosivo. As estruturas maciças geralmente ocorrem em áreas deprimidas e em condições muito úmidas e não apresentam risco à erosão.

2.3. Porosidade

Entende-se por porosidade de um solo o volume não ocupado pelos constituintes sólidos do solo. Tal volume é ocupado pelo ar e pela água. A grande importância da porosidade está no fato de que é através dela que se dá a transferência de sólidos, líquidos e gases no interior do solo, bem como da atividade biológica.

Em geral, em campo é necessária a ajuda da lupa de bolso para a observação da porosidade, uma vez que grande parte da porosidade é invisível a olho nu.

Podem-se distinguir três tipos de porosidade: a porosidade de alteração, correspondente àquela desenvolvida no interior e na superfície dos grãos dos minerais; a porosidade textural, existente entre as partículas constituintes do solo; neste caso, se o material for mais argiloso, os poros serão muito pequenos (visíveis apenas ao microscópio eletrônico); se for mais arenoso, a porosidade será mais grosseira (visível a olho nu); e a porosidade estrutural, que corresponde àquela resultante do arranjo das partículas entre si (Ruellan e Dosso, 1993).

Em função da morfologia, a porosidade estrutural pode ser dividida em três tipos:

- porosidade tubular e cavitária: originada pela ação biológica animal (formigas, cupins e minhocas) e vegetal;
- porosidade fissural: originada pela contração e expansão de argilas (esta porosidade delimita os agregados angulosos);
- porosidade de empilhamento: resultante da separação de agregados arredondados e em horizontes arenosos, resulta da separação dos grãos de areia.

Em função do diâmetro, os poros podem ser classificados em macro e microporos. A macroporosidade corresponde àquela de circulação rápida da água da chuva ou de irrigação (gravidade); porém, logo após cessar a fonte de água (chuva ou irrigação), os poros ficam "vazios", uma vez que, em função do diâmetro dos poros, a água não fica retida. A macroporosidade é principalmente de origem estrutural.

A microporosidade corresponde àquela de circulação mais lenta da água (capilaridade). É neste diâmetro de poros que está retida a água disponível às plantas. A microporosidade pode ser de alteração, textural e estrutural.

Em campo, somente é possível observar a macroporosidade. Desta forma, pode-se descrever a porosidade interagregados. A porosidade não visível a olho nu ou lupa de bolso pode ser observada em microscópios óticos e eletrônicos através de lâminas delgadas de solo. Em laboratório, é possível obter o volume de solo ocupado pelos poros (porosidade total), bem como de agregados centimétricos e microagregados.

A porosidade tem um papel extremamente importante no funcionamento do solo. Ela é responsável pela retenção de mais ou menos água no solo. Assim, a quantidade de água para irrigação, por exemplo, vai depender do diâmetro dos poros. Um outro fator de grande importância refere-se à intercomunicabilidade entre os poros. As mudanças verticais bruscas no diâmetro e na morfologia dos poros podem acarretar sérios problemas de erosão, principalmente em solos com descontinuidades texturais e estruturais abruptas, ou seja, horizontes superficiais arenosos, com porosidade textural grosseira e horizontes subsuperficiais argilosos, com porosidade textural fina e poros fissurais. Neste caso, a água infiltra rapidamente no horizonte superficial e sofre uma brusca redução na velocidade de infiltração no topo do horizonte B, levando a um encharcamento da superfície, iniciando um movimento lateral e podendo provocar erosão.

Uma porosidade eficiente, sem impedimentos, permite maior quantidade de água infiltrando a grandes profundidades, propiciando uma reserva permanente para as nascentes e para os vegetais. Quando ocorre algum tipo de impedimento próximo à superfície, a água retorna rapidamente à atmosfera, tornando desta forma o ciclo hidrológico mais curto, além de provocar graves danos através da erosão.

2.4. Feições Pedológicas

As feições pedológicas são organizações macro e microscópicas resultantes dos movimentos e da transferência de matéria que se produzem dentro do solo. Essas feições envolvem movimentação e deposição de matéria, movimentação e precipitação de elementos em solução, movimentação de animais e raízes e expansão de argilas. São quatro os principais tipos de feições pedológicas: revestimentos ou cerosidade, bandas onduladas, nódulos e pedotúbulos (Ruellan e Dosso, 1993).

• Revestimentos

Existe uma pequena distinção entre revestimento e cerosidade, porém muitas vezes tende-se a considerá-los como semelhantes. Quando se fala em revestimento, estamos nos referindo a qualquer tipo de revestimento, seja ele de argila, de calcário, férrico, orgânico, etc. Já cerosidade refere-se apenas ao revestimento de argila, seja ao redor de um agregado, de um mineral ou de poro. Tal situação reside no fato de que os revestimentos mais comuns são os de argila.

Os revestimentos são, na verdade, a expressão da movimentação de matéria dentro do solo. Tomando-se como exemplo os revestimentos de argila, o horizonte que vai apresentar tal revestimento pode ser caracterizado como horizonte de chegada de argila (horizonte iluvial). Esta argila pode ter diversas origens, entre elas, por exemplo, argila migrada do topo do perfil (horizonte eluvial) ou do trecho superior da vertente, etc.

• Bandas

Ruellan e Dosso (1993) definem as bandas como sendo feições com espessura que varia de poucos milímetros a alguns centímetros, mais rica em argila, ferro ou matéria orgânica, dentro de um horizonte com textura mais grosseira (areno-siltosa).

Pelo fato de as bandas serem sempre onduladas, são normalmente chamadas de bandas onduladas. Elas podem ser de dois tipos: as de acumulação, pela migração de partículas dentro da cobertura pedológica; e as de degradação e lavagem (*lessivage*) de partículas argilosas, onde as bandas presentes em um horizonte arenoso são residuais (relíquias) de um horizonte argiloso, localizado abaixo das bandas e do horizonte E (eluvial). Este último foi exaustivamente estudado por Castro (1989b) na região de Marília, no estado de São Paulo.

• Nódulos

Existem várias definições para essa feição pedológica. Para Ruellan e Dosso (1993), nódulos são concentrações mais ou menos esféricas, seja de elementos migrados em solução, seja de elementos residuais dessas migrações. Lemos e Santos (1996) ressaltam as características morfológicas visíveis em campo. Para esses autores, nódulos são corpos cimentados, que podem ser removidos intactos do solo. Suas composições variam de materiais parecidos com aqueles dos solos, nos quais estão inseridas até substâncias puras de composição totalmente diferente do material vizinho.

Existem algumas diferenças básicas entre nódulos e concreções. Estas últimas possuem arranjo e simetria internos organizados em torno de um ponto, de uma linha ou de um plano. Nódulos não possuem tal organização interna (Lemos e Santos, 1996).

Os nódulos e concreções são descritos quanto a:

- quantidade — geralmente expressa em percentual do volume ocupado no horizonte;
- tamanho — nódulos variam de milímetros a alguns centímetros de diâmetro;
- dureza — podem ser friáveis, quando são facilmente quebráveis entre os dedos, ou muito duros, não sendo possível quebrá-los entre os dedos;
- forma — esférica ou arredonda, irregular, alongada, angular, etc.;
- cor — refere-se à cor externa e interna do nódulo;
- natureza — exprime a provável natureza do material: ferromagnesiana, gibsita, carbonato de cálcio, etc.

- Pedotúbulos

Os pedotúbulos são volumes pedológicos interpretados como sendo resultado da atividade biológica animal (Ruellan e Dosso, 1993). Os pedotúbulos são mais abundantes nos horizontes superficiais, onde a atividade biológica se faz presente em toda a sua plenitude.

Os pedotúbulos correspondem a galerias, canais, cavidades, enfim, poros escavados pelos animais, que foram preenchidos por material pedológico. Em geral, o material que preenche tais canais (poros) é diferente do material externo ao poro, tornando relativamente fácil a sua distinção, seja em campo, como em laboratório, com a ajuda de microscópio (vide o capítulo 4 deste livro). O material de preenchimento pode ser mais escuro (maior quantidade de matéria orgânica), mais argiloso (migração de argila), mais arenoso, com grãos de areia mais bem selecionados (areia fina), etc.

Muitas vezes, as feições pedológicas presentes no solo representam a atuação de processos que podem ter correlações diretas com a incidência de processos erosivos. O transporte de matéria (argila) dentro do solo, demonstrado pela presença de cutans de iluviação (argilans) e evidenciando a instabilidade das estruturas, mostra que os agregados estão sendo quebrados, e as partículas (argila, silte e areia) estão sendo postas em disponibilidade para o transporte.

As demonstrações de transporte de matéria estão evidentes não apenas em revestimentos de argila, mas também através do preenchimento de poros, originando os pedotúbulos.

2.5. Estabilidade dos Agregados

Como já foi mencionado neste capítulo, agregado é um conjunto coerente de partículas primárias do solo com forma e tamanho definidos. Assim, a consistência e a estabilidade dessas estruturas (agregados) vão ser extremamente importantes na definição da taxa de erosão que poderá incidir sobre um determinado solo.

As taxas de erodibilidade do solo dependem, além de outros fatores, da estabilidade dos agregados, que, se for baixa, os agregados se rompem facilmente, podendo formar crostas na superfície do solo, dificultando a infiltração e aumentando o escoamento superficial (Guerra, 1998).

Agregados estáveis em água dificultam o rompimento e separação de partículas menores, evitando a selagem superficial, mantendo sempre elevada a infiltração no topo do solo (Guerra, 1998).

• Consistência

A consistência de um agregado é a resistência à sua destruição por pressão. Em campo, é estimada pela resistência de um agregado à sua destruição entre os dedos. A consistência varia em função da umidade, e a sua descrição obedece ao estado de umidade de uma amostra (agregado): seca, úmida e molhada (Lemos e Santos, 1996).

Quando seca, a consistência é caracterizada pela dureza de um agregado ao esboroamento entre os dedos. Assim, tem-se consistência:

- solta — material não coerente entre o polegar e o indicador;
- macia — a massa de solo é muito frágil e quebra-se sob pressão muito leve;
- ligeiramente dura — fracamente resistente à pressão, o material quebra-se facilmente entre o polegar e o indicador;
- dura — moderadamente resistente; o material pode ser quebrado nas mãos, mas dificilmente entre o polegar e o indicador;
- muito dura — muito resistente à pressão; o material quebra-se nas mãos com muita dificuldade e não pode ser quebrável entre os dedos;
- extremamente dura — extremamente resistente; o material não pode ser quebrado com as mãos.

A consistência quando úmida caracteriza a friabilidade de um agregado. A amostra não pode estar nem muito seca nem tampouco molhada, pois isto pode mascarar a análise. O procedimento é o mesmo executado para a consistência quando seca. Deve-se esboroar o agregado entre os dedos polegar e indicador, e classificar a amostra dentro das seguintes situações:

- solta — o material é não coerente;
- muito friável — o material esboroa-se com leve pressão, mas agrega-se por compressão posterior;
- friável — o material esboroa-se entre os dedos com pressão moderada, mas agrega-se posteriormente;
- firme — o material esboroa-se ainda relativamente fácil, porém já apresenta resistência perceptível;
- muito firme — é necessária uma forte pressão para esboroar a amostra que apresenta elevada resistência ao esmagamento entre os dedos;
- extremamente firme — é necessária uma pressão muito forte, e o agregado apenas é fragmentado entre os dedos.

A consistência quando molhada é caracterizada pela plasticidade e pegajosidade em amostras pulverizadas com conteúdo de água ligeiramente acima da capacidade de campo. A determinação da plasticidade em campo é feita a partir da modelagem de um cilindro ou fio fino de solo. Desta maneira tem-se:

- não plástica — nenhum fio ou cilindro se forma;
- ligeiramente plástica — forma-se um fio que é facilmente deformável;
- plástica — forma-se um fio, sendo necessária uma pressão moderada para deformá-lo;
- muito plástica — forma-se um fio, sendo necessária muita pressão para deformá-lo.

A pegajosidade é a propriedade que a massa de solo tem de aderir a outros objetos. Em campo é verificada a aderência da massa de solo molhada, quando comprimida entre o polegar e o indicador. Assim, a amostra pode ser:

- não pegajosa — após a pressão dos dedos, o material não adere aos dedos;
- ligeiramente pegajosa — após a pressão dos dedos, o material adere a ambos os dedos, mas solta de um deles;
- pegajosa — após a pressão, o material adere a ambos os dedos, havendo perceptível tendência a alongar-se e ao rompimento, permanecendo aderido aos dedos;
- muito pegajosa — após a pressão, o material adere fortemente aos dedos e alonga-se quando os mesmos são afastados.

- Estabilidade estrutural

A estabilidade estrutural é uma medida de resistência dos agregados, em face da ação da água. As medidas mais comuns são obtidas em laboratório, a partir da imersão dos agregados em água. Em campo, um método fácil e rápido permite ter uma idéia da estabilidade dos agregados. Em um copo coloca-se um agregado e adiciona-se água, sem que a mesma atinja diretamente o agregado. Os agregados instáveis vão se desfazer rapidamente, geralmente em menos de um minuto. Os agregados estáveis vão resistir por um tempo maior.

Algumas evidências na paisagem permitem concluir sobre a estabilidade dos agregados em uma determinada área. A presença de sinais erosivos, mesmo que incipientes, bem como a presença de crostas na superfície do solo nos permitem concluir que a estabilidade dos agregados não é elevada.

Não se deve confundir um agregado duro, quando seco, com um agregado estável em água. Muitas vezes, esses agregados, quando em contato com a água, simplesmente se desfazem em partículas menores.

Solos ricos em matéria orgânica, hidróxidos, cátions bi e trivalentes tendem a apresentar agregados estáveis. Já os ricos em silte, excesso de água (mesmo com hidromorfia temporária) tendem a apresentar agregados instáveis.

De um modo geral, os solos que apresentam consistência, quando secos, solta e macia, quando úmidos, solta e muito friável, e quando molhados, não plástica e não pegajosa, vão resultar em uma maior suscetibilidade à erosão. Isto resulta diretamente da menor quantidade de partículas ligantes (matéria orgânica e argila).

Os solos, entretanto, com elevados percentuais de argila, com consistência, quando secos, extremamente dura, quando úmidos, extremamente firmes, e, quando molhados, muito plástica e muito pegajosa, também podem apresentar riscos à erosão, em função, muitas vezes, da baixa percolação de água.

A situação ideal é representada pelas condições intermediárias, uma vez que elas propiciam a formação de uma boa porosidade e textura média, em função do equilíbrio na distribuição das partículas granulométricas.

3. Análise Estrutural da Cobertura Pedológica

Alguns avanços ocorreram na pedologia, ainda na primeira metade deste século. O primeiro deles refere-se à passagem da visão de perfil de solo tradicional para noção de catena, que, apesar de representar um grande avanço, ainda carrega consigo a noção de perfil, sendo uma catena de solos uma sucessão de perfis. Com isto, fica claro que este conceito não foi suficiente para abordar a visão das passagens laterais existentes na cobertura pedológica, ou seja, como é a organização da cobertura pedológica entre um perfil e outro de solo.

Desta forma, os pesquisadores iniciam trabalhos visando reconhecer a organização entre os perfis de solo. Assim, destaca-se aqui a contribuição dos pedólogos franceses, que a partir de 1972 produziram diversos trabalhos onde começa a ser estudada minuciosamente a organização lateral da cobertura pedológica (Boulet, 1988b). Vale ressaltar que tais estudos partem de uma abordagem da morfologia das estruturas do solo, para a compreensão da origem e evolução das coberturas pedológicas, muitas das quais se constituem em sistemas pedológicos.

3.1. Organização da Cobertura Pedológica

O primeiro passo para a identificação da organização da cobertura pedológica é realizar um transecto do topo à base de uma vertente, construindo um perfil topográfico, de maneira que as rupturas de declive e outras alterações na vertente estejam contempladas no perfil topográfico. Nesta etapa, utilizam-se equipamentos básicos, tais como clinômetro, trena e mira graduada. Em função da extensão e do tempo disponível para a realização do trabalho, o estudo pode ser iniciado com tradagens sucessivas e eqüidistantes ao longo da vertente, seguidas então da abertura de trincheiras, ou, então, iniciar com a abertura de trincheiras a intervalos regulares, e posteriormente utilizar o trado para acompanhar as transições laterais na cobertura pedológica.

Em vertentes que possuem pouca extensão (por exemplo, até 100 metros) pode proceder-se à abertura de uma trincheira no topo e outra na base da encosta. Nessas trincheiras são feitas as descrições morfológicas de detalhe, e, posteriormente, realizam-se as tradagens, para o acompanhamento da transição lateral e vertical dos horizontes de solo.

A seqüência de tradagens obedece a um método sistemático de observação, de forma que todas as transições sejam localizadas precisamente. Uma pequena quantidade das amostras coletadas com o trado são acondicionadas em caixas de papelão (4cm x 4cm), onde são anotados o número da topossequência, o número da tradagem e a profundidade de coleta. Tais caixas são, por sua vez, armazenadas no pedocomparador, que é uma maleta de madeira, com capacidade para 100 caixinhas de papelão (Figura 3.2). O pedocomparador tem como função armazenar organizadamente as amostras retiradas nas sondagens, de maneira que o pesquisador tenha uma rápida e fácil visualização das tradagens, permitindo, assim, reconstituir todos os horizontes dos solos presentes na topossequência.

FIGURA 3.2. Pedocomparador, onde as amostras coletadas nas sondagens são armazenadas de modo seqüencial, permitindo uma rápida observação da organização dos horizontes dos solos.

Caso o pesquisador opte inicialmente pela abertura de trincheiras, as amostras para o pedocomparador podem ser coletadas de uma das paredes da trincheira, sempre obedecendo ao intervalo de 10 centímetros de profundidade entre uma coleta e outra. Com as amostras do topo e da base da vertente acondicionadas no pedocomparador, é verificado se as mesmas são iguais. Caso a primeira seja diferente da segunda, realiza-se uma terceira sondagem entre as mesmas. Se a terceira sondagem for igual à primeira, mas diferente da segunda, procede-se então à abertura de uma quarta sondagem, desta vez entre a terceira e a segunda, e assim sucessivamente, até que todas as transições sejam encontradas (Figura 3.3).

Existem algumas limitações na descrição morfológica realizada nas amostras coletadas com o auxílio do trado. Tais limitações dizem respeito à estrutura, que é completamente destruída, bem como à porosidade, mas é possível observar a cor da amostra, a presença de raízes, minerais, etc.

As anotações de campo e o pedocomparador vão auxiliar no desenho da topossequência, bem como na localização posterior de trincheiras para a coleta de amostras dos horizontes e das principais transições.

Cabe ressaltar que a descrição morfológica executada nas trincheiras é a responsável pela caracterização dos horizontes e/ou volumes da topossequência. A descrição executada nas amostras coletadas com o trado auxilia no acompanhamento das variações laterais e verticais ao longo da vertente.

Dessa forma, fica claro que o estudo, se for precedido da abertura de trincheiras em intervalos regulares, vai permitir uma descrição morfológica melhor e mais precisa da topossequência. As características morfológicas, cor, estrutura, textura, consistência, presença de raízes, poros, feições pedológicas e minerais primários vão estar presentes sem nenhuma perturbação ou mistura, como freqüentemente ocorre com as amostras coletadas por trado.

A coleta de amostras durante as sondagens ocorre, primeiramente, com auxílio de faca na parte superficial (0 cm) e a seguir com o trado

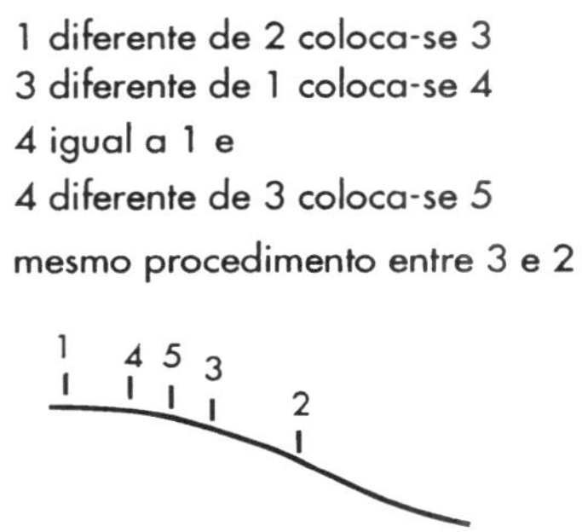

FIGURA 3.3. Método de implantação das tradagens em uma vertente (Boulet, 1988b).

coleta-se uma amostra a 20 centímetros de profundidade. A partir deste momento, realizam-se tradagens sucessivas com intervalos de 10 centímetros, até a profundidade de 1 metro, pois, em geral, as variações verticais mais rápidas acontecem até esta profundidade. Após 1 metro de profundidade, coletam-se amostras com o intervalo de 10 centímetros. As amostras que farão parte da coleção do pedocomparador serão apenas aquelas com 50 centímetros de intervalo ou, então, quando ocorrer alguma mudança nas características do material que está sendo coletado.

A descrição morfológica executada nas trincheiras deve ser feita de forma muito detalhada, pois todos os volumes com suas respectivas características morfológicas estão visíveis aos olhos do pesquisador, facilitando sua identificação e interpretação.

3.2. Localização das Sondagens e Trincheiras

Para apresentarmos a organização das sondagens e trincheiras em uma toposseqüência, utilizaremos um exemplo de toposseqüência com 480 metros de extensão e declividade em torno de 40% (Soares da Silva, 1997).

Foram inicialmente abertas quatro trincheiras, nas quais foi realizado todo o procedimento de caracterização morfológica já apresentado neste capítulo. A partir desta descrição, foram encontradas nas quatro trincheiras solos com diferentes características morfológicas. A primeira trincheira (T1), localizada no topo da vertente, apresentou características morfológicas de uma cobertura pedológica do tipo B latossólica; a segunda trincheira (T2), localizada cerca de 110 metros a jusante de T1, também apresentou características morfológicas de um Latossolo, porém a cor mostrou-se mais amarelada e com estruturação mais desenvolvida, chegando mesmo a apresentar pequenos blocos que se desfaziam facilmente em grãos muito pequenos, quando pressionados entre os dedos. A terceira trincheira (T3) apresentou características morfológicas distintas das duas anteriores, sendo caracterizada como uma cobertura pedológica com horizonte B textural (Bt), localizada a 100 metros a jusante de T2. E, por último, a quarta trincheira (T4), localizada a cerca de 100 metros a jusante de T3, apresentou novamente características morfológicas de um Latossolo.

A partir da caracterização morfológica das quatro trincheiras, passou-se, então, à etapa de caracterização das passagens laterais entre os quatro segmentos da topossequência através de sondagens. O objetivo do trabalho passou a ser localizar as passagens laterais entre T1 e T2, entre T2 e T3, e desta para T4. Foi realizado um total de 14 sondagens, havendo maior necessidade de detalhamento no trecho superior da vertente, onde a cobertura pedológica se mostrou mais heterogênea e dinâmica, com maior variabilidade nas características morfológicas dos solos (Figura 3.4).

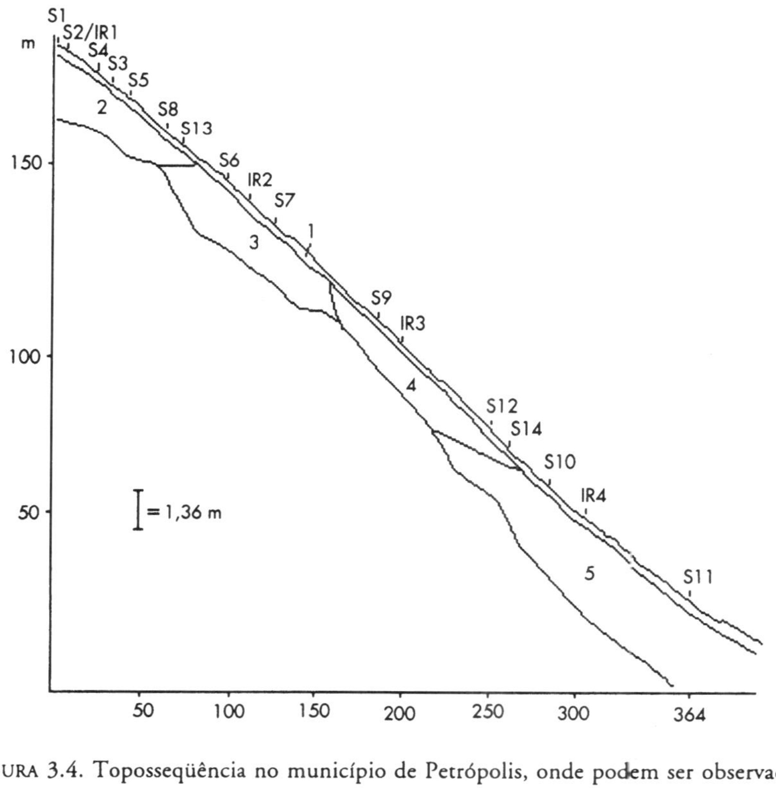

FIGURA 3.4. Topossequência no município de Petrópolis, onde podem ser observados quatro segmentos apresentando solos distintos. S1 — Sondagem a traco; Tr — Trincheira; 1 — horizonte bruno-avermelhado-escuro 5YR 3/4 a bruno-escuro 7,5YR 3/4 a 3/2, argilo-arenoso; 2 — horizonte Bw, vermelho 2,5YR 4/6, argiloso; 3 — horizonte Bw, vermelho-amarelado 5YR 5/8, argiloso; 4 — horizonte Bt, vermelho 2,5YR 4/8, argiloso; 5 — horizonte Bw, vermelho 2,5YR 4/6, argiloso.

3.3. Critérios de Coleta de Amostras

De acordo com o objetivo do trabalho, vários tipos de amostras podem ser coletados. Após a realização de todas as sondagens, a abertura de trincheiras e identificação e delimitação dos volumes pedológicos nas mesmas, procede-se à coleta de amostras para posterior análise em laboratório. Diversos tipos de amostras podem ser coletados nas trincheiras, desde amostras brutas para análises de rotinas até amostras indeformadas para a confecção de lâminas delgadas.

Devem ser coletadas amostras em todas as trincheiras e em todos os horizontes. Essas amostras devem ser coletadas de porções típicas dos volumes identificados, a fim de evitar perturbações e influências de volumes superiores ou inferiores ao que está sendo coletado. Além dos horizontes típicos, em alguns trabalhos também é realizada coleta de amostras das principais transições entre os horizontes. Geralmente na passagem do horizonte A para o horizonte B e na passagem do horizonte E para o horizonte B também coletam-se amostras com a presença de determinadas feições pedológicas, como, por exemplo, as bandas onduladas ou de um horizonte rico em nódulos. Sempre que possível devem-se coletar amostras em duplicata, principalmente das amostras mais frágeis, como aquelas para micromorfologia. Assim, evita-se o transtorno de voltar a campo para coletar amostras perdidas durante a etapa de laboratório.

A coleta de diferentes tipos de amostras de um mesmo horizonte deve ser realizada o mais próximo possível uma das outras, evitando, desse modo, que ocorram grandes variações nas características das amostras.

O procedimento normal de coleta de amostra na análise estrutural prioriza inicialmente as amostras para micromorfologia, amostras volumétricas (densidades real e aparente, condutividade hidráulica) e, por último, as amostras brutas ou deformadas (análise granulométrica e análises químicas). Além disso, a coleta de amostra na trincheira deve ser realizada de baixo para cima; dessa forma, evita-se que o material dos horizontes sobrejacentes atinjam os horizontes inferiores.

3.4. Representação Gráfica da Topossequência

A representação gráfica da topossequência traduz para o papel tudo o que foi visto, anotado e caracterizado em campo. Os dados são inicialmente plotados em papel milimetrado, de forma que os detalhes da encosta sejam percebidos, bem como sua morfologia (declividade) seja a mais fiel possível, para que represente a realidade encontrada na área. Muitas vezes, são necessários alguns testes com diferentes escalas, e as mais apropriadas, ou seja, aquelas que melhor exprimem a realidade devem ser as escolhidas. É comum haver um exagero na escala dos horizontes de solo da topossequência. Tal fato é necessário, pois horizontes pouco profundos são mascarados, sendo difícil a sua visualização quando a topossequência, é reduzida para escala de publicação. Assim, diferenças verificadas entre as escalas, na representação gráfica de uma topossequência, detalham alguns dados que podem se mostrar mais relevantes para o estudo, como, por exemplo, a presença de rupturas de declive, ou possíveis terraceamentos executados na vertente.

Atualmente, com a ajuda de *softwares* gráficos de grande resolução, torna-se comum a apresentação final da topossequência com grande qualidade, facilitando ainda mais a visualização da vertente. A forma de entrada do desenho da topossequência no computador varia de acordo com o *software* utilizado, mas o mais comum é utilizar-se *scanner* de mesa, realizar os procedimentos de tratamento de imagem digital e obter a saída na impressora.

4. Conclusões

Neste capítulo, procurou-se abordar a importância dos estudos de morfologia do solo para a melhor compreensão da erosão. Muitas vezes, o completo entendimento dos processos erosivos torna necessário o envolvimento de análises laboratoriais mais complexas, porém estas são mais eficazes e eficientes nas suas respostas quando são coletadas nos locais mais representativos. Isto é facilmente conseguido com estudos em topossequência da morfologia do solo.

O procedimento da análise morfológica do solo responde não apenas a questões sobre erosão, mas também auxilia na compreensão do comportamento e funcionamento do solo. O comportamento da fertilidade do solo pode ser estimado em campo através da morfologia. É bem verdade que esta fertilidade não pode ser traduzida em números, para isso são necessárias análises químicas complementares. Porém, é possível afirmar que um solo com esta ou aquela estrutura é mais fértil ou apresenta maior suscetibilidade à erosão que outro solo com diferentes tipos de estrutura.

Finalmente, vale ressaltar que este capítulo não tem o objetivo de ser um manual de morfologia do solo. Para isto existem diversos manuais e livros específicos sobre este assunto (Ruellan e Dosso, 1993; Lemos e Santos, 1996; Prado, 1995; entre outros). Desta forma, objetivou-se aqui fornecer subsídios para a interpretação das características morfológicas dos solos e suas implicações com relação ao processo erosivo.

A correta interpretação em campo da morfologia do solo pode representar a economia de horas de trabalho em laboratório, bem como a própria economia de coleta de amostras.

5. Bibliografia

BERTONI, J., e LOMBARDI NETO, F. *Conservação do solo.* Icone, São Paulo, 1993, 355p.

BOARDMAN, J. Soil erosion on the South Downs: A review. In: *Soil erosion on agricultural land.* Editores: J. Boardman, I.D.L. Foster e J. A. Dearing, pp. 87-105, 1990.

BOCQUIER, G. L'évolution des démarches en pédologie. De l'héritage de B. B. Dokoutchaev à la diversité des démarches actuelles en pédologie. *Science du Sol Bull AFES,* nº 2, pp. 113-121.

BOULET, R. Análise Estrutural da Cobertura Pedológica e a experimentação agronômica. In *Congresso Brasileiro de Ciência do Solo,* 21, Campinas. *Anais...* Campinas, SBCS, pp. 431-446, 1988a.

BOULET, R. Análise Estrutural da Cobertura Pedológica e Cartografia. In *Congresso Brasileiro de Ciência do Solo,* 21, Campinas. *Anais...* Campinas, SBCS, pp. 79-90, 1988b.

BOULET, R.; CHAUVEL, A.; HUMBEL, F.X.; LUCAS, Y. Analyse structurale et cartographie en pédologie I. Prise en compte de l'organisation bidimensionalle de la coverture pédologique: les études de topséquences et leurs principaux apports à la connaissance des sols. *Cah. ORSTOM*, sér. Pédol., vol. XIX, nº 4, 309-321, 1982a.

BOULET, R.; HUMBEL, F. X.; LUCAS, Y. Analyse structurale et cartographie en pédologie II. Une méthode d'analyse prenant en compte l'organisation tridimensionnalle des covertures pédologiques. *Cah. ORSTOM*, sér. Pédol., vol. XIX, nº 4, 323-339, 1982b.

BOULET, R.; HUMBEL, F. X.; LUCAS, Y. Analyse structurale et cartographie en pédologie III. Passage de la phase analytique à une cartographie générale synthétique. *Cah. ORSTOM*, sér. Pédol., vol. XIX, nº 4, 341-351, 1982c.

CASTRO, S. S. *Micromorfologia de solos: pequeno guia para descrição de lâminas delgadas.* Apostila. IPT/CAPES X COFECUB/DG-USP, 1989a.

CASTRO, S.S. *Sistemas de transfomação pedológica em Marília, SP: B latossólicos e B texturais.* São Paulo, 1989b. (Tese de Doutoramento FFLCH-USP. Departamento de Geografia.)

CURI, N.; LARACH, J.O.I.; KÄMPF, N.; MONIZ, A.C., e FONTES, L.E.T. Vocabulário de Ciência do Solo. Sociedade Brasileira de Ciência do Solo. Campinas, 1993, 90p.

CURMI, P. Relação entre o espaço poral do solo e seu funcionamento hídrico. In *Congresso Brasileiro de Ciência do Solo*, 21, Campinas. *Anais...* Campinas. SBCS, p. 447-454, 1988.

ELLISON, W.D. *Estudios sobre erosion del suelo.* INTA Série Informes Técnicos nº 62, Buenos Aires, 1963.

GUERRA, A. Catastrophic Events in Petropolis City (Rio de Janeiro State), between 1940 and 1990. *GeoJournal.* 37(3):349-354, 1995.

GUERRA, A. J. T. Processos erosivos nas encostas. In: *Geomorfologia: uma atualização de bases e conceitos.* Orgs.: A. J. T. Guerra & S. B. Cunha. 3ª ed. Bertrand Brasil, Rio de Janeiro, 149-209, 1998.

LEMOS, R.C., e SANTOS, R.D. *Manual de descrição e coleta de solo no campo.* 3ª ed. Campinas: SBCS/EMBRAPA-SNLCS, 1996, 83p.

MONIZ, A.C.; MANFREDINI, S.; DEMATTÊ, J.L.I. Variações morfológicas e hídricas em Terra Roxa Estruturada ao longo de uma vertente em Rio das Pedras (SP). *R. bras. Ci. Solo*, Campinas, 18:513-520, 1994.

MORGAN, R.P.C. *Soil Erosion & Conservation.* New York. Longman, Inc., 1986, 298p.

MUNSELL COLOR COMPANY. *Munsell Soil Color Charts.* Baltimore, 1994.

PRADO, H. *Manejo dos solos: descrições pedológicas e suas implicações.* Nobel, 1991, 116p.

PRADO, H. do. *Manual de classificação de solos do Brasil,* 2ª ed., Jabuticabal: FUNEP, 1995, 197p.

QUEIROZ NETO, J.P. A importância do conhecimento da organização da cobertura pedológica: a Análise Estrutural. In *Congresso Brasileiro de Ciência do Solo,* 21, Campinas. *Anais...* Campinas. SBCS, pp. 415-429, 1988.

QUEIROZ NETO, J.P.; FERNANDES BARROS, O.N.; MANFREDINI, S.; PELLERIN, J.; SANTANA, M.A. Comportamento hídrico dos solos e erosão no Plateau de Marília. In: *Simpósio Nacional de Controle de Erosão,* 5, Bauru, 169-173, 1995.

SALOMÃO, F.X.T. *Processos lineares em Bauru (SP): regionalização cartográfica aplicada ao controle preventivo urbano e rural.* São Paulo, 1994. (Tese de Doutoramento FFLCH-USP. Departamento de Geografia.)

SALOMÃO, F.X.T., e QUEIROZ NETO, J.P. Estudo da erosão em Bauru (SP) visando ao planejamento de uso do solo. In: *Simpósio Nacional de Controle de Erosão,* 5, Bauru, 241-244, 1995.

SANTOS, L.J.C. *Estudo morfológico da toposseqüência da Pousada da Esperança, em Bauru (SP): subsídio para a compreensão da gênese, evolução e comportamento atual dos solos.* São Paulo, 1995, 71p. (Dissertação de Mestrado — USP.)

SOARES DA SILVA, A. *Comportamento físico e erosão dos solos em uma toposseqüência em Correias (Petrópolis — RJ).* Rio de Janeiro, 1997, 63p. (Dissertação de Mestrado — UFRJ/PPGG.)

SOARES DA SILVA, A.; DIOS, C.B.; GUERRA, A.J.T.; CASTRO, S.S. Caracterização macromorfológica dos solos da Toposseqüência Fazenda Marambaia (Petrópolis — RJ). *Sociedade & Natureza.* Uberlândia (MG), 109-112, 1996.

RUELLAN, A., e DOSSO, M. *Regards sur le sol.* Foucher. Paris, 1993, 192p.

RUELLAN, A.; DOSSO, M.; FRITSCH, E. L'analyse structurale de la couverture pédologique. *Science du Sol.* 27 (4):319-334, 1989.

CAPÍTULO 4

MICROMORFOLOGIA DE SOLOS APLICADA AO DIAGNÓSTICO DE EROSÃO

Selma Simões de Castro

1. INTRODUÇÃO

Para melhor compreender a importância e o potencial do uso da micromorfologia de solos aplicada aos processos erosivos e dado o conhecimento ainda insuficientemente difundido desse recurso de trabalho no Brasil, é importante iniciar este capítulo pelos princípios que regem essa observação, pelos conceitos e atributos das organizações micromorfológicas e seu significado, para que se possa entender a contribuição dos estudos nessa temática e se possa vislumbrar seu potencial.

A micromorfologia de solos corresponde à análise microscópica de materiais pedológicos ou de formações superficiais, efetuada sobre lâminas delgadas, com auxílio de equipamentos óticos, principalmente de microscópio ótico polarizante, tipo petrográfico. Consiste na observação dos constituintes sólidos desses materiais quanto à sua natureza e seus arranjos espaciais, inclusive dos poros visíveis nessa escala.

Ela integra os estudos da Morfologia dos Solos e é importante auxiliar na interpretação de mecanismos e processos de alteração e pedogênese, na dedução de propriedades e comportamentos dos materiais, no prognóstico sobre sua evolução em condições ambientais espontâneas, no acompanhamento da sua evolução sob condições experimentais ou sob condições de controle visando à recuperação de solos degradados.

A análise microscópica ótica pode ser complementada por observações mais detalhadas feitas com auxílio de microscópio eletrônico de varredura ou de transmissão, por análises químicas elementares pontuais (microanálise) com auxílio de microssonda, ou ainda por outras como difração de raios X, luminofluorescência, etc. As imagens obtidas por microscopia podem também ser tratadas, à semelhança das imagens de satélite, para fins de quantificação e estudos comparados entre outros.

As lâminas delgadas são fabricadas a partir de amostras indeformadas, isto é, com estrutura conservada, coletadas freqüentemente na forma de pequenos monolitos retirados dos cortes ou perfis de solo que expõem os materiais em campo, ou ainda de materiais que foram submetidos a ensaios em laboratório ou campo, como compactação ou outros, em condições experimentais.

A micromorfologia de solos foi inicialmente denominada de Micropedologia, título da obra pioneira de seu precursor, Kubiena (1938). Depois dele, destacaram-se principalmente Brewer (1976), consagrado por sua difundida obra intitulada *Fabric and Mineral Analysis of Soils* que, de certo modo, lançou as bases da micromorfologia de solos atual, bem como Jonguerius (1964) e Fitzpatrick (1984), dentre outros, todos nucleadores e difusores de importantes escolas de pesquisa, de renome internacional.

Mais recentemente, merecem destaque Bullock *et al.* (1985), com o *Handbook of soil thin section description*, que revela um grande esforço de sistematização dos conhecimentos, dada a considerável difusão de uso dessa escala de observação em vários países e a necessidade de uma certa padronização de termos e conceitos, resultante do enorme impulso promovido por pesquisas sobre alteração e pedogênese desenvolvidas nos anos 70 e início dos anos 80, onde a análise microscópica foi fundamental na demonstração das hipóteses.

Nessa oportunidade, para auxiliar a compreensão da terminologia adotada nesse *Handbook* e sua rápida divulgação, Stoops (1986) publicou uma tradução dos termos em várias línguas.

A criação de comissões internacionais no seio da comunidade científica afeita a solos e a promoção de eventos específicos, cujo mais renomado é o IWMSM — *International Work Meeting on Soil Micromorphology* —, reúnem especialistas do mundo todo e que já mostram, hoje em dia, uma série crescente de aplicações da análise microscópica de solos e materiais aparentados, em vários ramos do conhecimento científico e técnico ou tecnológico como na Geologia de Engenharia e Geotecnia, na Arqueologia, na Geomorfologia, na Agronomia, nos estudos do Quaternário, nos estudos de Geoquímica de Superfície e outras.

No Brasil, os trabalhos pioneiros datam também da década de 70, como o de Perecin (1976) e outros que se seguiram, mas deve-se destacar o notável impulso provocado por Chauvel e Delvigne que, em missão de longa duração na Região Sudeste do país, difundiram consideravelmente essa ferramenta de trabalho, elaborando apostilados (Chauvel,1979; Delvigne, 1983) para os numerosos cursos que ministraram junto à pós-graduação e orientando vários trabalhos e estagiários nesse nível. Desde então, muitos pesquisadores em vários pontos do Brasil começaram a aplicar e desenvolver o uso da micromorfologia de solos, o que motivou a *Sociedade Brasileira de Ciência do Solo* a publicar a terminologia em português (Curi *et al.*, 1985). No final dos anos 80, também em função da necessidade de uma espécie de manual mais atualizado em português, Castro (1989) lançou um pequeno guia para a descrição de lâminas delgadas, na forma de apostila, onde faz uma compilação dos principais conceitos e critérios de identificação das estruturas.

Neste momento, acaba de ser lançado por Delvigne (1998) o *Atlas of Micromorphology of Mineral Alteration and Weathering*, que reúne uma vasta coleção de fotomicrografias além de um rico texto, cuja contribuição é inegável para a compreensão das estruturas visíveis nessa escala de observação.

2. Preparação do Material, Princípios e Objetivos da Análise Microscópica

A coleta de amostras deve ser feita em campo, na forma de monolitos que conservam a estrutura tal como ela se encontra, esculpidos na parede dos perfis, normalmente com auxílio de faca ou canivete, devendo ser devidamente orientados em relação ao topo destes, catalogados e embalados cuidadosamente para não sofrerem deformações ou destruição da estrutura original durante o transporte até o laboratório, onde deverão ser preparadas.

A amostragem deve decorrer dos objetivos da pesquisa, da escala do trabalho, das características morfológicas observadas em campo e das hipóteses levantadas a partir dessas observações. Convém assinalar que a micromorfologia é potencialmente mais útil em trabalhos em escalas de semidetalhe, detalhe e ultradetalhe.

Assim, por exemplo, se o trabalho é de mapeamento onde a classificação dos solos é importante, a coleta deve privilegiar os horizontes diagnósticos dos perfis de solo ou pedons representativos das áreas mapeadas, servindo, sobretudo, para a caracterização das unidades de mapeamento em termos de classificação. Se o trabalho volta-se à pedogênese, além dos horizontes diagnósticos devem-se coletar também as transições entre eles, bem como dos demais horizontes, inclusive os profundos até, se possível, o material de origem, para se diagnosticar se há filiações entre os horizontes eles mesmos e/ou entre eles e o suposto material de origem. Se o trabalho é feito em topossequência, deve-se proceder deste mesmo modo, porém deve incluir-se a coleta das transições laterais entre horizontes, isto é, dos pontos em que estes aparecem e desaparecem, ao longo do *continuum* do sistema pedológico representado pela topossequência (Bocquier, 1973; Boulet, 1976; Chauvel, 1977). Se o trabalho envolve experimentação agronômica ou outra, feita tanto em campo como em laboratório, devem-se coletar amostras antes, durante e após a experimentação, para se acompanhar a evolução das morfologias desde a amostra inicial que serve de referência (Kertzman, 1996; Costa Lima e Costa Lima, 1995).

A preparação corresponde à impregnação da amostra indeformada, por ascensão capilar, feita normalmente com uma solução à base de resina de poliéster, araldite, epóxi ou similares, sob vácuo fraco (receita original de Chauvel, *in* Castro, 1985), que após um certo tempo endurece e pode ser finamente cortada (com serra), colada à lâmina delgada, desbastada e polida (com politrizes e acabamento à mão) até que atinja a espessura aproximada de 30 micra. Guilloré (1980) expôs claramente todas as etapas do procedimento de impregnação e confecção de lâminas delgadas.

As dimensões das lâminas podem ser variadas, tais como pequenas (como as petrográficas convencionais), médias ou mamutes, em função do que se deseja observar. As lâminas podem ser recobertas por lamínulas, mas é aconselhável que sejam coladas com produtos que permitam sua fácil remoção, caso se queira aplicar algum reagente ou efetuar alguma análise complementar.

O microscópio ótico deve ser polarizante, do tipo petrográfico, idealmente binocular e possuir uma coleção de objetivas que varie de aumentos pequenos, como de 2,5 X, até maiores, como de 40 X. É aconselhável proceder-se ao exame prévio com lupa (microscópio estereoscópico), preferencialmente também binocular, para uma observação mais geral. Se possível, tanto o microscópio como a lupa devem também permitir a tomada de fotomicrografias, mediante equipamento fotográfico acoplável. Os modelos mais completos de microscópios costumam contar com acessórios fotográficos, quer embutidos no corpo do aparelho, quer externos. Alguns, inclusive, podem ser conectados a um microcomputador, através de uma pequena câmara de vídeo, substitutiva da máquina fotográfica, que envia a imagem ao monitor, onde pode ser fixada, tratada e enviada a uma impressora, assim como os resultados do tratamento.

Como se trata de uma técnica de observação dos constituintes sólidos, das formações superficiais ou de materiais aparentados e de seus arranjos espaciais e poros, e como esses constituintes são pequenos, eles são identificáveis por suas propriedades óticas individuais (partículas unitárias como grãos de silte ou de areia) ou de conjunto (fração argila). Esses constituintes organizam-se em estruturas através de arranjos espaciais, também identificáveis no plano das lâminas e que obedecem a padrões relativamente conhecidos (Brewer, 1976; Bullock *et al.*, 1985).

Há dois tipos de constituintes, segundo Brewer (1976): plasma e esqueleto. O plasma corresponde ao material cuja dimensão unitária das partículas é menor ou a igual a 2 micra de diâmetro, considerado como fração argila granulométrica, embora se considerem também aqueles um pouco maiores, onde é possível perceber-se os cristais unitários (cristaliplasma). O esqueleto é considerado como o material de dimensão compreendida entre 2 e 2.000 micra e corresponde normalmente às frações silte e areia, qualquer que seja a escala granulométrica em que se subdivida.

O plasma pode ser constituído por uma ou mais naturezas de materiais: argila mineralógica, óxidos e hidróxidos, matéria orgânica, sais solúveis, poeiras, cinzas. A argila e a matéria orgânica, para a maioria dos solos, são consideradas as mais importantes, dada a sua função de ligante e sua atividade química. O esqueleto é considerado como fração inerte, constituída freqüentemente por minerais primários residuais da alteração e pedogênese, sendo, portanto, herdados do material de origem. Há materiais constituídos com predominância quase que absoluta tanto de um como de outro, mas grande parte apresenta misturas variáveis de ambos. Os agregados elementares dos solos constituem-se na maioria das vezes por ambos ou quase que exclusivamente de plasma.

É importante ressaltar alguns princípios que devem ser sempre lembrados ao se proceder à análise microscópica dos solos e similares, tais como: 1) a micromorfologia destina-se ao estudo das estruturas visíveis na escala microscópica, em geral com aumentos maiores que 5 X (conforme Bullock *et al.*, 1985); 2) a observação feita sobre lâminas não prescinde de outras análises adequadas a cada tipo de estudo; 3) como a observação microscópica é feita sobre lâminas, ela permite apenas uma visão bidimensional, o que limita cálculos volumétricos; 4) por ser uma amostra muito pequena de um material organizado tridimensionalmente em campo e cujo volume pode ser muito grande, é importante que a amostragem seja bastante criteriosa e representativa quanto ao que se pretende "dissecar"; 5) a resolução do microscópio impõe restrições à observação de constituintes muito finos, como as argilas; portanto, para estudar melhor sua estrutura e modo de empilhamento é preciso recorrer a outros equipamentos com maior resolução; 6) o tamanho das lâminas pode dificultar a observação de certos componentes, como poros ou certas feições pedológicas muito grandes, sendo necessário, neste caso, um conjunto delas, que procure cobrir a extensão do que se quer analisar.

Os objetivos gerais da análise microscópica dos materiais pedológicos relacionam-se ao diagnóstico e prognóstico de seu comportamento e funcionamento, e podem ser alcançados através de: 1) identificação dos constituintes presentes na fração sólida; 2) identificação dos arranjos ou modos de organização desses constituintes, inclusive dos poros; 3) observação da hierarquia entre as organizações seguida da dedução sobre sua cronologia relativa; 4) dedução de mecanismos e processos genéticos ou atuais.

Convém assinalar que a dedução de mecanismos e processos genético-evolutivos atuantes, passados e/ou atuais, se faz através do estabelecimento das prováveis filiações estruturais bióticas e/ou abióticas, dedutíveis a partir do campo e das lâminas, auxiliada por caracterizações geoquímico-mineralógicas e outras, sempre a partir dos diagnósticos atuais.

Desse modo, o que propõe a micromorfologia é o estudo da constituição e morfologia das frações pedológicas, no que se refere à sua perda (relativa ou absoluta, devidas a transformações por instabilidades estruturais, geoquímicas ou outras), ou sua conservação, tanto no sentido vertical como lateral, ao longo das vertentes (em catenas ou em topossequências) ou taludes, seja a partir de um dado material de origem, seja em conseqüência de um determinado uso ou manejo, cujos efeitos deseja-se controlar.

Admite-se que uma rocha, formada sob condições de temperatura e pressões maiores, ao se alterar sobretudo sob a ação da água e temperatura em ambiente exógeno, inicialmente produz a transformação mineralógica dos minerais primários intemperizáveis por pseudomorfose (transformação de um mineral primário em secundário, preservando a forma daquele), não havendo mobilidade de matéria a grandes distâncias que impeçam o reconhecimento rápido da rocha, ainda que alterada (isoalterita, alteração isovolume).

O estudo das microestruturas resultantes dessa etapa é conhecido como Micromorfologia da Alteração ou dos Produtos da Alteração Intempérica, onde a alteroplasmação (produção de um plasma secundário por alteração) se comporta na forma de microssistemas conhecidos, sobretudo ligados às pseudomorfoses, são o alvo mais importante (Delvigne, 1983 e 1998).

Quando a pedogênese se instala, a porosidade aumenta, fruto da perda e transferência de constituintes e da atividade biológica, a neoformação mineralógica pode ocorrer (formação de minerais secundários a partir da concentração de certos íons dissolvidos na solução), e a pedoturbação (redistribuição de matéria com reorganização estrutural) passa a dominar. A horizontação (formação de horizontes de solo) se impõe progressivamente, fruto de transferências e acumulações relativas ou absolutas de certos constituintes nos perfis, mascarando, às vezes completamente, os traços residuais da rocha matriz, que passa a ser identificável apenas pela presença de certos minerais primários mais resistentes (sobretudo de minerais pesados), pelo tipo de produtos de alteração intempérica presentes e outras características obtidas mediante análises mais sofisticadas, usadas em estudos de materiais de origem dos solos. O estudo microscópico dos materiais dessa etapa é que é conhecido como Micromorfologia de Solos.

Antes de prosseguir, convém lembrar que a cobertura pedológica é um *continuum* que cobre a parte emersa da crosta e está organizada em níveis estruturais embutidos uns nos outros que variam do maior, na escala da paisagem, até aqueles muito pequenos, cujas dimensões são micrométricas, visíveis apenas sob microscópio ótico e/ou eletrônico de varredura (Chauvel, 1979; Bocquier, 1984; Ruellan *et al.*, 1989). É importante assinalar que essas estruturas são intrínsecas dos materiais e que a análise microscópica só tem sentido maior se não perder de vista essas relações na hierarquia, principalmente no que se refere às implicações quanto ao seu comportamento e funcionamento. Por vezes, detectar a presença de sinais de início de desestabilização de microestruturas pode evitar problemas maiores.

3. *Os Constituintes das Organizações Microscópicas, os Tipos Básicos de Microestruturas e sua Origem*

As unidades de organização microscópica, segundo Brewer (1976), são: agregado elementar (ou pede), feições pedológicas (revestimentos ou cerosidades, nodulações, cristalizações e preenchimentos) e fundo matricial (*S-Matrix*) (esqueleto + plasma + poros). No interior de um agregado, ocorre uma organização dos constituintes chamada de estrutura de base, produto da distribuição relativa dos constituintes (semelhante ao arranjo no interior de uma célula estudada pela citologia). Um conjunto de agregados elementares (primários) produz um secundário (à semelhança de um conjunto de células que formam um tecido, e estes um órgão, e assim sucessivamente como num estudo da histologia). Todas essas organizações mantêm uma relação intrínseca, e seus arranjos constituem morfologias que configuram uma dada fábrica pedológica.

Fábrica é um termo freqüentemente utilizado para expressar o arranjo espacial dos constituintes, sua forma, dimensão, freqüência, considerando-a do ponto de vista configurativo, funcional e genético. Assim, pedofábrica exprime exclusivamente os tipos de organização do material pedológico, enquanto a litofábrica exprime o rochoso, a biofábrica o biológico e assim por diante.

Fábrica distingue-se da textura que se refere exclusivamente à constituição física do material, produzida por uma distribuição ou composição granulométrica, embora ambas mantenham relações.

A estrutura, *lato sensu*, refere-se freqüentemente à macroestrutura, aquela encontrada em campo, caracterizada pela geometria, dimensão e desenvolvimento dos agregados visíveis ou do amontoamento maciço de partículas, ambos manipuláveis, cujo procedimento de descrição é bastante conhecido e relativamente padronizado no mundo inteiro. Já a microestrutura refere-se igualmente à geometria, dimensão, desenvolvimento, ou seja, todos os aspectos visíveis dessa macroestrutura, mas sob aumento ótico > 5 X (Bullock *et al.*, 1985), que é produto do arranjo de agregados elementares (a menor unidade pedológica), quando presentes, ou ao simples amontoamento das partículas unitárias, como em materiais arenosos; mas distingue-se ainda pelo fato de permitir a observação dos arranjos menores, ou seja, dos constituintes das frações que os compõem, de suas naturezas, de sua distribuição e outros, como se verá adiante. Fala-se que, quando o material apresenta agregados, é pédico e, quando não, é apédico. Os agregados elementares ou primários são considerados a unidade de base da análise microscópica do solo.

O conjunto desses agregados forma a assembléia da microfábrica, visível oticamente, cujo tipo de arranjo, aplicando-se o critério de dominância, caracteriza a microestrutura presente.

É conveniente lembrar que um conjunto de agregados forma torrões, e estes os horizontes, os quais formam os solos (equivalentes a uma unidade de mapeamento convencional), e estes um sistema pedológico numa dada unidade de paisagem (em geral interflúvio e/ou microbacia hidrográfica) (a partir de Chauvel, 1979, e de Bocquier, 1984), que poderia ser denominada de compartimento morfopedológico (Salomão, 1994). Assim, o termo estrutura aplica-se a escalas diferentes: megaestruturas para o nível da paisagem, macroestruturas para o nível dos perfis e sistemas pedológicos com seus horizontes e torrões, e, finalmente, microestruturas para os arranjos no interior das assembléias.

O arranjo de plasma, esqueleto e poros no interior das assembléias, constitui as chamadas estruturas de base, que correspondem aos tipos de distribuição relativa entre plasma, esqueleto e poros dentro dos agregados elementares que caracterizam as microestruturas e que revelam padrões de associação ou dissociação entre plasma e esqueleto.

Brewer (1976) consagrou as seguintes: a) granular (só esqueleto arenoso ou plasma na forma de nódulos e concreções, desde que na função de esqueleto); b) intertêxtica (pontes de plasma ligando grãos do esqueleto);

c) aglomeroplásmica (plasma aglomerado, dissociado do esqueleto); e d) porfiroesquélica (grãos do esqueleto cimentados por plasma). Stoops e Jonguerius (1975), por sua vez, propuseram nova nomenclatura para essas estruturas e incluíram mais uma: a) mônica (como a granular mas só para o esqueleto arenoso); b) gefúrica (como a intertêxtica); c) enáulica (como a aglomeroplásmica); d) porfírica (como a porfiroesquélica e a que não era separada por Brewer); e) quitônica (grãos do esqueleto envolvidos por películas de plasma). Esta é a adotada no *Handbook* citado.

Bullock *et al.* (1985) propuseram 22 tipos de microestruturas: 1) grãos simples; 2) grãos ligados por pontes de finos; 3) microagregada intergrãos; 4) grãos revestidos por películas; 5) vesicular intergrãos; 6) canais intergrãos; 7) grãos compactos; 8) cavitária; 9) em esponja; 10) em canais; 11) em câmaras; 12) vesicular; 13) microagregada com subestrutura; 14) granular; 15) blocos subangulares; 16) blocos angulares; 17) laminar; 18) prismática; 19) fissurada; 20) quebrada (craquelada); 21) maciça; e 22) complexa.

O grau de desenvolvimento ou individualização das microestruturas, também chamada de pedalidade (Bullock *et al.*, 1985), pode ser forte (quando os agregados estão separados uns dos outros), moderado (quando os agregados estão parcialmente separados) e fraco (quando a agregação é ainda incipiente, mas já se podem discernir os futuros agregados; estes, quando resultantes da desestabilização, também podem apresentar-se do mesmo modo, dependendo do grau de transformação das microestruturas, seja ela fruto de deformações mecânicas ou reorganização geoquímica e cristaloquímica).

Como visto anteriormente, os constituintes dos solos são chamados de plasma e esqueleto; a associação de plasma + esqueleto + poros formam o fundo matricial, no interior dos agregados, cujo padrão dominante identifica a microestrutura da pedofábrica.

No interior do fundo matricial dos agregados pode ocorrer a orientação das partículas de argila que são mais ou menos translúcidas e relativamente orientadas entre si, formando estruturas plásmicas (Brewer, 1976), que podem apresentar-se na forma de domínios orientados com limites mais ou menos difusos (estruturas assépicas), mais comuns nos materiais de alteração (alteritas) ou em faixas, também chamadas de estrias (separações plásmicas) (estruturas sépicas), mais comuns nos materiais pedogeneizados. São visíveis sob nícois cruzados através da birrefringência de conjunto (fábricas birrefringentes de Bullock *et al.*, 1985). Quando há ferro, manganês ou matéria orgânica complexando as argilas, elas costumam ficar opacas (isóticas).

As estruturas plásmicas, juntamente com as demais características, costumam ser usadas como indicadoras de mecanismos de transformações mineralógicas (alteroplasmação), de transformações estruturais que levam à formação de agregados ou de microagregados (pedoplasmação), de efeitos de bioturbações, de mecanismos de mobilizações pedogenéticas (ex.: nodulações, argiluviação, depleção, etc.).

Poros, em si, são considerados volumes sem matéria sólida por onde circulam a água, os gases, os organismos. Suas principais funções são de aeração, de retenção e de percolação de água e soluções e podem ter diferentes origens, tais como resultado de simples arranjo estatístico das partículas ou agregados, de contração e retração, de atividade biológica de fauna ou flora, de dissolução, etc. Fala-se em porosidade funcional para os poros maiores, de circulação mais ou menos livre da água, por gravidade. Nas lâminas delgadas, dada a resolução do microscópio ótico, a porosidade visível é chamada de macroporosidade, classicamente superior a 30 micra de diâmetro, portanto a porosidade vista oticamente corresponde a macro.

Os poros podem ter formas irregulares, fissurais ou planares, cavitárias, ou ainda estar ligados à atividade biológica como canais, câmaras e galerias. A porogênese, bem como o comportamento do sistema poroso, tem sido alvo de numerosos estudos que associam várias outras técnicas à micromorfologia (principalmente ensaios físico-hídricos em campo e laboratório e análise de imagens para a macroporosidade), isto porque a resolução ótica e a visão bidimensional sobre as lâminas impõem restrições à sua correta avaliação morfológica, dimensional e quantificação decorrente, bem como no que se refere à sua conexão, pois que se dá na tridimensionalidade e em várias direções seccionadas pelos planos das lâminas. Para se estudar o espectro poroso completo, a micromorfologia é um dos métodos que trabalha com área e macroporosidade, enquanto vários outros trabalham com volume, tanto em termos de macro como de microporosidade, e isto pode ser um complicador que exige muito cuidado nas interpretações.

As feições pedológicas constituem-se em unidades reconhecíveis e distintas do material vizinho resultante da diferença na concentração absoluta ou relativa de uma fração do plasma, da mudança mais ou menos contrastada da pedofábrica, ou ainda herdada de sedimentação ou de atividade biológica. Podem ser autígenas (fruto da própria pedogênese) ou alogênicas (inclusões de litorrelíquias, de solos ou sedimentos preexistentes incorporados). As feições pedológicas podem ser consideradas:

a) concentrações plásmicas — de algumas frações do plasma, seja por precipitação química (nódulos e concreções), seja por revestimentos (chamados de cutãs de acumulação por ação mecânica ou química, ou ainda por difusão);

b) separações plásmicas (ver estruturas plásmicas sépicas) — correspondentes a simples mudança no arranjo, normalmente por esforços e tensões;

c) relíquias — herdadas da rocha, do sedimento, de outro solo, fósseis.

Brewer (1976) havia proposto os seguintes tipos de feições: cutãs (revestimentos de acumulação mecânica, difusão ou estresse); glébulas (esferoidais, de concentração); cristalárias (de cristais discerníveis); pedotúbulos (de preenchimento após escavação por animais ou plantas); pelotas fecais (excrementos de animais).

Bullock *et al.* (1985), no *Handbook*, simplificaram bastante ao propor o seguinte: feições texturais (por transporte e deposição mecânica); de depleção (por perda); cristalinas (por crescimento ou precipitação cristalina, reconhecíveis individualmente no microscópio); amorfas; de fábrica; e de excrementos. Esta terminologia vem sendo a mais usada.

Uma boa descrição deve adotar critérios de dimensão, de freqüência, formas, distribuição e orientação. Recomenda-se adaptar critérios morfológicos e estatísticos usados freqüentemente na sedimentologia e/ou na petrografia, como os arrolados por Suguio (1973), Fitzpatrick (1984) ou nos clássicos dessa área.

Recomenda-se também começar pela descrição da assembléia, depois passar à descrição das estruturas de base do fundo matricial, às características do plasma, inclusive estruturas plásmicas, do esqueleto e dos poros e, por fim, às feições pedológicas.

Finalmente, para um bom diagnóstico, recomenda-se começar pelas observações das lâminas da base para o topo dos perfis, do aparecimento para o desaparecimento lateral de horizontes, de uma estrutura inicial para as progressivamente modificadas; qualquer um destes na dependência dos procedimentos empregados na coleta, ligados aos objetivos da pesquisa e às hipóteses levantadas em campo e/ou laboratório.

4. Formação e Evolução das Microestruturas

A formação das microestruturas está ligada normalmente aos processos pedogenéticos que os materiais sofreram, mas elas podem também ser conseqüência do uso e manejo que lhes foram impostos, ou ainda ser criadas artificialmente mediante ensaios e experimentos, em campo e/ou laboratório. Sua formação e características mantêm relações estreitas com as estruturas maiores ou macroestruturas, visíveis em campo, dentro das quais se encontram.

Ruellan e Dosso (1993) arrolaram os seguintes processos de formação das estruturas pedológicas em geral: a) para as estruturas fragmentárias, isto é, que produzem agregados: floculação, fissuração e cimentação, dando origem a agregados arredondados, angulosos ou lamelares; b) para as estruturas contínuas, isto é, que não formam agregados, há início ou ausência de alteração e pedogênese, normalmente sobre sedimentos arenosos, podzolização de horizontes superficiais como nos podzóis, cimentação sem fissuração, seja sobre materiais arenosos, seja em conseqüência de forte empobrecimento.

Vários autores dedicaram-se à pesquisa pioneira sobre a origem das estruturas fragmentárias, cujas microestruturas apresentam formas ovais, esferoidais ou poliédricas, comumente chamadas de microagregados (Beaudeau, 1972; Pedro *et al.*, 1976; Chauvel, 1977; Muller, 1977; entre outros), atribuindo-as no geral a processos de ferralitização.

Alguns autores dedicaram-se aos estudos também pioneiros da transformação das microestruturas e conseqüentemente das macroestruturas (Bocquier, 1973; Boulet, 1976; Chauvel, 1977; entre outros), construindo modelos biopedogeodinâmicos de formação e evolução do que mais tarde foi chamado de sistemas pedológicos (Soubiés e Chauvel, 1984-1985), ou sistemas de solos, dentre os quais alguns foram chamados por Boulet *et al.* (1984 e 1993) de sistemas de transformação pedológica lateral, quando desenvolvidos a partir da evolução da cobertura pedológica inicial em desequilíbrio com as condições ambientais atuais, face ora a mudanças climáticas, ora a eventos tectônicos ou ainda ao rebaixamento progressivo dos talvegues em regiões úmidas, durante o Quaternário.

No Brasil, estudos pioneiros utilizando a micromorfologia foram feitos em áreas do estado de São Paulo (Lepsch, 1975; Perecin, 1976; Moniz e Buol, 1982, dentre outros). Mais recentemente, é que, motivados pela hipótese da existência de sistemas pedológicos de transformação lateral no Brasil de sudeste, a micromorfologia foi o procedimento incorporado prioritariamente aos estudos, como no exemplo estudado por Castro (1990), dentre outros que se multiplicaram nos anos que se seguiram.

Os trabalhos motivados pela ocorrência de processos erosivos utilizando a micromorfologia como um dos indicadores diagnósticos ainda são poucos e bastante recentes no Brasil. Para a erosão linear (sulcos, ravinas e voçorocas) destacaram-se Salomão (1994), Santos (1995) e Santos *et al.* (1996), desenvolvidos em áreas onde ocorrem sistemas pedológicos de transformação pedológica lateral, do tipo latossolo-podzólico, muito suscetíveis a esse tipo de erosão. Outros se seguiram, feitos sobre sistemas similares, tanto motivados pelos mesmos problemas (Cunha, 1996; Cunha e Castro, 1996; Oliveira, 1997; e Dias Ferreira, 1997) como por outros processos erosivos, como movimentos de massa (Furian Dias, 1994; Cunha, 1996).

O que se sabe até o momento, e mais além do que já se sabia sobre os condicionantes que tornam esses sistemas mais suscetíveis à erosão linear estudados no Brasil, é como e por que os fluxos hídricos condicionam o processo erosivo ao assumirem direções descendentes laterais externas e internas, principalmente subsuperficiais, na forma de lençóis suspensos acima dos horizontes B dos solos podzólicos, que se concentram a jusante, associando-se ao lençol freático, promovendo a subsidência dos terrenos e a retirada dos materiais (Salomão, 1994), atrelados a uma sucessão de *pipings*. E também como as microestruturas se apresentam e se comportam, ao mesmo tempo, ora como motor dos processos de transformação, ora como conseqüência destes, condicionando os fluxos e revelando sinais evidentes de desestabilização das macro e microestruturas (Castro e Curmi, 1987; Salomão, 1994; Santos, 1995; Santos *et al.*, 1996; Cunha, 1996; Cunha e Castro, 1996; Dias Ferreira, 1997; Oliveira, 1997; dentre outros), como se verá a seguir.

Assim, a micromorfologia, nesses casos, tem servido principalmente como auxiliar precioso na dedução e na demonstração relativa aos processos e mecanismos de desestabilização das estruturas e como essas evidências têm ajudado a compreender a dinâmica erosiva.

5. *Indicadores Micromorfológicos de Desestabilização das Microestruturas Aplicados ao Diagnóstico e Prognóstico de Erosão*

Os estudos micromorfológicos realizados sobre sistemas pedológicos de transformação lateral, como acima exposto, são constituídos por latossolos nos topos e/ou terços superiores das vertentes, sucedidos por podzólicos nos terços médios e/ou inferiores, e solos hidromórficos ou aluviais nos sopés como mostra a Figura 4.1 para o estudado por Castro (1990), e que, como já dito antes, comumente são mais suscetíveis à erosão linear, principalmente o voçorocamento.

Esses sistemas mostraram, em síntese, um conjunto de horizontes principais, cujas características são descritas e discutidas a seguir.

1) Um horizonte areno-barrento, tipo latossólico (Bw ou B1), espesso, dominante e homogêneo no topo da vertente, restando profundo, sob um horizonte textural (Bt) do terço médio para jusante, com microestrutura do tipo enáulica (microagregada) (Figura 4.2) relativamente bem desenvolvida e preservada, porosidade de empilhamento interagregada, fortemente comunicante e nenhum indicativo importante de ataque por dissolução, hidratação etc., e nem tampouco sinais de perda ou transferência mecânica e/ou química de matéria, especialmente da mais fina como as argilas; as transições para o horizonte superficial revelaram um adensamento dos microagregados que passam a apresentar fissuras com separações plásmicas e em seguida fortes evidências de perda de finos, caracterizada pela passagem a estruturas gefúricas e quitônicas.

2) Um horizonte areno-argiloso subsuperficial, do tipo Bt de um Podzólico, com dois conjuntos nítidos: um dominante na parte central do horizonte, constituída por microestruturas compostas de agregados poliédricos pequenos, com estrutura de base porfírica, separados por uma

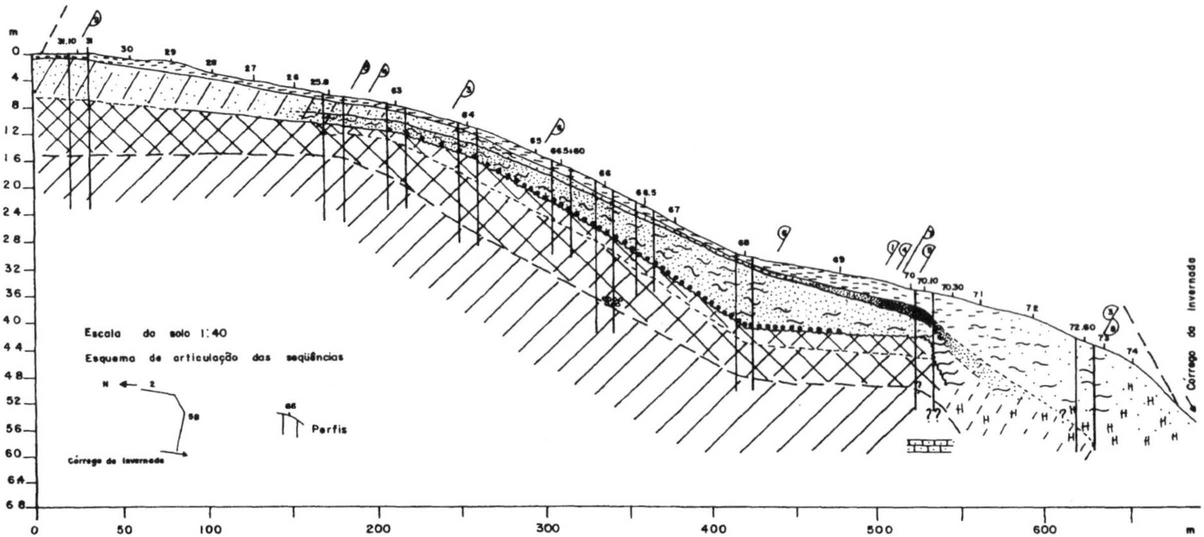

LEGENDA

HORIZONTE A

- Retrabalhamento superficial arenoso (colúvio)
- Rico em matéria orgânica, arenoso (A_1)
- Arenoso com argila (A_3/A_2) sem argila (A_2)
- Bandas (cm) pouco nítidas e minibandas (mm)
- Bandas onduladas bem marcadas e nítidas (cm)

HORIZONTE B

- Areno-argiloso (a argiloso), subangular forte, presença de películas de argila inter e intragregrados (Bt)
- Transição A/B semelhante ao B areno-argiloso
- Areno-barrento, maciço (a subangular fraco) (Bl)

TRANSIÇÕES

- Abrupta (plana)
- Abrupta (curta/longa) papiliforme
- Lateral com terminação em banda
- Gradual/difusa

OUTRAS CARACTERÍSTICAS

- Hidromorfia sobre material arenoso
- Hidromorfia sobre material argilo-arenoso
- Água livre e hidromorfia no topo do Bt
- Cascalheira (arenito, quartzito)
- Arenito alterado

31.10, 63, 66..... Perfis

Curva de isodiferenciação

Des.: Orita/88. RA/89

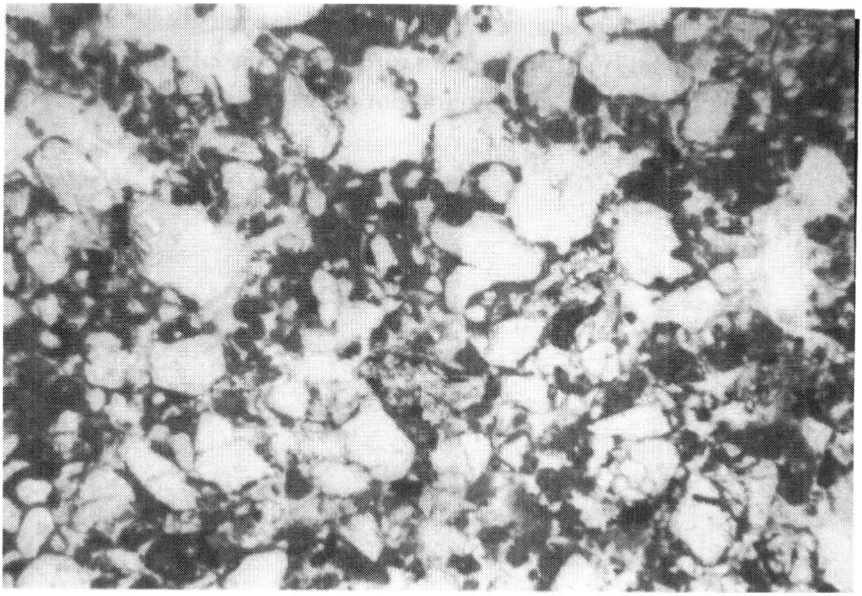

(a)

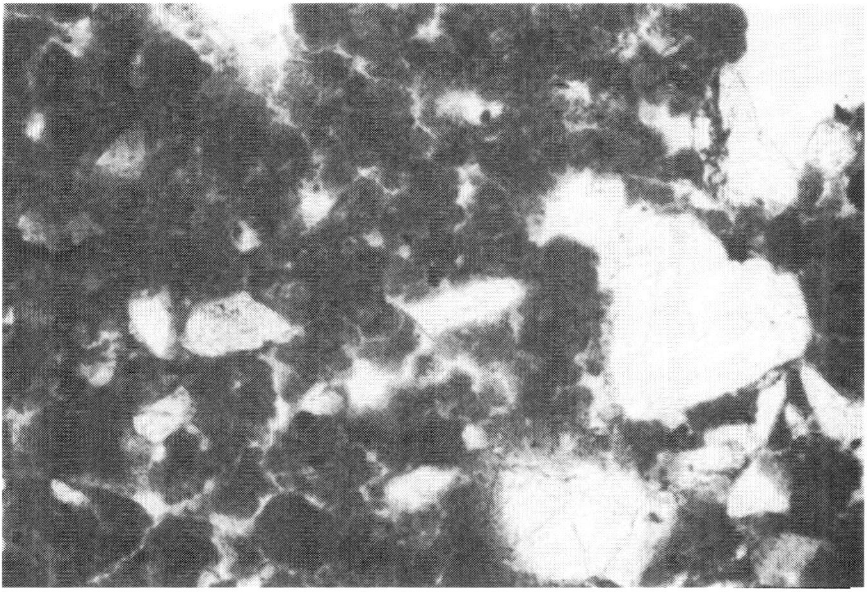

(b)

FIGURA 4.2. Fotomicrografia de microestrutura microagregada com estrutura de base enáulica do horizonte B1 do Latossolo Vermelho-Escuro, textura média sob luz natural, aumento original de 156 X (a) e detalhe (b) (Castro, 1990).

porosidade fissural importante (Figura 4.3), acompanhada de separações plásmicas estriadas que contornam tanto as fissuras como os grãos do esqueleto ou formam retículos no interior do plasma, muitas vezes inter-

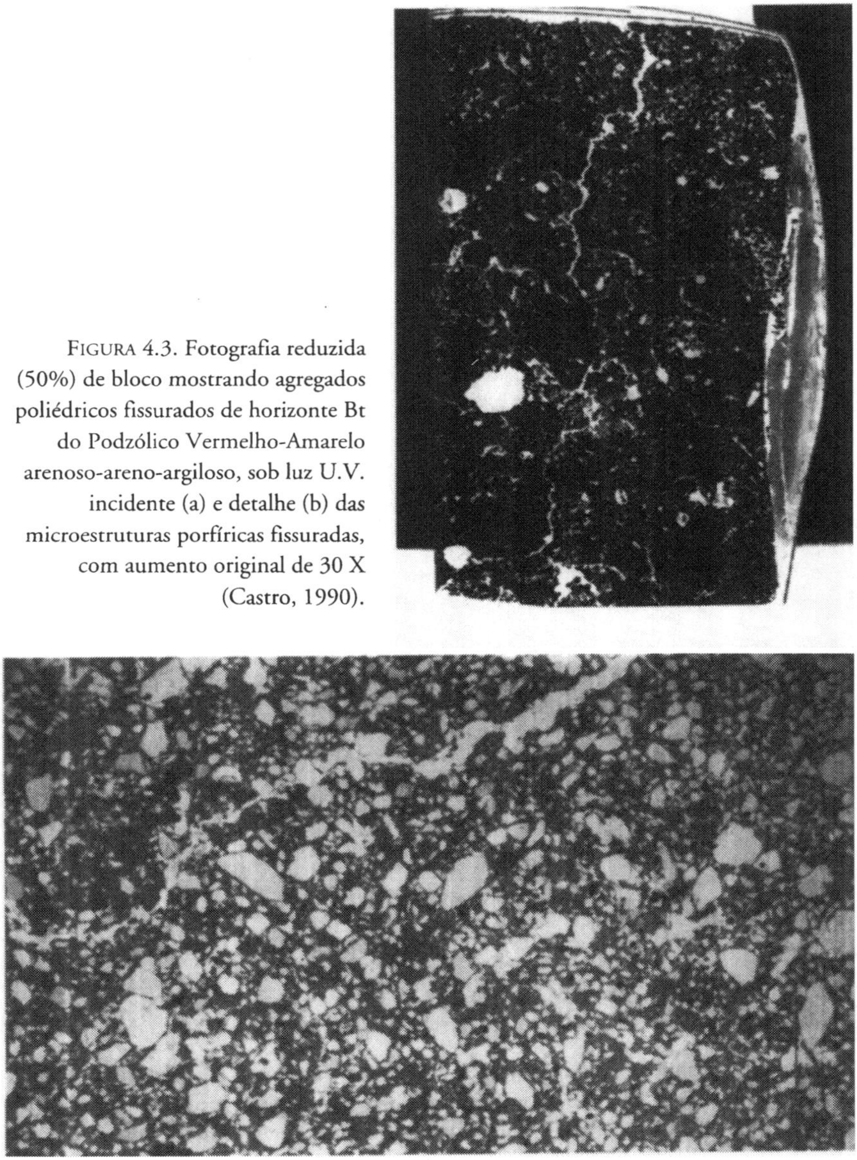

FIGURA 4.3. Fotografia reduzida (50%) de bloco mostrando agregados poliédricos fissurados de horizonte Bt do Podzólico Vermelho-Amarelo arenoso-areno-argiloso, sob luz U.V. incidente (a) e detalhe (b) das microestruturas porfíricas fissuradas, com aumento original de 30 X (Castro, 1990).

(a)

(b)

cruzados (Figura 4.4), em cujo núcleo por vezes pode-se reconhecer a presença de microagregados adensados, principalmente em direção à base do horizonte que transiciona para o Bw; o segundo conjunto encontra-se no

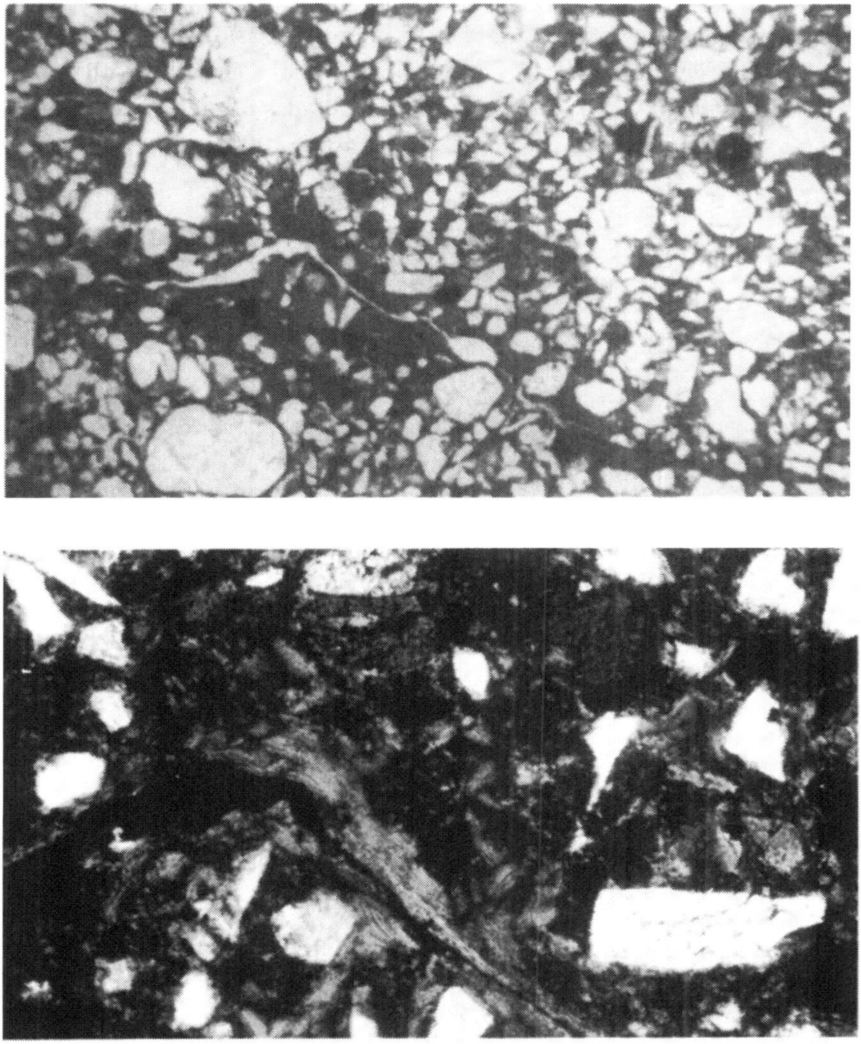

(a)

(b)

FIGURA 4.4. Fotomicrografia de microestrutura de agregados poliédricos porfíricos com separações plásmicas de um horizonte Bt de um Podzólico Vermelho-Amarelo, sob luz natural, aumento de 40 X (a) e sob nicóis cruzados, aumento de 156 X (b) (Castro, 1990).

topo do Bt, onde se constatou a hidromorfia em campo (lençol suspenso), com blocos poliédricos muito irregulares, com zonas de plasma opaco e descolorido (assépicas), separados ou entrecortados por fendas e cavidades de dissolução mais e mais coalescentes para o topo (Figura 4.5), inúmeros poros de origem biológica, parcial ou densamente preenchidos (pedotúbulos) e/ou por revestimentos argilo-ferruginosos (cutãs) de iluviação, muitos com feições de segregação do ferro em estratos alternados ou zonas irregulares (Figura 4.6), muitas delas já fissuradas e fragmentadas, atribuindo um aspecto geral de “desmonte” (Castro, 1990).

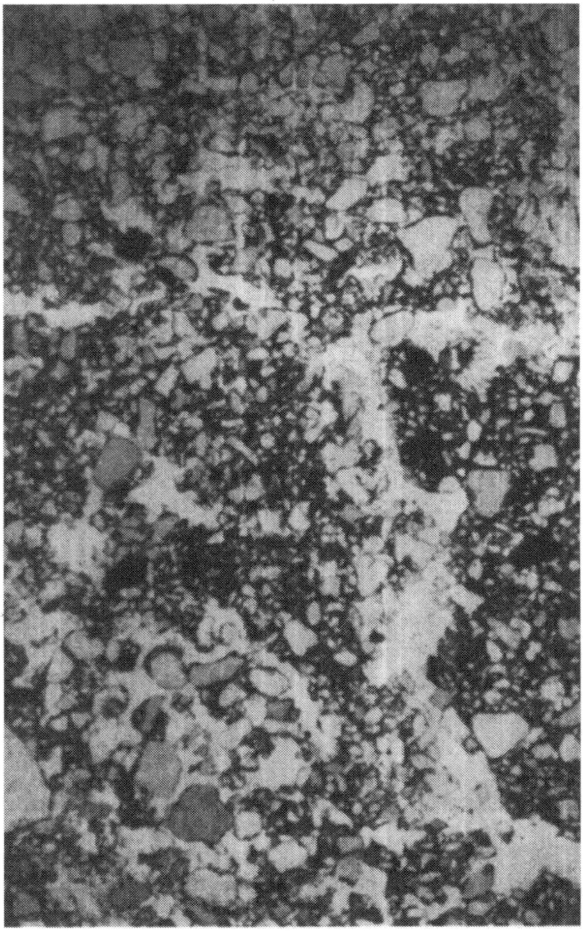

FIGURA 4.5. Fotomicrografia de microestrutura cavitária e fissurada do topo do horizonte Bt hidromorfizado, com zonas ferruginizadas, descoloridas e revestimentos cutânicos de iluviação com segregação do ferro pós-deposicional, sob luz natural, aumento de 25 X (Castro, 1990).

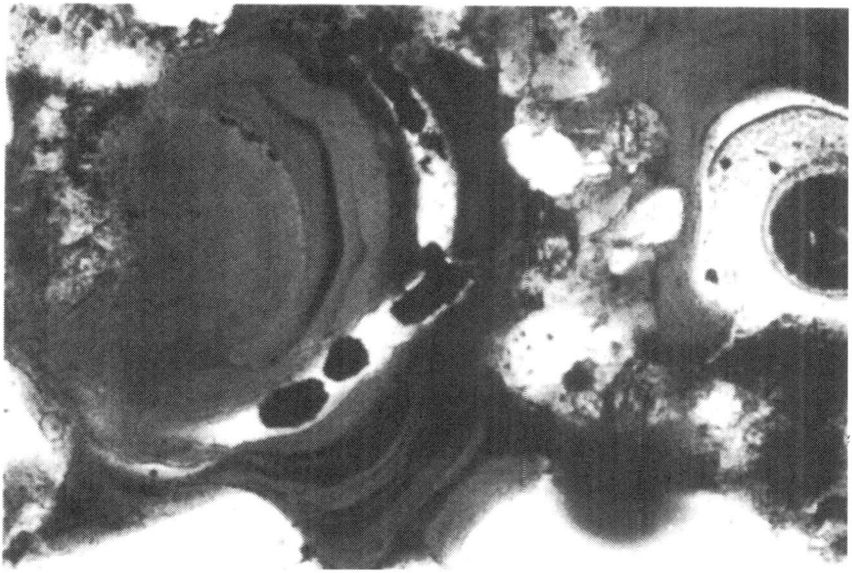

FIGURA 4.6. Fotomicrografia com detalhe de um revestimento cutânico iluvial (ferriargilã) com segregação do ferro pós-deposicional, do topo do horizonte Bt hidromorfizado, sob luz natural, aumento original de 200 X (Castro, 1990).

3) Um horizonte superficial arenoso eluvial (E, anteriormente denominado A2), em cuja parte central e superior domina a estrutura de base mônica (granular) e quitônica (Figura 4.7), que passa progressivamente a gefúrica e isótica para a base próxima ao Bt (Figura 4.8), com o qual mais e mais se parece e onde ainda aparecem relíquias deste, ora vermelhas, ora escuras e opacas, dispersas, ou ainda lamelas areno-argilosas (bandas onduladas) que apresentam na sua base as mesmas características do Bt hidromorfizado e na parte superior as mesmas do E, gefúricas, mas resultantes de iluviação simples, sem segregação (Castro e Curmi, 1987; e Castro, 1990); a porosidade no E central é resultante de empilhamento dos grãos do esqueleto, mas rumo ao Bt e na base das bandas torna-se mais e mais cavitária (Figura 4.9)

O estudo da porosidade através das lâminas delgadas revelou que há uma porogênese cavitária que se superimpõe à fissural no topo do Bt, na base do E e das bandas onduladas, interpretada como de perda de plasma,

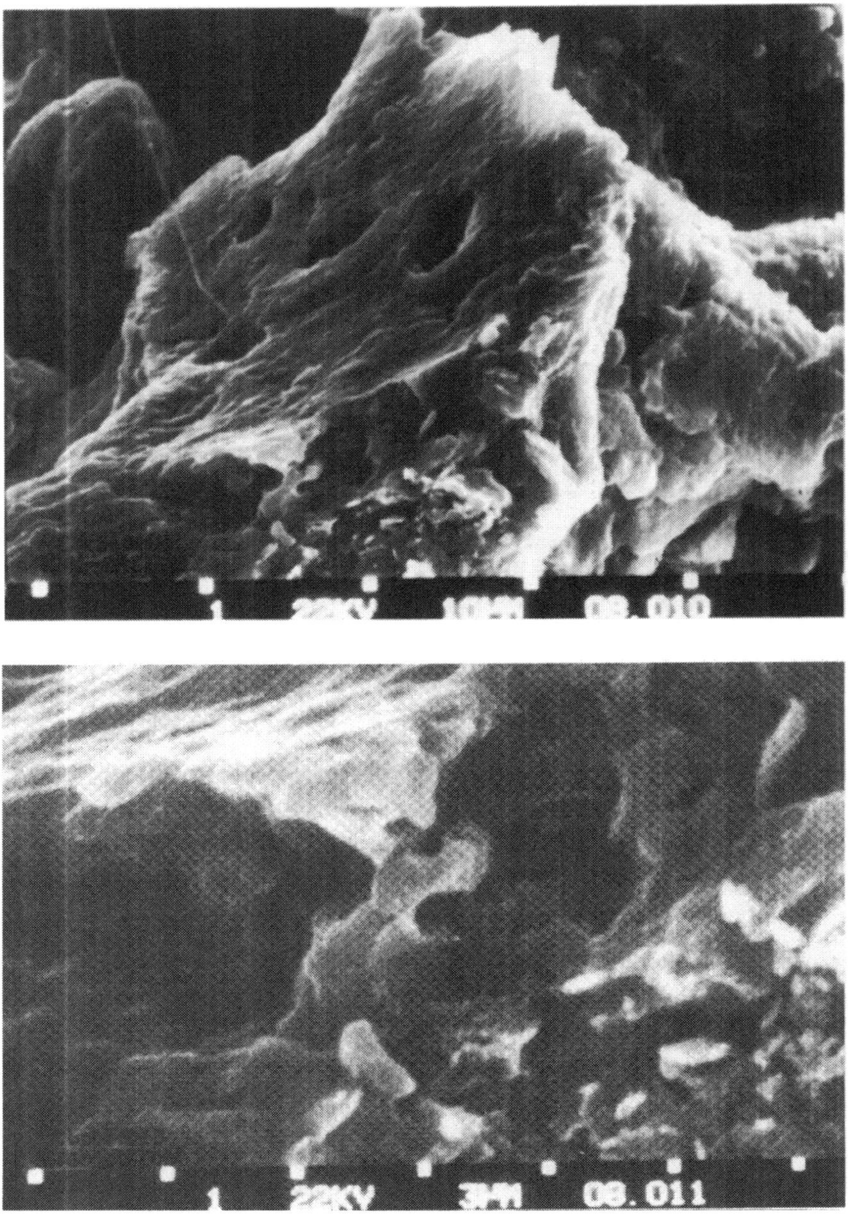

(a)

(b)

FIGURA 4.7. Fotomicrografia de fragmento de cutã com cavidades de dissolução de banda ondulada de um Podzólico Vermelho-Amarelo, sob MEV (a) e no detalhe (b) (Castro, 1990).

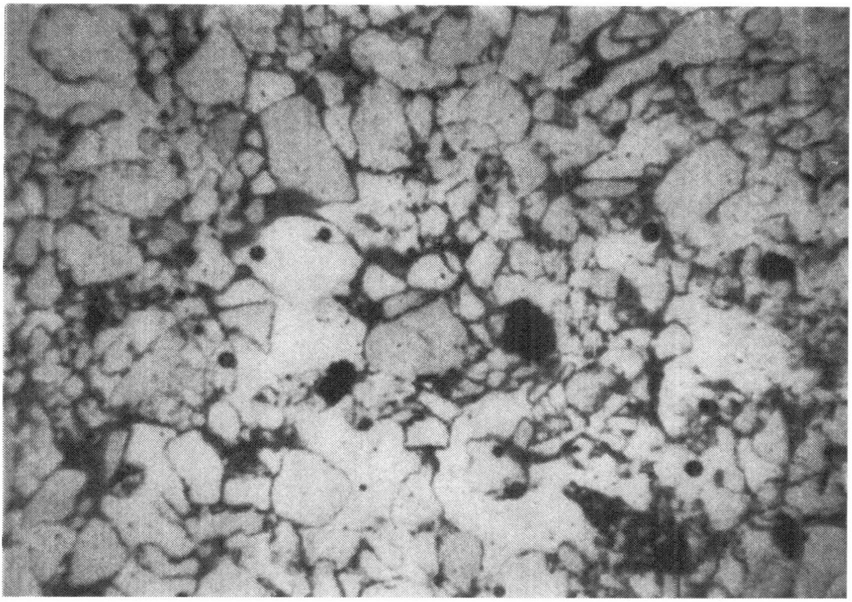

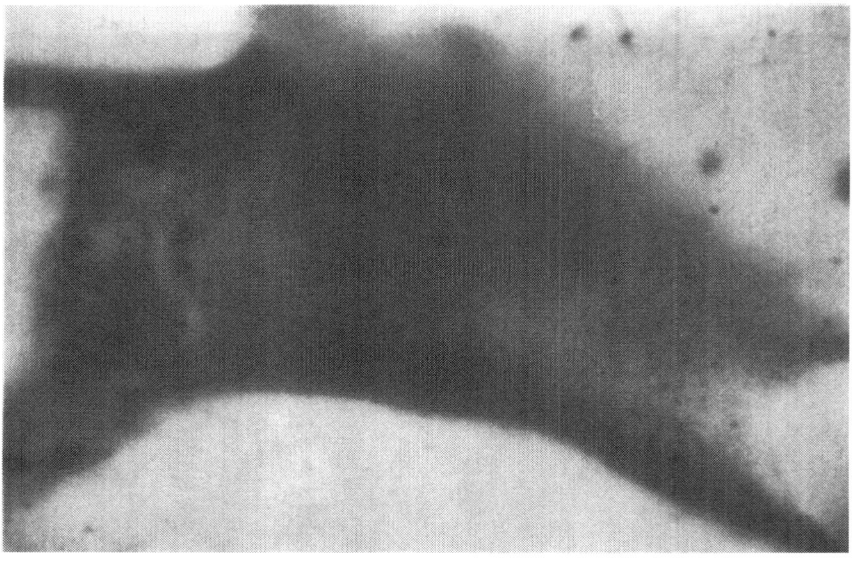

FIGURA 4.8. Fotomicrografia de microestrutura com estrutura de base gefúrica de banda ondulada de horizonte E de Podzólico Vermelho-Amarelo, sob luz natural e aumento original de 30 X (a) e de talhe de uma das pontes com aumento original de 300 X (b) (Castro, 1990).

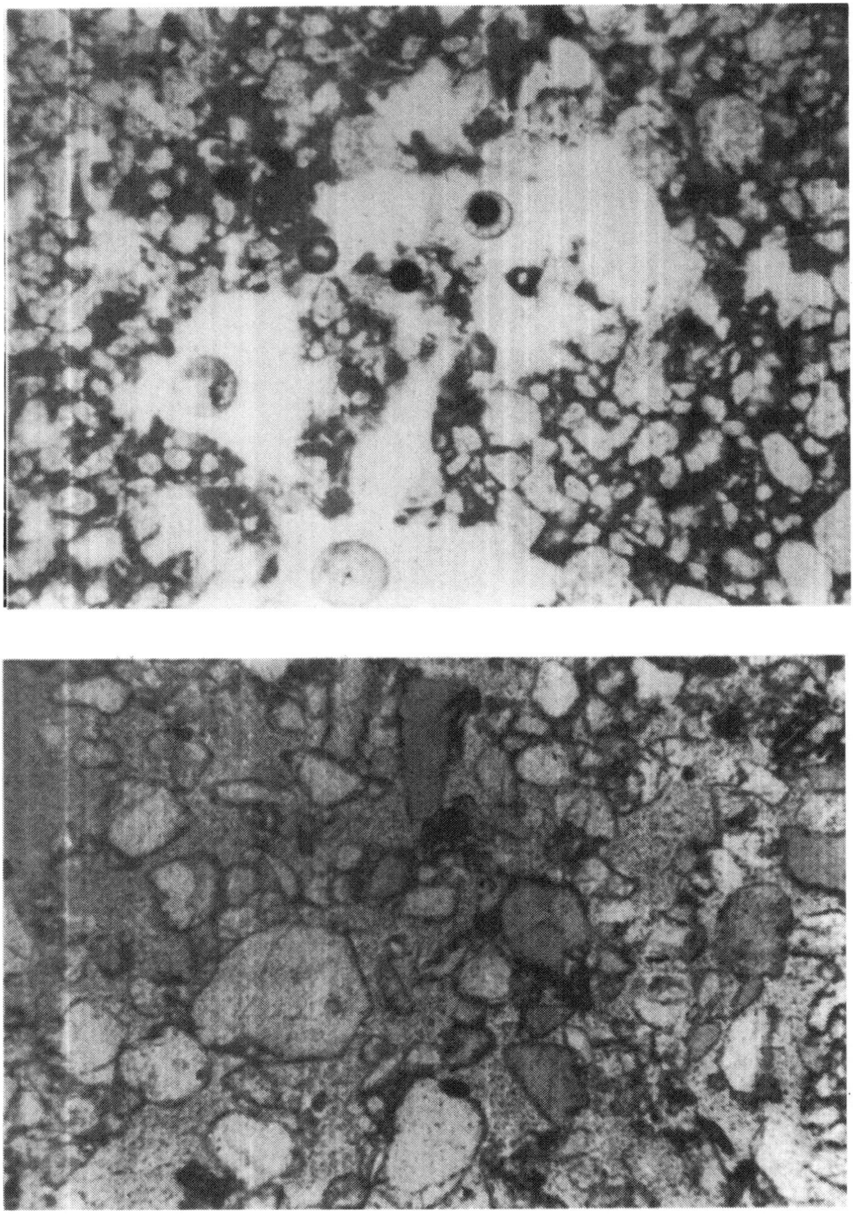

(a)

(b)

FIGURA 4.9. Fotomicrografia de porosidade cavitária coalescente da transição entre os horizontes Bt e o E no Podzólico Vermelho-Amarelo, sob luz natural e aumento original de 156 X (a) e do horizonte E, sob luz natural, com aumento de 60 X (b) (Castro, 1990).

ligada à hidromorfia suspensa que promove uma dissociação argila/ferro, a qual se torna cada vez mais coalescente até se transformar em porosidade de empilhamento intergrãos no E lavado. A quantificação dessa porosidade, efetuada com auxílio de análise de imagens (Castro *et al.*, 1993), confirmou essas observações (Figura 4.10), bem como o balanço estimativo dos constituintes do fundo matricial (Castro, 1990) (Figura 4.11), onde são assinaladas as estruturas de base para esses mesmos horizontes e transições.

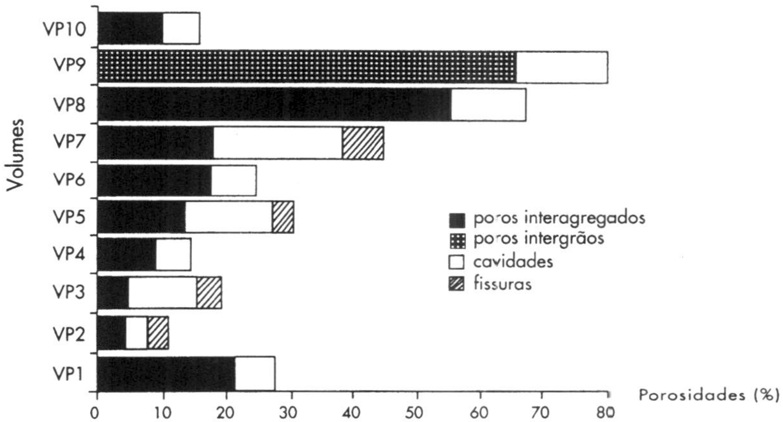

VP1 – HORIZONTE B LATOSSÓLICO DA BASE

VP2 – HORIZONTE B TEXTURAL SEM HIDROMORFIA (CENTRO E BASE)

VP3 – HORIZONTE B TEXTURAL COM POUCA HIDROMORFIA (CENTRO SUPERIOR)

VP4 – HORIZONTE B TEXTURAL COM HIDROMORFIA (PARTE SUPERIOR)

VP5 – TRANSIÇÃO ENTRE HORIZONTE A2 E B TEXTURAL

VP6 – "NASCIMENTO" DE BANDA ONDULADA JUNTO AO TOPO DO Bt

VP7 – TRANSIÇÃO ENTRE A2 E BANDA ONDULADA

VP8 – HORIZONTE A2 PRÓXIMO À BANDA ONDULADA

VP9 – HORIZONTE A2 (PARTE CENTRAL)

VP10 – TOPO DE BANDA ONDULADA

FIGURA 4.10. Variação percentual da macroporosidade de empilhamento, fissural e cavitária dos horizontes e transições de um Podzólico Vermelho-Amarelo obtida por análise de imagens, para microssítios representativos, onde os valores são contabilizados em função da área destes (Castro *et al.*, 1993).

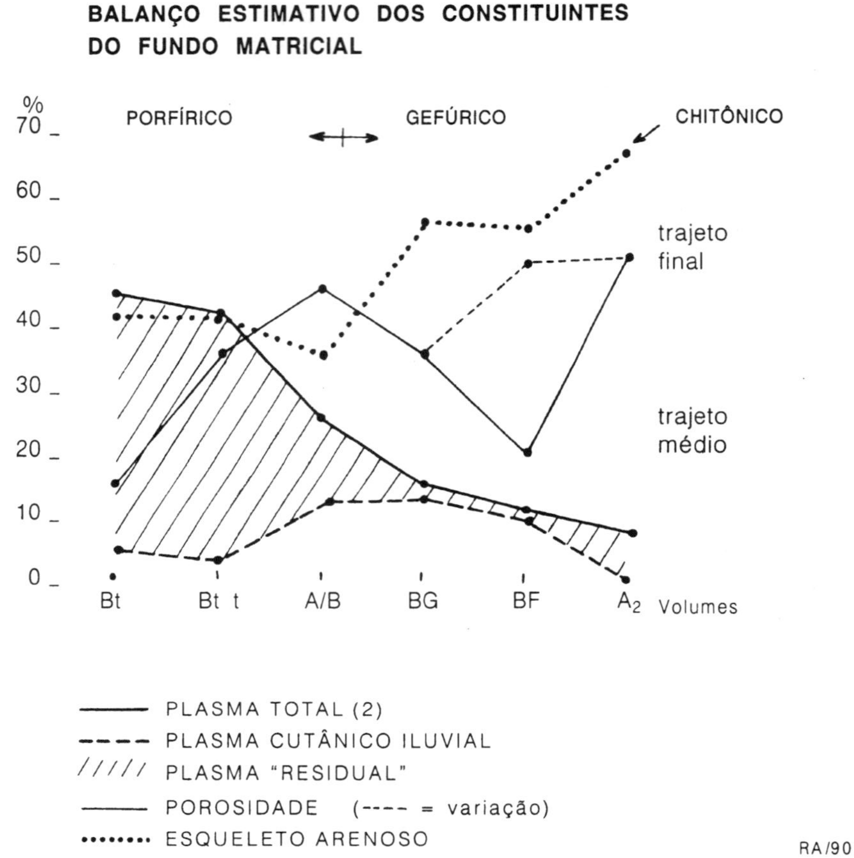

FIGURA 4.11. Variação dos constituintes estimada em área sobre as lâminas delgadas e relação com as estruturas de base, dos horizontes desestabilizados de um Podzólico Vermelho-Amarelo e suas transições (Castro, 1990).

Observando-se esses resultados, fica muito evidente a transformação estrutural por que passam os solos, numa dinâmica do tipo eluvial-iluvial (Boulet *et al.*,1993), onde a perda global de argila no horizonte superficial é crescente para jusante como mostram as isoclasses de argila na Figura 4.12.

Em síntese, o comportamento das microestruturas revela a seguinte tendência global de transformação:

estrutura enáulica-porfírica-gefúrica-chitônica-mônica

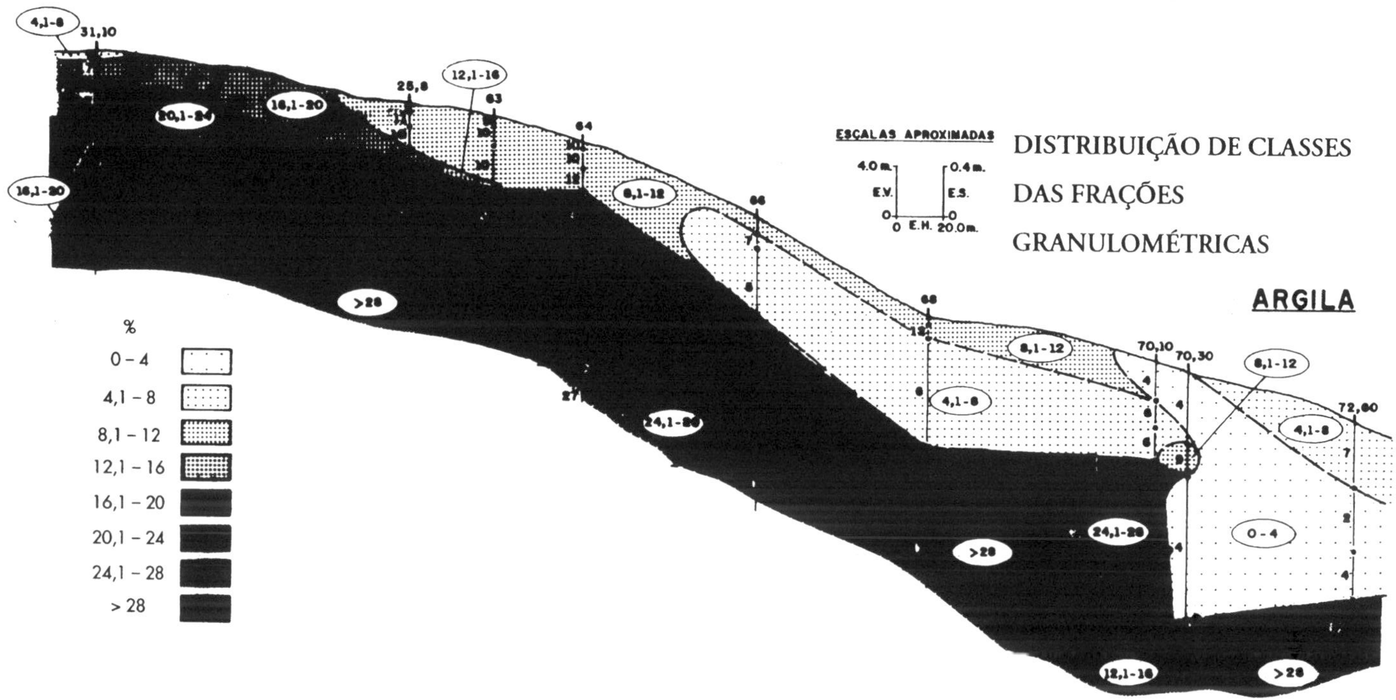

FIGURA 4.12. Distribuição das isoclasses de argila da topossequência apresentada na Figura 4.1, extraída de Castro,1990.

Os mecanismos responsáveis sendo do tipo eluvial-iluvial mostram que a iluviação não recupera a perda significativa e crescente de plasma nos horizontes superficiais, tornando-se uma espécie de coadjuvante do processo eluvial, podendo ser considerada relativamente quase como efêmera, já que muitas feições cutânicas estão também se desmantelando e sendo eluviadas.

A degradação francamente ativa do topo do horizonte Bt pela hidromorfia suspensa promove o espessamento do E tanto vertical como lateral para jusante, caracterizando uma textura mais e mais arenosa nesse sentido. O rebaixamento topográfico é uma das conseqüências menos evidentes enquanto acontece, mas de fácil dedução pela convexização da vertente, pelo desnível altimétrico e pelos depósitos arenosos da base das vertentes (coluviais). A formação de eixos de drenagem internos no topo do Bt (*pipings*) promove também a formação de rebaixamentos topográficos mais ou menos lineares na superfície do terreno, que fatalmente concentrarão o escoamento superficial pluvial. A energia dessa dinâmica atinge o máximo para jusante onde a acumulação de água é grande, e a hidromorfia é total. Esse acúmulo de água do escoamento superficial e subsuperficial junta-se ao freático, causando rebaixamentos embaciados na superfície do terreno da base da vertente, facilitando a instalação das voçorocas, como demonstrado por Salomão (1994).

Os indicadores micromorfológicos são, portanto, de desestabilização estrutural, cujos seguintes mecanismos seriam os principais:

1) adensamento de microagregados formando estruturas porfíricas;
2) fissuração;
3) desmantelamento dos agregados porfíricos fissurados, com ou sem iluviação, por superimposição de porosidade cavitária resultante da remoção de plasma;
4) coalescência cavitária progressiva, com forte remoção de finos e concentração residual da fração grosseira (areia) mais ou menos lavada e seu rearranjamento;
5) nascimento de porosidade de empilhamento de grãos lavados.

A transformação estrutural tem sido associada a alguns fatores principais como ciclos de umectação/dessecação (Chauvel, 1977) que rompem mecanicamente os agregados, submetidos a variações sazonais de tensões (pF) importantes (Pedro *et al.*, 1976), gerando o aparecimento de uma porosidade fissural ao longo da qual há lixiviação de bases, e as argilas são dispersas em contato com a água percolante, mas sem teores e condições geoquímicas de concentração do ferro e com argilas naturalmente pouco complexadas e muito dispersíveis em água, pois, do contrário, levariam à microagregação esferoidal ou oval.

De fato, os graus de floculação da argila encontrados nos sistemas estudados por Castro (1990), Vidal-Torrado (1994), Santos (1995), Cunha (1996) e Oliveira (1997) foram muito baixos, em geral inferiores a 20%, ou seja, 80% ou mais da argila é dispersível em água, o que facilita seu ataque e mobilização.

Santos (1995) e Santos *et al.* (1996), estudando sistema similar, encontraram características de transformação das microestruturas parecidas, entretanto não encontraram sinais de forte argiluviação mecânica, significativos em termos de diagnóstico. Cunha (1996) e Cunha e Castro (1996) encontraram sinais de argiluviação, mas igualmente sem maior significado. Isso parece confirmar que a eluviação seria mais importante do que a iluviação, fato este devido provavelmente à forte mobilidade das argilas por dispersão, característica de um sistema eluvial-iluvial (Boulet *et al.*, 1993).

Em síntese, por enquanto o que se sabe é que a presença de sistemas pedológicos com diferenciação vertical e lateral, em áreas tropicais úmidas, como os apresentados, mostra que as microestruturas tanto resultam da transformação pedológica lateral induzidas pelo rebaixamento do talvegue, como também funcionam como motor desse processo, na medida em que as estruturas pedológicas vão se ajustando progressivamente às novas condições hidrológicas (confirmando a interpretação de Boulet *et al.*, 1984).

Um outro exemplo de fator de erosão, menos estudado microscopicamente em termos de erosão linear no Brasil, embora muito estudado agronomicamente em termos físico-hídricos, é o da compactação, que pode promover o selamento da estrutura e com isso a redução drástica das taxas de infiltração, fazendo com que se instale um escoamento superficial acima da camada compactada, que poderá se concentrar e desencadear a erosão linear.

Trata-se de um sistema pedológico em equilíbrio, constituído por latossolos com estruturas granulares (microagregadas) e microestruturas enáulicas, de textura argilosa a muito argilosa, com altos teores de ferro e alumínio, forte porosidade inter e intramicroagregada comunicante, alto grau de floculação, submetido a manejo com motomecanização intensiva e maquinaria pesada, em área irrigada com pivô central e desenvolvendo compactação forte. Tal sistema não é suscetível à erosão linear, naturalmente. Aqui ele será usado apenas para demonstrar o que acontece com as microestruturas com a compactação, para raciocinar em termos de conseqüências erosivas que podem aparecer.

O estudo microscópico de amostras do solo original não compactado em relação ao compactado mostra uma coalescência dos microagregados, fazendo com que a microestrutura enáulica se transforme em porfírica com subestrutura microagregada incompleta. A porosidade interagregada sofre forte diminuição em freqüência, dimensão e interconexão, ficando a circulação hídrica bastante prejudicada, o que foi observado experimentalmente por Castro *et al.* (1993) e Kertzman (1996) (Figura 4.13).

A compactação mais grave promoveu até mesmo o quase desaparecimento da porosidade interagregada. Isto é entretanto mais comum em solos de textura média, teores médios ou baixos de ferro e/ou alumínio, baixo grau de floculação, microestruturas enáulicas com baixo grau de pedalidade ou porfíricas no interior de agregados subarredondadas ou poliédricas. Ensaios de compactação em solos desse tipo mostram freqüentemente que a estrutura porfírica fica contínua com fissuras horizontais e oblíquas.

A transformação das microestruturas apontada nesses exemplos permite supor então o seguinte:

1) no caso de materiais argilosos a muito argilosos e ricos em ferro, fortemente microagregados:
   enáulica-enáulica adensada-porfírica subestruturada em enáulica incompleta

2) no caso de materiais de textura argilosa ou média, com teores menores de ferro, enáulicas ou porfíricas:
   enáulica ou porfírica e porfírica densa com fissuração horizontal/sub-horizontal

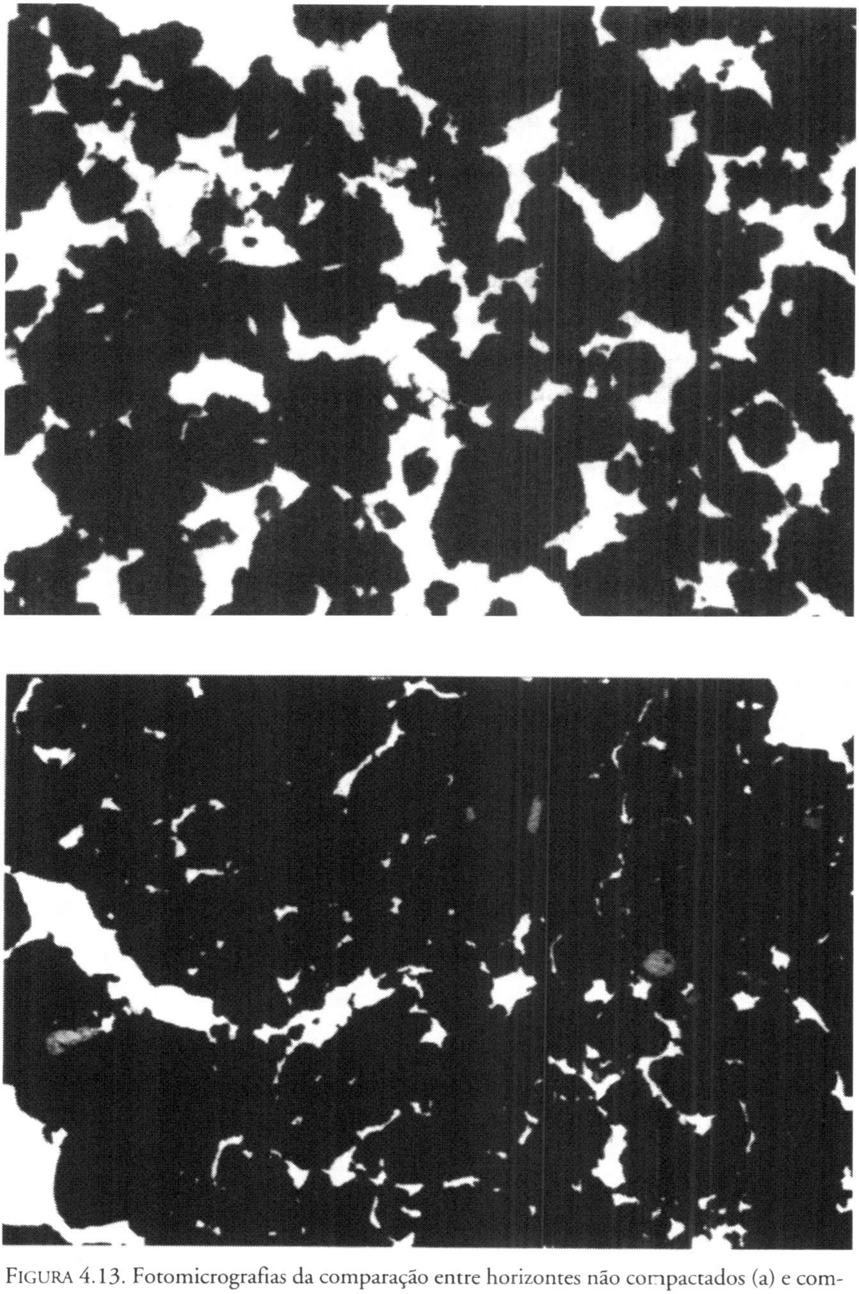

(a)

(b)

FIGURA 4.13. Fotomicrografias da comparação entre horizontes não compactados (a) e compactados (b) de um Latossolo Roxo, sob luz natural e aumento de 35 X (Kertzman, 1996).

Como se pode deduzir, a natureza argilo-ferruginosa, o grau de floculação e o conseqüente grau de desenvolvimento da microestrutura conferem-lhe maior estabilidade e condicionam maior resistência à compactação.

Assim, a maior instabilidade potencial estaria no segundo tipo acima. Havendo então a compactação, mesmo em condições de fracas declividades e vertentes amplas convexizadas, diante de manejo que não considere o potencial de compactação, a erosão linear poderá se instalar. Mas, em ambos os casos, a redução da porosidade interagregada é um bom indicador de risco potencial à erosão por escoamento concentrado.

Por último, há que se considerar ainda os casos em que a topografia irregular do topo rochoso subjacente aos perfis de solos de um dado sistema pedológico pode induzir processos erosivos lineares, facilitados pela drenagem interna e lateral dos solos, como mostrou Dias Ferreira (1997), no estado de São Paulo: a presença de um subafloramento em meia-encosta separa dois sistemas pedológicos, um a montante dele, do tipo sistema pedológico Areia Quartzosa-Podzólico, e outro quase que inteiramente litólico a gley para jusante, gerando um semiconfinamento do freático junto ao subafloramento, que remonta à quase superfície (armazém de lençol, *sic*) promovendo hidromorfia e surgências, a partir das quais instala-se um fluxo superficial permanente e concentrado, independente da estação do ano, removendo constantemente partículas e provocando ravinamentos.

As lâminas delgadas mostraram que nesse ponto crítico da vertente (Dias Ferreira, 1997) o arenito alterado sofre uma alteroplasmação em retículo, contendo argilas expansivas, constituindo uma microestrutura porfírica com porosidade fissural e irregular bastante reduzida. As lâminas dos solos a montante desse sistema, estudadas por Oliveira (1997), mostraram microestruturas muito similares ao caso relatado no início deste item, sobre os sistemas constituídos por latossolos e podzólicos, só que neste caso, por se tratar de Areias Quartzosas e Podzólicos, as microestruturas da cobertura inicial eram mais quitônicas do que enáulicas, e os teores de argila bem mais baixos, o que lhe confere maior instabilidade ainda, se comparado àqueles sistemas. Por outro lado, a forte porosidade de empilhamento intercomunicante condiciona, no topo, um fluxo rápido e intenso de recarga, com componente lateral suspensa acima do Bt a partir da meia-encosta, ambos abastecendo o freático situado na posição do subafloramento.

Num outro exemplo, Furian Dias (1994) demonstrou que, mesmo

em presença de sistemas pedológicos, microagregados relativamente bem desenvolvidos, porosos e bem drenados, em climas muito chuvosos, como os da Serra do Mar, no estado de São Paulo, por ela estudados, distribuídos em topografia bem amorreada (mar de morros), a presença em profundidade, próxima ao contato com a rocha cristalina, de zonas lenticulares de alteroplasmação caulinítica remontantes pouco porosas, porfíricas, promovia o acúmulo de água acima delas, gerando fluxos laterais que, em certos episódios pluviométricos intensos, devido ao aumento intenso da umidade dos solos de cima e de montante, era capaz de promover deslizamentos e desmoronamentos, funcionando como camada sabão.

Estes dois últimos exemplos revelam que, às vezes, as causas da erosão não estão propriamente na desestabilização das microestruturas do ponto de vista mecânico e/ou geoquímico, mas na dinâmica hídrica associada a processos de alteração localizada em profundidade no contato solo/rocha, ou ainda praticamente em superfície em conseqüência da topografia do topo rochoso subaflorante. Nos dois casos as microestruturas porfíricas pouco porosas, de alteroplasmação da rocha, poderiam ser indicadoras de condicionamento de processo erosivo regulado pelo nível de impedimento de drenagem, tanto nos ravinamentos como nos deslizamentos.

6. Conclusões

Há muito ainda a se fazer nesse campo de trabalho, sobretudo no que se refere ao estabelecimento de um conjunto mais abrangente e completo de indicadores micromorfológicos da suscetibilidade e do desenvolvimento erosivo.

Por enquanto, as microestruturas têm servido mais como importante auxiliar na compreensão do comportamento e funcionamento dos sistemas pedológicos, como forte aliada de outros indicadores de maior domínio nesses estudos, como os que envolvem o comportamento físico-hídrico, utilizados há bastante tempo nos estudos de erosão.

A maior contribuição da micromorfologia nesse sentido encontra-se justamente no fato de ter sido aplicada a estudos no contexto de sistemas pedológicos e no momento em que os resultados das medidas físico-hídricas convencionais não eram suficientes para elucidar por completo como se dá a dinâmica erosiva.

O estudo micromorfológico dos sistemas pedológicos sabidamente suscetíveis à erosão pode ajudar muito na compreensão de certos comportamentos e na busca das soluções. Nesse sentido, dois campos são de pronto já bastante claros: o preventivo e o corretivo. O primeiro trataria da explicação do comportamento e funcionamento tal como os sistemas se encontram, e o segundo trataria mais da busca de padrões desejáveis de microestruturas que pudessem garantir maior vida útil às obras de controle, de engenharia ou de conservação do solo, como os barramentos de terra ou o tratamento de taludes ou terraceamentos, revegetação de áreas de risco, respectivamente, apenas para citar alguns exemplos.

7. *Bibliografia*

BEAUDOU, A. Expression micromorphologique de la microaggregation et de l'illuviation dans certains sols ferrallitiques centrafricainset dans les sols hydromorphes associés. Cahiers ORSTOM, Série Pédologie, 10 (4): 357-371, Paris, 1972.

BOULET, R. Toposéquences de sols tropicaux en Haute Volta. Équilibre et déséquilibre pédobioclimatique.Thése Sc.Univ. Strasbourg, Mém ORSTOM, nº 85, Paris, 1976.

BOULET, R.; CHAUVEL, A.; LUCAS, Y. Les systèmes de transformation en pédologie *in* Livre Jubilaire du cinquantenaire de l'AFES, p. 167-179, Paris, 1984.

BOULET, R.; LUCAS, Y.; FRITSCH, E.; PAQUET, H. Géochimie des paysages: le rôle des couvertures pédologiques *in* Coll. "Sédimentologie et géochimie de la surface" à la mémoire de Georges Millot, p. 55-76, Strasbourg, 1993.

BOCQUIER, G. Génèse et évolution de deux toposéquences de sols tropicaux du Tchad. Interprétation Biogéodynamique. Thése Sc. Strasbourg. Mém. ORSTOM, nº 62, Paris, 1973.

BOCQUIER, G. L'évolution des demarches en Pédologie.De l'héritage de Dokoutchaev à la diversité des demarches actuelles en Pédologie. Science du Sol 2, p. 113-122, Paris, 1984.

BREWER, R. Fabric and Mineral Analysis of Soils. Robert E. Krieger Publish. Co., Hungington, N. York, 1976.

BULLOCK, P.; FEDOROFF, N.; JONGUERIUS, A.; STOOPS, G.; TURSINA, T. Handbook of sail thin section description. Waine Research, Albrington, United Kindon, 1985.

CASTRO, S.S. Sistemas de transformação pedológica em Marília, SP: B latossólicos e B texturais. Tese de Doutoramento USP/ FFLCH/ DG, 1990.

CASTRO, S.S. Impregnação de amostras de solo para confecção de lâminas delgadas. In Bol. Inf. da Soc. Bras. de Ciência do Solo, 15, p. 44, Campinas, 1985.

CASTRO, S.S. Micromorfologia de solos: pequeno guia para descrição de lâminas delgadas. Apostila. IPT/CAPES X COFECUB/DG — USP, 1989.

CASTRO, S.S., e CURMI, P. Bandas onduladas em solos podzólicos da Formação Marília: estruturas de transformação pedológica. Res. in *Anais* do XV Congr. Bras. de Ciência do Solo, Campinas, 1987.

CASTRO, S.S.; HALLAIRE, V.; CURMI, P. Macroporosidade de um Solo Podzólico Vermelho-Amarelo de Marília, SP, através de analisador de imagens. Res. e painel, XXIV Congr. Bras. de Ciência do Solo, vol. 1: 113-115, Goiânia, 1993.

CHAUVEL, A. Recherches sur la transformation de sols ferrallitiques dans la zone tropicale à saizons contrastées.Thèse Sc. Strasbourg. Mém. ORSTOM, nº 62, Paris, 1977.

CHAUVEL, A. Iniciação à Micromorfologia dos Solos. Apostila. USP/ ESALQ, 1979.

COSTA LIMA, J. M. S., e COSTA LIMA, V. Efeito do Plantio Direto nas características micromorfológicas do solo. Agrárias 14(1-2):31-40, Curitiba, 1995.

CUNHA, J.E. Caracterização morfológica (macro e micro) e comportamento físico-hídrico de duas topossequências em Umuarama, PR. Dissertação de Mestrado. USP/ FFLCH/ DG, 1996.

CUNHA, J.E., e CASTRO, S.S. Características físico-hídricas e micromorfológicas da topossequência Córrego Longe em Umuarama, PR. Res. e painel in XIII Congr. Latino-Americano de Ciência do Solo 5-58, Águas de Lindóia, 1996.

CURI, N. (Coord.). Terminologia de Micromorfologia de Solos in Bol. Inf. da Soc. Bras. de Ciência do Solo, 10: 1- 43, 1985.

DELVIGNE, J. Curso de micromorfologia das alterações minerais. Apostila. USP/ IG,1983.

DELVIGNE, J. Atlas of Micromorphology of Alteration and Weathering. The Mineralogical Association of Canadá and ORSTOM, Ed. Special Publs. 3, 1998.

DIAS FERREIRA, R.P.D. Solos e morfogênese em São Pedro, SP. Tese de Doutoramento, USP/ FFLCH/ DG, 1997.

FITZPATRICK, E.A. Micromorphology of Soils. Chapman & Hall. London, 1984.

FURIAN DIAS, S.M. Morphogénèse et pedogénèse en milieu tropical humide de la Serra do Mar, Brésil: contribution de l'altération et de la pedogénèse à une dynamique actuelle de glissement. Thèse Doctorat. Université de Caen, France, 1994.

GUILLORÉ, P. Méthode de fabrication mecanique et en série des lames minces. CNRS and INAPG, Dépt. de Sols, Thiverval-Grignon, 1980.

KERTZMAN, F.F. Modificação na estrutura e no comportamento de um Latossolo Roxo provocada por compactação. Tese de Doutoramento. USP/ FFLCH/ DG, 1996.

KUBIENA, W. C. Micropedology. Collegiate Press Inc. Amer., Iowa, 1938.

JONGUERIUS, A. Soil Micromorphology. Elsevier Publs. Co. Amsterdam, 540 p., 1964.

LEPSCH, I.F. Soil landscape relationships in an area of the Occidental Plateau of São Paulo State, Brazil. PhD Thesis. Raleigh, 1975.

MONIZ, A.C., e BUOL, S.W. Formation of an Oxisol – Ultisol transition in São Paulo, Brazil: I Double water flow model of soil development. Soil Sc. Amer. Journal. 46 (5): 1228-1233, Madison, 1982.

MULLER, J.P. Microstructuration des structichrons rouges ferrallitiques à l'amont des modelés convexes (Centre Cameroun). Aspects micromorphologiques. Cahiers ORSTOM, Série Pédologie 15 (3): 239-258, 1977.

OLIVEIRA, D. Estudo macro e micromorfológico de uma toposseqüência na bacia do Córrego do Retiro em São Pedro, SP. Dissertação de Mestrado. USP/ FFLCH/ DG, 1997.

PEDRO, G.; CHAUVEL, A.; MELFI, A. J. Recherche sur la constitution des Terra Roxa Estruturada du Brésil. Ann. Agronomie, 27 (3): 265-294, Paris, 1976.

PERECIN, D. Observações micromorfológicas de sete perfis de solo do município de Piracicaba, estado de São Paulo. Dissertação de Mestrado. USP/ ESALQ, 1976.

RUELLAN, A.; DOSSO, M.; FRITSCH, E. L'analyse structurale de la couverture pédologique. Science du Sol, vol. 27 (4): 379-334, Paris, 1989.

RUELLAN, A., e DOSSO, M. Regards sur le sol. Univ. Francophones. Foucher Aupelf, Paris, 1993.

SALOMÃO, F.X.T. Processos erosivos lineares em Bauru, SP: regionalização cartográfica aplicada ao controle preventivo urbano e rural. Tese de Doutoramento. USP/ FFLCH/ DG, 1994.

SANTOS, L.J.C. Estudo morfológico da topossequência da Pousada da Esperança em Bauru, SP: subsídios para a compreensão da gênese, evolução e comportamento atual dos solos. Dissertação de Mestrado. USP/ FFLCH/ DG, 1995.

SANTOS, L.J.C.; CASTRO, S.S.; SALOMÃO, F. X. T. Organizações micromorfológicas e sua relação com a circulação hídrica – o exemplo de Bauru. Res. Exp. e Painel, XIII Congr. Latino-Amer. de Ciência do Solo, 01-057, Águas de Lindóia, 1996.

SOUBIÉS, D.; CHAUVEL, A. Présentation de quelques systèmes de sols observés au Brésil. Cahiers ORSTOM, Série Pédologie, Paris, 1984-1985.

STOOPS, G. Micromorphology of oxic horizon. Proceed. For V th IWMSM, O. Bullock and C. P. Murphy Edit., A. B. A. Academic Publs., Rothamsted 2: 419-440, 1983.

STOOPS, G. Multilingual translation of the terminology used in Handbook for soil thin section description. Pédologie Ghent XXXVI (3): 225-233, 1986.

STOOPS, G., e JONGUERIUS, A. Proposal for a micromorphological classification in soil materials. I — A classification of related distribution of coarse and fine particles. Geoderma 13:189-200, 1975 (a reply 19:247-249, 1979).

SUGUIO, K. Introdução à Sedimentologia. Ed. Edgard Blucher, São Paulo, 1973.

VIDAL-TORRADO, P. Pedogênese e morfogênese no Distrito de Tupi, SP. Tese de Doutorado, ESALQ/USP, Piracicaba, 1994.

CAPÍTULO 5

GEOQUÍMICA DOS SOLOS

Ariadne do Carmo Fonseca

1. Introdução

Talvez a conseqüência mais importante do intemperismo químico é que ele permite o desenvolvimento de solos. Embora intemperismo seja a destruição de rochas e minerais, seus produtos promovem a existência de vida na Terra e, assim, são certamente um atributo muito positivo do intemperismo químico. Solo é a interface entre a litosfera (no sentido geoquímico) e a biosfera, porque permite o crescimento das plantas enraizadas e outras formas de vida, que afetam os processos químicos que caracterizam os solos.

Em termos mais simples, solo é a parte acamada superior do regolito. Para pedólogos, solo é um corpo natural de constituintes minerais e orgânicos, diferenciados em horizontes, de profundidade variável, que difere do material abaixo em morfologia, constituição física, propriedades e composição química e características biológicas. A principal característica dos solos é a organização de seus constituintes e propriedades em camadas que são relacionados à superfície atual e que varia verticalmente com a profundidade. Isto está em contraste com o material parental do qual o solo é formado. A atividade biológica figura proeminentemente nos processos de formação do solo, e os solos são mais ou menos férteis em relação ao que eles podem suportar quanto ao crescimento de plantas. Durante o intemperismo, decomposição da rocha e formação de solo fundem-se indistintamente, a primeira pavimentando o caminho da segunda. Deste ponto de vista, a formação do solo pode ser considerada como estágio avançado de intemperismo (Hawkes e Webb, 1973).

É surpreendente que geólogos, em geral, tenham pouco entendimento dos solos que cobrem grande parte da superfície terrestre, uma vez que a informação que pode ser ganha dos solos concernente à geologia da rocha fonte deve ser de valor. Ademais, a dispersão secundária de metais pode ser profundamente influenciada pelos processos de formação de solos. Conseqüentemente, uma apreciação dos solos e sua formação é sempre necessária na prospecção geoquímica.

2. Intemperismo e Formação de Solos

Todos os materiais são suscetíveis ao intemperismo. Simplesmente, intemperismo é a resposta de materiais da Terra à mudança de ambiente. Por exemplo, depois de milhões de anos de soerguimento e erosão, as rochas que cobriam uma grande intrusão ígnea foram removidas, expondo-a na superfície. Essa massa de rocha cristalina, que se formou em profundidade, em condições de alta pressão e temperatura, agora está sujeita às condições de superfície. Em resposta, essa massa de rocha gradualmente mudará até equilibrar-se novamente. A essa transformação é dado o nome de intemperismo.

Quando uma rocha sofre intemperismo mecânico, ela é quebrada em partículas menores, mantendo, no entanto, as características do material original. A redução no tamanho das partículas aumenta a área de superfície acessível para o ataque químico. Assim, o intemperismo mecânico aumenta a área de superfície para o intemperismo químico.

Na natureza, quatro importantes processos físicos produzem a fragmentação de rocha: *frost wedging* (expansão causada pelo congelamento de água intersticial e de fendas), expansão térmica, expansão resultante de alívio de carga e atividade biológica.

O intemperismo químico envolve processos complexos que alteram as estruturas internas dos minerais pela remoção e/ou adição de elementos. Durante essa transformação, a rocha original se decompõe em substâncias que são estáveis no ambiente de superfície. Conseqüentemente, os produtos do intemperismo químico se manterão essencialmente inalterados enquanto o ambiente permanecer similar àquele onde foram formados.

A água é o fator mais importante do intemperismo químico. Embora água pura não seja reativa, uma pequena soma de material dissolvido é geralmente tudo que é necessário para ativá-la. Oxigênio dissolvido na água oxidará alguns materiais. Dióxido de carbono (CO_2) dissolvido em água forma ácido carbônico (H_2CO_3). Este ácido ioniza-se para formar íons de hidrogênio (H^+) e bicarbonato (HCO_3^-).

Em adição à alteração da estrutura interna dos minerais, o intemperismo químico causa mudanças físicas também. Por exemplo, quando massas de rochas angulosas são atacadas pela água que penetra ao longo das juntas, as rochas tendem a ter uma forma esferoidal. A este processo chamamos esfoliação esferoidal. Às vezes, durante a formação dos blocos esferoidais, alguns se separam do corpo principal da rocha.

A taxa na qual uma rocha é intemperizada depende de muitos fatores. A princípio, o tamanho da partícula influencia na taxa de intemperismo, assim como a presença ou ausência de fraturas. A composição mineral da rocha também é um fator muito importante.

Os silicatos, o grupo mineral mais abundante, intemperizam essencialmente na mesma ordem da sua cristalização. Conseqüentemente, os primeiros minerais formados não são estáveis na superfície da Terra.

Fatores climáticos, particularmente temperatura e umidade, são de grande importância na taxa de intemperismo da rocha. O ambiente ideal para o intemperismo químico é a combinação de temperaturas quentes e elevada umidade.

Os produtos de intemperismo químico consistem de compostos formados durante solução incongruente de minerais primários, íons e moléculas dissolvidos na água e minerais resistentes da rocha, que são liberados pela decomposição de seus vizinhos mais suscetíveis. Em adição, gases nobres (He, Ne, Ar, Kr, Xe e Rn) e outros gases (H_2, hidrocarbonetos, N_2, etc.) são perdidos na atmosfera. Os compostos primeiramente formados (óxidos, hidróxidos, e argilo-minerais) podem acumular-se junto com os grãos minerais não reativos (quartzo, feldspato, e micas) e pedaços não decompostos de rocha como um manto residual ou regolito. Posterior modificação do regolito produz a formação de solos.

Os solos são caracteristicamente organizados em camadas, diferenciando entre si e do material parental subjacente em suas propriedades e composição. À parte as diferenças de cor e textura que ajudam a reconhecer o solo no campo, as propriedades de maior significância que afetam a dispersão geoquímica dos elementos são pH, conteúdo de matéria orgânica, tipo e assembléia de argilo-minerais e soma de sesquióxidos. As camadas individuais são referidas aos horizontes de solos e podem variar de poucos centímetros a vários metros de espessura. Tomados juntos, esses horizontes compõem o perfil de solo. Em termos gerais, o desenvolvimento do perfil de solo é sinônimo de formação de solo. É primariamente o resultado do movimento vertical (para cima e para baixo) e, às vezes, lateral de material em solução e suspensão, acompanhado por uma série complexa de reações químicas, muitas das quais são de origem orgânica. A água é o meio essencial no qual a transferência e reconstituição acontecem.

Os perfis de solos variam em constituição dentro de amplos limites, de acordo com o ambiente genético e geográfico. Muitos perfis, no entanto, compreendem três horizontes principais. Da superfície para baixo, estes são identificados pelas letras A, B e C. Os horizontes A e B constituem o "solo verdadeiro", enquanto o horizonte C é o material parental do qual o solo foi derivado.

A seqüência inteira nem sempre pode ser representada. Por exemplo, solos imaturos freqüentemente não apresentam o horizonte B, ou a erosão pode produzir perfis truncados, às vezes expondo o horizonte C.

O horizonte A desenvolve-se primariamente como resultado de perdas parciais no material original por lixiviação ou remoção mecânica, ou eluviação, resultante da percolação da água da chuva através do solo. Os principais constituintes provavelmente removidos são bases solúveis, argilas e sesquióxidos coloidais e/ou sílica. Minerais primários, resistentes, material de rocha sofrendo decomposição e colóides floculados permanecem no perfil.

Sob condições úmidas e excesso de drenagem, os constituintes solúveis são lixiviados do horizonte A, descendendo ao nível d'água e eventualmente passando para a superfície de drenagem. Algum material em suspensão pode seguir esse curso. Mais usualmente, no entanto, sesquióxidos coloidais e argilas do horizonte A são logo redepositados na zona de acumulação, ou iluviação, constituindo o horizonte B (caso do horizonte B textural). Como resultado, esse horizonte tende a ser enriquecido em argila em relação ao horizonte A e a assumir uma cor vermelha ou amarelo-marrom nos perfis onde a iluviação também envolve sesquióxidos de ferro. Sob condições apropriadas, o horizonte B pode também ganhar matéria orgânica pela precipitação de material solúvel derivado dos horizontes sobrejacentes pela circulação de água.

O horizonte C consiste de rocha mais ou menos alterada e serve como material parental dos horizontes A e B sobrejacentes. É importante frisar que o material parental pode ser a rocha *in situ*, aluvião transportado ou a sobrecarga glacial, ou mesmo solo de um ciclo pedológico mais antigo. Como regra, a decomposição inorgânica estende-se mais profundamente que a formação de solo, e o horizonte C pode sempre ser subdividido em zonas de intemperismo que decrescem em intensidade com a profundidade. A matéria orgânica tem menor percentual no horizonte C, que usualmente contém menos argila. Texturas e estruturas reliquiares da rocha também são mais comumente preservadas do que nos horizontes sobrejacentes.

O desenvolvimento de um perfil de solo pode ser visto como um processo ocorrido em duas etapas, primeiro pela preparação do material parental e segundo pela diferenciação em horizontes. Usualmente, os dois processos ocorrem simultaneamente. O começo da formação de solo é geralmente marcado pelo aparecimento de um horizonte restrito A, que cresce à custa do horizonte C. Repetidamente, um horizonte B pode não ser distinguido até o horizonte A ser distinto, embora ambos possam se formar juntos. Em geral, por isso, solos imaturos podem ser reconhecidos por um perfil definido "incompleto" no qual o horizonte B é fraco ou ausente. Perfis truncados podem ser mais difíceis de detectar, particularmente onde um novo perfil está em processo de desenvolvimento à custa de um horizonte profundo exposto de um perfil mais velho.

Na natureza, os solos podem diferir amplamente do modo idealizado. Esta diversidade amplia-se pelo fato de a direção e taxa da diferenciação de horizontes serem governadas pelo material parental, relevo, clima, atividade biológica e tempo.

O material parental contribui com o material fresco do solo e deve, por isso, ser esperado como sendo um fator dominante, que controla a natureza do solo resultante. A composição e propriedades da rocha-fonte podem ter uma influência geral na taxa na qual o intemperismo e a formação de solo ocorrem. Assim, solos são desenvolvidos rapidamente a partir de rochas permeáveis ou prontamente decompostas. Em certas condições, a influência do material parental pode ser mais significativa. A primeira é onde a mudança de rocha-fonte para solo não tem sido pronunciada, uma condição encontrada nas regiões desérticas e árticas, ou em solos residuais jovens de terrenos montanhosos. A segunda é onde os solos têm sido degradados pela erosão.

Feições geológicas podem ser refletidas em solos residuais nas regiões de clima relativamente uniforme e constância de outros fatores formadores de solos. Em grande escala, no entanto, o clima parece ser mais potente que a geologia. Mesmo sob condições de intemperismo extremo e diversidade de solo, é sempre possível detectar variações nas rochas subjacentes provando que o solo é residual. Assim, assembléias características de minerais resistentes e composição mecânica do solo podem ser diagnósticas de certos tipos de rocha. A concentração original de bases pode influenciar a assembléia de argilo-minerais. Ademais, as concentrações relativas de elementos-traços no solo podem ser uma estimativa da geologia da rocha-fonte.

3. Ação do Intemperismo Químico nas Rochas

Os efeitos do intemperismo químico na composição química das rochas são aparentes pela comparação das concentrações dos óxidos dos elementos maiores em amostras frescas e intemperizadas de uma rocha. No entanto, tais comparações diretas podem ser mascaradas pela forma de tratar os dados geoquímicos, expressando-os em percentuais que, somados, devem dar 100% (efeito de tabela fechada). Diferenças nas concentrações de elementos maiores, expressas em porcentagem entre amostras alteradas e frescas de uma rocha homogênea, não são indicadores realistas de ganhos e perdas atuais de intemperismo químico.

O procedimento para identificar perdas e ganhos reais, como resultado de intemperismo químico, é baseado na suposição de que um dos óxidos de elemento maior tenha permanecido constante em soma, mesmo que sua concentração pareça ter mudado. O constituinte escolhido para este propósito é o Al_2O_3, consistente com a solubilidade limitada do $Al(OH)_3$ em valores de pH entre 6 e 8. Alternativamente, Fe_2O_3, TiO_2 ou ZrO_2 podem ser selecionados nos casos onde Al pode ter sido móvel em ambientes altamente ácidos ou básicos.

Estudos químicos e mineralógicos detalhados de rochas ígneas de composição basáltica discutem intemperismo de minerais silicáticos em geral. Utilizemos, como exemplo, um basalto da bacia do Paraná e o saprolito dele derivado na Tabela 5.1.

Tabela 5.1. Comparação das análises químicas de basalto da Bacia do Paraná e seu produto de intemperismo (Faure, 1991).

Óxido	Basalto (%)	Saprolito (%)	Soma remanescente	Ganho ou perda em g	Ganho ou perda em (%)
SiO_2	50,7	35,1	16,4	-34,3	-67,6
Al_2O_3	12,3	26,3	12,3	0	0
CaO	7,83	0,06	0,028	-7,80	-99,6
MgO	4,18	0,26	0,12	-4,06	-97,6
Na_2O	2,53	0,02	0,009	-2,52	-99,6
K_2O	1,71	0,13	0,061	-1,65	-96,5
Fe_2O_3	15,1	21,5	10,04	-5,06	-33,5
MnO	0,20	0,10	0,046	-0,15	-75,0
TiO_2	3,19	3,96	1,85	-1,34	-42,0
P_2O_5	0,46	0,11	0,051	-0,41	-89,1
LOI	1,70	12,4	5,79	+4,09	+241
Total	100,0	100,0	46,7	-53,3	

Comparando os resultados obtidos para o basalto e o saprolito, observamos que o saprolito tem concentrações significantemente menores de SiO_2, CaO, MgO, Na_2O, K_2O, MnO e P_2O_5 que o basalto. No entanto, tem concentrações maiores de Al_2O_3, Fe_2O_3, TiO_2 e LOI (perda por ignição), que inclui água adsorvida, água de rede cristalina e inclusões fluidas, CO_2 de carbonatos e SO_2 de sulfetos. Notemos que o aumento ou decréscimo das concentrações dos óxidos dos elementos maiores no saprolito oscila de tal forma que a soma das concentrações é igual a 100. Entretanto, as perdas reais de alguns componentes dos óxidos, que ocorreram durante o intemperismo do basalto, são particularmente compensadas pelos aumentos aparentes nas concentrações dos outros elementos. Similarmente, ganhos reais em alguns componentes do basalto causaram perdas aparentes nos outros. Quando ambos ganhos e perdas ocorrem, a composição química resultante dos produtos de intemperismo só pode ser interpretada recalculando as análises, baseando-se na suposição de que um óxido permaneceu constante.

3.1. Composição Mineral Normativa dos Produtos de Intemperismo

A composição mineral do saprolito na Tabela 5.1 pode ser estudada por difração de raios X ou por microscopia eletrônica de transmissão. Entretanto, quando os produtos de intemperismo são pobremente cristalizados ou amorfos, como geralmente sucede, a identificação é difícil ou quase impossível. Um problema similar ocorre no estudo de rochas vulcânicas criptocristalinas ou vítreas. Em petrologia ígnea, este problema é resolvido pelo cálculo das abundâncias de minerais selecionados de análises químicas de rochas. A composição mineral resultante é chamada "norma", e os minerais que a compõem, minerais "normativos". Os procedimentos usados para calcular as normas de rochas vulcânicas podem ser adaptados para estimar as abundâncias de minerais selecionados em produtos de intemperismo parcialmente amorfos. Para este propósito, reconhecemos que o saprolito contém somas variáveis de certos elementos derivados da rocha original, como também compostos amorfos e minerais formados durante o intemperismo. Os *minerais primários* mais comuns são: quartzo, biotita, K-feldspato, hornblenda, piroxênio, olivina, plagioclásio, rutilo, muscovita, magnetita e ilmenita. Entre os minerais secundários, podemos encontrar: caolinita, esmectita, hematita, gibsita, goetita, sílica amorfa e pirolusita.

A escolha dos minerais a serem incluídos na norma deve ser feita pelo pesquisador e depende da composição da rocha-fonte e das condições climáticas atuantes. Entretanto, chamamos a atenção de que a norma é só uma aproximação da realidade e, portanto, a seleção dos minerais e sua composição são arbitrárias.

O cálculo da norma mineral do saprolito da bacia do Paraná é detalhado na Tabela 5.2. Notemos que as fórmulas dos minerais são expressas em óxidos e que as concentrações são recalculadas em milimoles por 100g de saprolito e que a perda por ignição (LOI) foi assumida como sendo água (Faure, 1991).

O cálculo produzido indica que a composição mineral normativa do saprolito em unidades de g por 100g ou porcentagem em peso é: caolinita (66%), goetita (19,4%), ilmenita (7,5%), sílica amorfa (3,5%), outros (1,9%) e água (1,2%).

A conclusão derivada destes resultados é que o intemperismo químico converteu o basalto numa mistura de caolinita, goetita, somas menores de minerais de titânio e sílica amorfa. Só traços de minerais primários, tais como K-feldspato, albita, piroxênio e apatita, permanecem.

3.2. Suscetibilidade dos Minerais ao Intemperismo

Os minerais de rochas ígneas e metamórficas diferem amplamente em suscetibilidade ao intemperismo químico. Uma outra forma de expressar esse fato é dizer que as reações de dissolução de minerais ocorrem em diferentes taxas. De fato, a cinética de muitas reações de dissolução tem sido estudada, e muito tem sido aprendido não só sobre as taxas dessas reações, mas também sobre os mecanismos pelos quais os minerais se dissolvem em água. Tais estudos foram iniciados pelos químicos interessados em conhecer as taxas nas quais os nutrientes das plantas (Na^+, K^+, Ca^{2+},Fe^{2+},Mg^{2+} e P) eram retirados dos minerais nos solos sob condições ambientais diferentes. Mais tarde, o assunto atraiu a atenção dos geoquímicos com interesse nos processos que controlam as taxas de dissolução.

Estudos experimentais têm comumente indicado uma diminuição na taxa de dissolução com o tempo, sugerindo que vários processos podem ocorrer simultaneamente. Aparentemente, grãos minerais dissolvem-se preferencialmente onde deslocamentos cristalográficos existem na superfície do grão. Como resultado, as trilhas assim formadas expandem-se e aprofundam-se conforme o processo continua. A taxa de dissolução de um mineral depende, portanto, em parte, da densidade e abundância dos deslocamentos dentro dos grãos. A camada de produtos de intemperismo é permeável e não protetora e não afeta a cinética da dissolução.

A relativa suscetibilidade dos silicatos formadores de rocha e óxidos pode ser também determinada diretamente das abundâncias observadas dos minerais primários nos saprolitos formados em diferentes estágios de intemperismo de um tipo particular de rocha.

Tabela 5.2. Cálculo da norma mineral das análises químicas do saprolito da Tabela 5.1 (Faure, 1991).

	SiO_2	Al_2O_3	CaO	MgO	Na_2O	K_2O	Fe_2O_3	MnO	TiO_2	P_2O_5	LOI	
%	35,1	26,3	0,06	0,26	0,02	0,13	21,5	0,10	3,96	0,11	12,4	
mmol/ 100g	584	258	1,07	6,44	0,322	1,38	134	1,41	49,5	0,775	689	
Mineral					mmol/ 100g							Normativos %
K-feldspato	575,7	256,6	1,07	6,44	0,322	0	134	1,41	49,5	0,775	689	0,77
albita	573,7	256,3	1,07	6,44	0	0	134	1,41	49,5	0,775	689	0,77
apatita	573,7	255,9	0	6,44	0	0	134	1,41	49,5	0,418	689	0,11
berlinita	573,7	255,5	0	6,44	0	0	134	1,41	49,5	0	689	0,10
anortita	573,7	255,5	0	0	0	0	134	1,41	49,5	0	689	0
enstatita	570,3	255,5	0	0	0	0	134	1,41	49,5	0	689	0,65
ilmenita	570,3	255,5	0	0	0	0	109,3	1,41	0	0	689	7,51
goetita	570,3	255,5	0	0	0	0	0	1,41	0	0	579,7	19,42
pirolusita	570,3	255,5	0	0	0	0	0	0	0	0	579,7	0,12
caolinita	58,9	0	0	0	0	0	0	0	0	0	68,3	66,0
gibsita	58,9	0	0	0	0	0	0	0	0	0	68,3	0
SiO_2 amorfa	0	0	0	0	0	0	0	0	0	0	68,3	3,54
água	0	0	0	0	0	0	0	0	0	0	0	1,22
											total	99,61

As mudanças em composições químicas de saprolitos progressivamente intemperizados devem refletir o que acontece aos minerais primários como resultado do intemperismo químico.

De modo geral, a suscetibilidade ao intemperismo dos minerais silicáticos formadores de rocha decresce com a diminuição da temperatura de cristalização. A aparente relação entre a temperatura de cristalização dos minerais silicáticos e sua suscetibilidade ao intemperismo é uma suposição útil. No entanto, sabemos que o intemperismo químico é fortemente dependente das condições ambientais e, portanto, exceções podem ocorrer localmente.

A suscetibilidade ao intemperismo de óxidos, carbonatos e sulfetos, coexistentes com minerais silicáticos em certos tipos de rocha, pode representar depósitos de minérios. Os efeitos do intemperismo químico nas composições químicas e mineralógicas de tais rochas são, por isso, de grande interesse para os geólogos na mineração. Depósitos de minérios, após a ação de soluções percolantes, são concentrados em níveis superficiais (processo conhecido como enriquecimento supergênico), tornando-se economicamente exploráveis.

A dispersão de metais que pode resultar do intemperismo químico de rochas portadoras de sulfetos causa a formação de anomalias geoquímicas locais no saprolito e solos derivados de tais depósitos. Essas anomalias geoquímicas são usadas para localizar depósitos de minérios.

Em função do comportamento dos elementos, é possível avaliar a suscetibilidade dos elementos durante os processos erosivos. Em comparação aos minerais silicáticos, sulfetos e carbonatos são mais suscetíveis ao intemperismo, enquanto que os óxidos (magnetita, ilmenita e rutilo) são menos suscetíveis, como mostrado na Tabela 5.3.

Tabela 5.3. Tabela de estabilidade química relativa de minerais primários na zona de intemperismo (Peters, 1978).

Mineral	Muito estável	Estável	Fracamente estável	Instável
Formadores de rocha e acessórios	quartzo coríndum espinélios topázio turmalina zircão	K-feldspato Na-plagioclásio muscovita andalusita granada cianita sillimanita	actinolita apatita cloritóide diopsídio epidoto estaurolita	anfibólios biotita Ca-plagioclásio calcita clorita dolomita feldspatóides glauconita gipsita olivina piroxênio
Econômicos e minérios	cromita diamante ouro platina rutilo	barita cassiterita galena ilmenita magnetita monazita niobita-tantalita torianita	hematita scheelita wolframita titanita	arsenopirita calcopirita fluorita molibdenita pentlandita pirita pirrotita esfalerita

4. Fatores Controladores da Solubilidade e Precipitação dos Elementos

Os produtos de intemperismo da superfície da Terra são divididos entre a fase sólida relativamente imóvel, que constitui o regolito, e a móvel, fluida, composta pelas águas superficiais e subsuperficiais. A fase sólida é composta de produtos insolúveis de intemperismo, que são dispersos pelo movimento mecânico relativamente lento dos fragmentos clásticos. Os fatores que controlam o comportamento dessas fases são divididos em mecânicos e químicos.

4.1. Fatores Mecânicos

A dispersão pelo movimento de fragmentos clásticos é grandemente restrita à superfície do regolito onde a erosão é um processo ativo. A principal força responsável pela dispersão mecânica é a gravidade, agindo diretamente no solo e nos seixos perdidos ou através do fluxo de água e gelo. A ação do vento e animais é agente contribuinte e localmente pode mesmo assumir uma função dominante. Sob a influência da gravidade, os componentes sólidos tendem a mover-se para baixo por deslizamento lateral lento ou desmoronamento mais rápido.

Mesmo em declives suaves, existe um fluxo contínuo imperceptível de partículas de rocha e solo na direção do talude. Em termos gerais, a taxa de movimento lateral dentro do regolito aumenta progressivamente da rocha-fonte para a superfície. Como resultado, estruturas vestigiais da rocha no solo movimentado tendem a acompanhar a direção do movimento. A distribuição dos produtos residuais do intemperismo relacionados a um depósito metalífero subjacente pode ser igualmente afetada.

A presença de vegetação tende a estabilizar o solo e reduzir a taxa de deslizamento. Nas áreas onde a vegetação é densa e enraizada superficialmente, o movimento máximo pode de fato acontecer imediatamente abaixo da camada da superfície de raízes.

Em climas úmidos, o deslizamento é facilitado pelo efeito lubrificante da umidade de solo. Congelamento e descongelamento alternados da água intersticial, ou umidificação e secagem do solo, tendem a facilitar o movimento gravitacional do material clástico.

O fluxo acelerado devido à abundante água intersticial é conhecido como solifluxão. Com o aumento do movimento, uma mistura de material inconsolidado e água é formada, podendo surgir um fluxo de lama movimentando-se rapidamente. Em climas frios, o alto conteúdo de água necessário para a solifluxão e fluxo de lama pode ser provido pela fusão de cristais congelados formados pela umidade do solo capilar ascendente. No degelo da primavera, vastas somas de carga podem assim ser mobilizadas em declives suaves de 1 a 3 graus.

Quando a carga excede a resistência do solo, um fluxo diferencial dá caminho ao deslocamento ou deslizamento catastrófico de segmentos muito grandes da cobertura inconsolidada. Quando um movimento desse tipo acontece, anomalias geoquímicas de solo podem ser completamente rompidas, deslocadas ou soterradas. Assim, o deslizamento pode ter uma importante relação na interpretação geoquímica, particularmente em terrenos montanhosos.

4.2. Fatores Químicos

A mobilidade dos elementos químicos no ciclo de dispersão secundária é, portanto, amplamente controlada pela sua solubilidade na água. Alguns elementos, tais como o silício dos grãos detríticos de quartzo, caracteristicamente ocorrem como componentes de minerais insolúveis. Outros, tais como Na ou Cl, são mais freqüentemente encontrados na fase solúvel em água. Muitos elementos, no entanto, caem entre estes extremos — sob algumas condições são solúveis e em outras fazem parte dos produtos sólidos de intemperismo.

A presença de calcário ou outras rochas prontamente solúveis naturalmente tende a aumentar a salinidade no ambiente. O volume de sólidos dissolvidos na água consiste normalmente de íons dissociados, principalmente Na^+, K^+, Mg^{+2}, Ca^{+2}, Cl^-, SO_4^{-2} e HCO_3^-, como também H_4SiO_4 não dissociado e as suspensões coloidais estáveis de óxido de ferro. As proporções relativas dos constituintes maiores dependem das rochas através das quais a água percolou. Altas somas de Mg^{+2}, Ca^{+2} e CO_3^- com valores altos associados de pH ocorrem em águas derivadas do intemperismo de rochas calcárias. Concentração alta de SO_4^{-2} ocorre em áreas de sulfetos oxidados. Conteúdos extremamente altos de Ca^{+2} e SO_4^{-2} e, às vezes, Na^+, K^+ e Cl^- podem resultar de lixiviação de depósitos de sais.

Variações nos constituintes maiores afetam a dispersão dos elementos menores na água fresca, primeiramente pela provisão de reagentes, como também pela precipitação de minerais insolúveis ou pela formação de íons complexos solúveis com elementos menores.

Normalmente, o pH das águas superficiais permanece entre 4,5 e 8,5, e solos entre 4,0 e 9,0. Sob condições excepcionais, esses limites podem ser excedidos. Águas extremamente ácidas, de pH menor do que 2,0, não são incomuns na vizinhança de sulfetos oxidados, embora condições altamente alcalinas existam em alguns solos desérticos.

A solubilidade de muitos elementos e a estabilidade de seus compostos são extremamente sensíveis ao pH do ambiente aquoso. Só os metais alcalinos terrosos, tais como Ca^{+2}, são solúveis como cátions dissociados através do intervalo geológico normal de valores de pH. Muitos elementos metálicos são solúveis, como cátions em soluções ácidas, mas tendem a ser precipitados como hidróxidos ou sais básicos com o aumento do pH. Assim, com progressiva neutralização de uma solução ácida, o cobre comumente começa a sair da solução num pH 5,0 e 5,5, enquanto o zinco não começa a se precipitar antes que o pH exceda 7,0. Mesmo em valores mais altos de pH, certos elementos com propriedades anfóteras (que reagem com ácidos e bases) podem novamente tornar-se solúveis como ânions de óxidos complexos, tais como radicais de aluminatos e cloratos. Como muitos fatores simultaneamente, no entanto, podem afetar os limites de pH nos quais os constituintes de uma solução aquosa são solúveis, não é realista fixar valores para o pH de hidrólise dos elementos menores.

Ambas soluções ácida e básica tendem à neutralidade quando se tornam diluídas. Soluções ácidas são também particularmente dispostas à neutralização pela reação química com as rochas as quais estão em contato. Como o pH dessas soluções ácidas é progressivamente reduzido pela diluição e reação química, os metais derivados de depósitos de sulfetos primários tendem a ser retirados da solução e concentrados em minerais secundários novamente precipitados.

Fora seu efeito na solubilidade, o pH tem um importante papel na absorção de cátions de argilas e matéria orgânica, em virtude da ligação preferencial dos íons de hidrogênio nas reações de troca. A formação e estabilidade dos colóides também são afetadas pelo pH. A alteração do pH atua efetivamente na estabilidade dos compostos dos solos, que, uma vez perdida, possibilita a ação dos processos erosivos.

Condições oxidantes são favorecidas pela presença de oxigênio livre e drenagem. Quando a soma de oxigênio livre decresce e as condições de drenagem deterioram, o ambiente torna-se progressivamente menos oxidante e mais redutor. Condições fortemente redutoras são encontradas onde o oxigênio livre foi consumido por atividade orgânica e onde o material carbonático foi acumulado.

Muitas reações redox (redução-oxidação) envolvem íons de hidrogênio e/ou hidróxidos. O potencial redox (Eh) no qual um dado equilíbrio pode ser mantido é, portanto, comumente uma função do pH. Em tais reações, o aumento de pH na presença de um agente oxidante diminui o Eh no qual uma reação oxidante pode ocorrer.

A mudança na valência resultante de uma reação redox altera completamente o comportamento de um elemento. Sob um dado conjunto de condições, um íon de um estado oxidante pode ser prontamente solúvel, enquanto que outro pode formar compostos extremamente insolúveis. Assim, solubilização e precipitação podem ser amplamente controladas pela influência combinada de Eh e pH.

O material inorgânico dissolvido em água pode ocorrer numa variedade de formas, incluindo íons simples (Na^+, Zn^{+2} e Cl^-,), íons complexos com hidrogênio e oxigênio (HCO_3^-, $ZnOH^+$, MoO_4^{-2}), íons complexos com outros elementos ($CuCl^+$, $AgCl_2^-$) e moléculas não dissociadas ($CuCo_3$, H_4SiO_4). Muitos metais em soluções fortemente ácidas ocorrem como cátions simples. Os elementos anfóteros também ocorrem como ânions de óxidos complexos em soluções fortemente alcalinas. Em geral, a estabilidade de uma dada fase solúvel é controlada pelo pH, Eh e a concentração de seus componentes.

A solubilidade de um elemento num sistema aquoso é limitada pela estabilidade dos minerais. Muitos minerais secundários, contendo minerais de minério como contribuintes principais, são estáveis em soluções extremamente diluídas de íons de metal.

Uma outra limitação na dispersão de um elemento menor é o grau no qual ele pode ser extraído da solução pela co-precipitação, como um constituinte menor dos minerais precipitados. Os principais minerais secundários que contêm concentrações relativamente grandes de elementos menores são os hidróxidos de Fe e Mn. O mecanismo pelo qual os elementos menores são fixados inclui incorporação na rede cristalina, oclusão de íons estranhos ou microcristais e absorção superficial ou interlaminar.

Íons em solução podem ser atraídos e retidos por cargas elétricas em desequilíbrio existentes na superfície das partículas sólidas. Íons adsorvidos deste modo estão em equilíbrio ativo com as soluções nas quais estão imersos. Uma mudança na composição da solução poderá refletir no conteúdo dos íons adsorvidos nas superfícies sólidas expostas às soluções. A capacidade de troca, ou habilidade de adsorver íons, varia amplamente de acordo com o tamanho do grão e natureza das partículas envolvidas.

Adsorção numa escala importante é usualmente restrita às frações tamanho argila. Argilo-minerais, material orgânico e colóides de hidróxido de Fe e Mn são materiais primariamente responsáveis pela adsorção de cátions nos ambientes naturais de superfície. Minerais de argila adsorvem cátions devido às cargas elétricas em desequilíbrio tanto nas margens das camadas de cristais, como dentro dos cristais. A perda de minerais de argila pode significar a concentração excessiva de certos elementos, como também a diminuição de água capilar dos solos, causando em primeira instância a desidratação e enrijecimento, tornando-os mais vulneráveis aos processos erosivos.

O material orgânico normalmente presente em solos contribui consideravelmente para a capacidade de troca desses materiais. Aqui o mecanismo pelo qual os cátions são retidos é mais comumente o ataque dos radicais de ácido carboxílico por moléculas orgânicas insolúveis extremamente grandes. Embora esse mecanismo seja diferente daquele causador da mudança de íon nos argilo-minerais, o efeito rede é virtualmente idêntico. Correlações têm sido observadas entre conteúdo de matéria orgânica e razão de metais prontamente extraídos dos solos.

A resistência de aprisionamento de um íon na superfície de uma partícula varia com espécies diferentes de íons, sua concentração na solução, outros íons presentes, pH e temperatura. Uma seqüência comumente observada no poder de substituição dos cátions simples comuns é a seguinte:

$$Li < Na < K < Rb < Cs < Mg < Ca < Ba < H$$

Em termos gerais, íons polivalentes são mais fortemente adsorvidos que íons univalentes. O hidrogênio é uma exceção, sendo normalmente o mais fortemente aprisionado de todos os cátions.

Sob certas condições, os íons podem tornar-se aprisionados ou mesmo incorporados à rede cristalina do mineral hospedeiro. Tais íons são mais firmemente retidos e são ditos absorvidos em vez de adsorvidos.

Metais também podem combinar com materiais orgânicos, ocorrendo naturalmente para formar complexos metalorgânicos, tais como porfirinas e sais de vários ácidos orgânicos. Alguns compostos metalorgânicos são solúveis em água, enquanto outros não. Mesmo quando solúveis, muitos desses compostos não se dissociam nos íons componentes, de modo que o metal seqüestrado não é disponível para reação química. Os ácidos orgânicos são capazes de solubilizar constituintes insolúveis de solos ou evitar a reação de componentes dissolvidos com outros componentes da reação. A formação de compostos metalorgânicos é considerada responsável pela mobilização de chumbo na zona de enriquecimento secundário no Distrito de Breckenridge, Colorado — USA (Hawkes e Webb, 1962). Em contraste, parte do Cu, Zn e Pb que, às vezes, se acumula em solos orgânicos pode ser retida como complexos orgânicos insolúveis. Complexos orgânicos contendo urânio são considerados instrumentos ambos na precipitação de U em solos orgânicos e na solubilização de U monorgânico pelas soluções naturais contendo ácidos húmicos.

Somas substanciais de sílica não iônica, alumina e hidróxidos de Fe e Mn podem ser estabilizadas em soluções naturais. Parte deste material ocorre como partículas não dissociadas, tais como H_4SiO_4. Uma outra grande fração ocorre como dispersões coloidais de moléculas hidratadas muito grandes. Essas moléculas carregam uma carga elétrica que, sob muitas condições, efetivamente evita que estas coagulem e precipitem. Em adição aos óxidos de metal, material cristalino finamente dividido, tal como os argilo-minerais, pode ser retido em suspensões coloidais e tornar-se responsável pelo transporte na água circulante.

O sinal da carga elétrica nas partículas coloidais depende da natureza do colóide e, em certos casos, das reações pelas quais se formaram. Em soluções naturais, sílica coloidal, hidróxido de Mn e colóides húmicos são negativamente carregados. Alumina coloidal é positivamente carregada, enquanto que o hidróxido de Fe pode ser negativo ou positivo. De acordo com sua carga positiva ou negativa, estes colóides são íons adsorvidos ou cátions presentes no meio de dispersão.

Se as cargas elétricas são neutralizadas, partículas coloidais tendem a flocular e precipitar. A floculação pode, portanto, ser causada pela mudança na concentração de eletrólitos no meio de dispersão ou pela presença de colóides carregados opostamente. Soluções coloidais podem, no entanto, ser protegidas da floculação pela absorção preferencial de certos íons, moléculas ou outras partículas coloidais, como, por exemplo, a ação protetora do ácido húmico na estabilização do hidróxido de ferro coloidal.

5. Geoquímica Isotópica

Os minerais pesados em solos podem ser estudados para identificar o material parental, tal qual é feito com rochas sedimentares. Certos minerais pesados originam-se de tipos específicos de rochas ígneas ou metamórficas. Por exemplo, metais do grupo da platina e cromita ocorrem em peridotitos e piroxenitos, diamantes em kimberlitos, e cassiterita em certos granitos, enquanto granada, estaurolita, sillimanita, epidoto e glaucofana são associados a rochas metamórficas. Entretanto, zircão, magnetita, ilmenita, rutilo, titanita, monazita, turmalina, piroxênios e anfibólios ocorrem em rochas ígneas e metamórficas, de modo que sua presença em solos não é necessariamente diagnóstica. Por isso, estudos de composições mineralógicas de minerais pesados só são efetivos sob circunstâncias especiais.

A proveniência de certos minerais que resistem ao intemperismo pode ser determinada por datação isotópica. Por exemplo, muscovita e K-feldspato contêm K e Rb e são, portanto, datáveis pelos métodos K-Ar (potássio-argônio), Ar-Ar (argônio-argônio) e Rb-Sr (rubídio-estrôncio). Em adição, zircão, monazita, apatita e titanita, que contêm U e Th, podem ser datados pelos métodos U-Pb (urânio-chumbo) e Th-Pb (tório-chumbo). Os resultados refletem a idade das rochas das quais os minerais foram derivados e assim identificam a proveniência (Faure, 1991).

As dificuldades encontradas com a datação da proveniência de concentrados de feldspato e muscovita podem ser evitadas com a datação de suítes ou mesmo grãos individuais de zircão pelo método U-Pb. Cristais de zircão são mais resistentes ao intemperismo químico e têm uma dureza muito maior do que feldspato ou muscovita. Como resultado, cristais de zircão toleram intemperismo, transporte e deposição tão bem e são preservados virtualmente inalterados na fração detrítica. O problema de datar misturas de cristais de zircão de fontes de diferentes idades pode ser evitado pela escolha com base na cor, forma e suscetibilidade magnética. Cada variedade pode ser analisada separadamente.

A técnica de datação U-Pb tem sido desenvolvida para analisar grãos individuais e mesmo fragmentos de um grão. Adicionalmente, a microssonda chamada SHRIMP da Universidade Nacional Australiana analisa pontos de 25mm de diâmetro em grãos individuais (Faure, 1991).

Vários outros métodos permitem a datação de solos (Geyh e

Schleicher, 1990). O método do Cloro-36 (^{36}Cl) é utilizado em crostas de sais e solos salinos. Tradicionalmente conhecido, o método do radiocarbono (^{14}C) é utilizado na datação de solos. Outros métodos utilizados são o do Berilo-10 (^{10}Be), ^{230}Th-^{234}U, ^{210}Pb, Termoluminescência (TL) e Ressonância Eletrônica (ESR e EPR).

6. Prospecção Geoquímica de Solos

A amostragem de solos é vantajosa em muitas áreas onde afloramentos são escassos. O ponto escolhido tem chance de se estender para uma zona maior na rocha subjacente. As principais desvantagens da amostragem de solos em comparação à amostragem de rocha são que um nível alto de "ruído" (*noise*) geoquímico e os efeitos de uma história complexa devem ser considerados (Peters, 1978).

Aqui serão considerados solos residuais e transportados, maturos e juvenis, zonais e azonais (Hawkes e Webb, 1962). Existem tipos intermediários de solos e um conjunto de fatores controladores, tais como topografia, tempo, atividade biológica, material parental e clima. Condições para desenvolvimento de solos lateríticos podem não existir agora, mas existiram quando um certo perfil de solo foi formado. Uma anomalia linear de solo pode não estar associada com um veio num todo, pode representar o corte truncado de um solo anterior rico em metal, que foi coberto e incorporado num novo perfil de solo.

Segundo Maranhão (1989), a prospecção em solos residuais é aconselhável para áreas reduzidas (alguns quilômetros quadrados), e a pedogeoquímica é usada especialmente em locais onde a geofísica ou a geoquímica de sedimentos de corrente indicam zonas anômalas, ou em faixas onde já se conhecem indícios de mineralização, ou ainda para testar continuidade de corpos mineralizados já conhecidos em áreas cobertas por sedimentos mais recentes ou por mantos de intemperismo, que impedem a exposição dos níveis mineralizados.

A popularidade da exploração geoquímica de solos residuais como um método de exploração é um simples reflexo da relevância de anomalias de solos como guias de minérios. A experiência geral em vários climas e vários tipos de ambientes geológicos tem mostrado que, onde a rocha-fonte é mineralizada, algum tipo de padrão químico quase sempre pode ser encontrado nos solos residuais, que resultam do intemperismo da rocha. Onde as anomalias de solos residuais não são encontradas sobre o minério da rocha hospedeira, posterior exame usualmente mostra que ou o material amostrado não foi verdadeiramente residual ou que um horizonte não representativo ou fração de tamanho de solo foi amostrado, ou possivelmente que um método de extração inadequado foi usado.

Explorações de solos residuais têm sido particularmente aplicáveis em áreas de cobertura residual profunda e afloramentos escassos, onde outros métodos de exploração são muito caros ou tecnicamente ineficientes. Embora alguns dos metais comuns de minérios possam formar padrões pronunciados de anomalias em solos residuais, o contraste mais forte é desenvolvido pelo elemento relativamente imóvel que é o Pb.

Nas áreas de cobertura transportada, explorações geoquímicas de solos não têm mostrado ser geralmente aplicáveis (Hawkes e Webb, 1962). Isto não é de todo surpreendente, em virtude dos processos de dispersão muito complicados envolvidos no desenvolvimento de anomalias em solos transportados. Contudo, sob condições favoráveis, anomalias sobrejacentes perto da superfície têm sido registradas em depósitos glaciais e aluviões onde a rocha hospedeira é soterrada em profundidades de mais de 16 metros. Quando comparadas com áreas de cobertura residual, relativamente pouco trabalho de orientação tem sido direcionado para o estudo da dispersão dos produtos de intemperismo em coberturas transportadas sobre depósitos metalíferos conhecidos. É certo que o alvo e a relevância das técnicas de prospecção geoquímica em áreas de solo transportado aumentarão.

6.1. Prospecção em Solos Residuais

Uma exploração totalmente orientada numa área nova começa com a coleta de uma série de seções verticais através de perfis de solo, arranjados numa transversa, cortando a ocorrência de corpo mineralizado subjacente. Perfis comparáveis de áreas de *background* deveriam ser amostrados ao mesmo tempo. A transversa inicial sobre o depósito deveria estender-se por uma distância substancial de cada lado da ocorrência. Ao lado da linha da transversa, buracos são abertos em intervalos regulares; se o depósito é estreito e os metais do minério relativamente imóveis, uma seção completa de trincheira pode ser requerida. Toda atenção deverá ser dada para traçar a orientação dos buracos até a rocha hospedeira, particularmente se alguma dúvida permanece quanto à origem do solo, se residual ou transportado. Se a rocha hospedeira não pode ser alcançada dessa forma, amostras profundas devem ser coletadas com a ajuda de equipamento especializado.

A coleta das amostras de solo deve ser efetuada sempre no mesmo horizonte, pois cada nível pedológico tem uma capacidade diferente de absorção dos elementos, de modo que a amostragem de horizontes diferentes pode conduzir à determinação de valores anômalos que não correspondem à realidade.

A prospecção geoquímica em solos é executada em malhas diferentes, conforme a superfície da zona a prospectar ou o detalhe que se pretende. Normalmente, nas áreas selecionadas é implantada uma linha-base, onde se localizam os nós da malha de prospecção (retangular, quadrada, etc.). Os nós da malha devem ser assinalados no terreno, por estacas devidamente numeradas e referenciadas. Tal procedimento traz a vantagem de ser fácil localizar posteriormente os locais. É aconselhável abrir, previamente, alguns poços-piloto em malha aleatória estratificada que, normalmente, não excedam 0,5m de profundidade. Tais poços são amostrados a cada 10cm. As amostras são analisadas para os elementos que interessam prospectar, visando selecionar a melhor profundidade de amostragem. É importante notar se o solo se encontra remexido, por exemplo solos de cultura, pois, neste caso, as amostras devem ser coletadas abaixo da zona de solo trabalhada.

Um ponto fraco no uso de linhas de amostragem paralelas entre si e eqüidistantes é que as amostras das cristas de morros, das vertentes com variados graus de inclinação e dos fundos dos vales, cada uma delas sujeita a interpretações diferentes, aparecem todas na mesma carta. Nas cristas de morros, o solo residual reflete a composição da rocha-fonte, quase sempre diretamente abaixo, ao passo que nas vertentes, devido ao efeito de arrastamento ou escorregamento de terras, o mesmo solo pode refletir a rocha-fonte que ocorre a uma certa distância desconhecida na parte de cota mais alta da vertente. Em pontos onde uma distorção desse tipo se tornar problema, pode ser útil estabelecer itinerários transversais, de acordo com a topografia, em vez do rígido sistema de coordenadas regulares.

Quando a direção da estrutura mineralizada for conhecida, pode ser útil amostrar em quincôncio (polígono de cinco lados), cujo espaçamento será suficientemente apertado para que pelo menos duas, mas de preferência três ou quatro amostras, caiam dentro de alguma anomalia significativa.

Resumidamente, as diferentes etapas de uma prospecção geoquímica podem ser esquematizadas como:

- preparação de plantas geológicas regionais, baseadas em fotografias áereas e/ou em cartas geológicas já existentes e ainda em reconhecimentos geológicos prévios;
- seleção das áreas mais favoráveis à prospecção;
- reconhecimento geofísico primário aerotransportado (magnético, eletromagnético e radiométrico, etc.);
- reconhecimento geoquímico nas escalas 1:250.000, 1:100.000 e 1:50.000;
- levantamentos geoquímicos e geológicos detalhados sobre as zonas detectadas;
- investigação dos eixos das anomalias por poços e/ou trincheiras e em seguida, se for o caso, por sondagens.

Mais detalhadamente, os trabalhos de prospecção incluem: amostragem geoquímica de solos, levantamentos geológicos e estruturais, estabelecimento de cartas geoquímicas, elaboração de cartas litológicas e estruturais e definição de anomalias geoquímicas e sua correlação com as estruturas e litologias.

Se os resultados forem considerados positivos, proceder-se-á à abertura de poços e trincheiras de reconhecimento e mesmo à execução de sondagens, com o objetivo de verificar se as anomalias estão relacionadas a jazimentos de minérios.

6.2. Depósitos Minerais Concentrados na Zona de Intemperismo

Consideramos os efeitos dispersivos de intemperismo-dispersão e empobrecimento nos minérios, mas, às vezes, o processo de intemperismo produz o enriquecimento de um depósito e também pode criar um depósito de minérios a partir de minerais fracamente dispersos, que não poderiam, por si sós, formar uma jazida.

Os mais importantes dentre esses depósitos são os minérios de ferro residualmente enriquecidos e minérios de alumínio laterítico e níquel. Anteriormente ao desenvolvimento dos métodos de prospecção do minério taconita, muitos dos minérios de ferro provinham de corpos enriquecidos residualmente de hematita e limonita contendo 50-60% de ferro. Tais depósitos continuam a ser da maior importância, especialmente nas regiões onde os custos de prospecção e transporte são elevados.

A bauxita é o único minério de alumínio industrial. É de ocorrência ampla, mas está associada a áreas que tiveram clima tropical no Cenozóico. A caolinita, ao contrário da bauxita, formar-se-á se o intemperismo ocorrer numa mistura de ambiente quente e alcalino. Outra condição necessária à formação de bauxita inclui um ambiente bem drenado que tenha permanecido acima do nível d'água por um longo período de tempo.

O minério de níquel laterítico representa cerca de 75% das reservas conhecidas. As reservas de níquel dos nódulos de manganês do fundo oceânico podem ser mineralizadas no futuro.

Depósitos de *placers*, aluviais, tipo praia e marinhos são fontes de cassiterita, platina, rutilo e minerais de terras raras. Ouro e diamante continuam a ser importantes em certas áreas.

Depósitos de *placers* são mais diretamente controlados pelos processos específicos de desenvolvimento de aluviões e linhas de costa. Depósitos de *placers* econômicos são formados e preservados pelas reações geomórficas ao *stress*. O *stress* das condições de fluxo numa corrente é reunido pelo rearranjo da carga ou migração descendente de minerais pesados. O *stress* de tectonismo regional é reunido pelos processos de corrente e linha de costa que isolam depósitos de terraço da erosão ulterior ou protege depósitos de canal abaixo de uma nova geração de material.

O conceito de "herança" de jazida de minério tem uma óbvia expressão nos depósitos de *placers*: os minerais de minério são derivados de uma associação petrológica já existente. O conceito pode ser aplicado em modos adicionais. Depósitos de *placers* podem alcançar níveis econômicos de concentração, só depois de várias gerações de depósitos terem sido progressivamente enriquecidas por processos erosionais. Mais de um tipo de processo erosional pode ser envolvido: ouro em depósitos glaciais, por exemplo, não é ordinariamente de valor econômico, exceto quando os depósitos tenham sido classificados por correntes pós-glaciais.

Os minérios supergênicos de sulfetos de cobre, também com fortes controles geomórficos, são importantes em muitos lugares. Eles estão particularmente associados a regiões que tiveram um clima semi-árido durante um tempo geológico relativamente recente e tenham escapado de uma erosão rápida fluvial ou glacial.

Até recentemente, o enriquecimento supergênico de sulfetos de minérios de níquel e chumbo não era considerado importante. Concentrações de prata supergênica, como sulfetos ou minerais oxidados, foram os minérios dos áureos tempos da história da mineração no Brasil.

Minerais de urânio são tão sensíveis às mudanças de ambiente que é sempre difícil relacionar uma jazida particular a um único ciclo geomórfico atual ou passado. Muitos dos corpos de minérios têm sido formados por lixiviação relacionada a superfícies erosionais mais antigas.

Como vemos, em termos de prospecção geoquímica, os processos erosivos têm uma função importante na concentração de muitos elementos, formando assim depósitos de minérios economicamente exploráveis.

7. Mecanismos de Contaminação de Solos

É baixo o percentual da maioria dos metais pesados que ocorrem naturalmente nos solos (Tabelas 5.4a e 5.4b). Ademais, as formas nas quais se apresentam não são prontamente disponíveis para as plantas e organismos vivos. Entretanto, o aumento na densidade de população tem requerido um progresso na tecnologia, que, aplicada à agricultura, resultou no uso ampliado de produtos químicos. Essas substâncias são usadas, às vezes, sem as precauções necessárias e chegam ao solo em concentrações expressivas. Algumas delas são retidas pelos solos, podendo permanecer por longos períodos. Também pode ocorrer que algum elemento essencial chegue ao solo em quantidades excessivas, sendo tóxico para muitas plantas (Fassbender e Bornemisza, 1987).

Tem sido observado que as substâncias na superfície dos solos são afetadas por perdas gasosas e decomposição fotoquímica, ou transladadas como sólidos pela erosão. No solo, podem ser dissolvidas, adsorvidas, perdidas, degradadas ou absorvidas pelas plantas.

A mobilidade de alguns dos principais contaminantes catiônicos nos solos pode ser agrupada na seguinte ordem:

$$Cu < Pb < Ba < Zn < Cd < Ni < Mg$$

Os fatores do solo conhecidos que influenciam a mobilidade são a textura, a superfície específica, o conteúdo de sesquióxidos livres no solo e seu pH.

O estado em que se encontram as substâncias contaminantes afeta fortemente sua distribuição. Tem-se observado que os contaminantes sólidos, como, por exemplo, os resíduos industriais ou de minas, somente influem em áreas reduzidas e bem definidas, quando não lançados na drenagem, mas seu efeito é grave. Os materiais sólidos, finamente divididos, que podem ser arrastados pelos rios e por ventos fortes são de menor importância.

Os contaminantes líquidos são mais móveis. Tem-se observado que os metais conhecidos como contaminantes importantes podem ser descritos na seguinte série de solubilidade:

$$Cd > Zn > Ni > Cu > Pb > Cr$$

Tabela 5.4a. Concentração média de alguns metais pesados em rochas e solos (teor dos elementos em mg/kg).

Metal pesado	Rochas máficas	Rochas ácidas	Solos	Fonte
As	1,5	1,5	1,10	a
Cd	-	-	0,1-7	b
Cu	150	10	2-50	a
Pb	-	-	12	a
Ni	200-1000	10	40	a

Fontes: a- Norrish (1975); b- Allaway (1970).

Tabela 5.4b. Teor total de metais pesados em solos, rochas, adubos e minerais selecionados (teor dos elementos em mg/kg).

Amostra	Cr	As	Cd	Cu	Pb	Ni	Zn	Co	Fonte
solos									
LV gn	n.d.	-	n.d.	10	88	41	-	-	a
LU bas	102	6	n.d.	190	19	112	-	-	a
LR bas	188	10	16630	154	35	100	-	-	a
LR bas	-	-	-	225	-	-	152	96	b
LR bas	80	-	8	174	95	69	102	-	c
LR gn/af	30	-	5	178	88	56	122	-	c
LR gn/af	257	-	13	52	138	50	72	-	c
LR cal	143	-	10	53	88	29	35	-	c
LR tuf	221	-	17	96	184	73	110	-	c
LR cal	350	-	8	242	115	327	140	-	c
LR cal	2185	-	15	22	84	140	42	-	c
LE cal	118	-	8	800	111	75	52	-	c
LE are	46	n.a.	n.d.	79	93	90	-	-	a
LE are/bas	-	-	-	82	-	-	55	80	b
LE are	-	-	-	30	-	-	21	-	b
LE are	-	-	-	79	-	-	53	48	b
LE ita	69	36	n.d.	7	84	n.d.	-	-	a
rochas e minerais									
basalto	77	n.d.	4509	164	18	110	112	65	a
itabirito	64	2	16195	4	57	n.d.	-	-	a
magnetita intercrescida com ilmenita	-	-	-	670	-	-	584	160	b

Fontes: a- Curi (1983); b- Resende *et al.* (1988); c- Ker *et al.* (1993).
Legenda: LV = Latossolo Vermelho-Amarelo; LU = Latossolo Variação Una; LR = Latossolo Roxo; LE = Latossolo Vermelho-Escuro; LF = Latossolo Ferrífero; gn/af = gnaisse/anfibolito; tuf = tufito; cal = calcário; bas = basalto; are = arenito, ita = itabirito; (n.a.) = não analisado; (n.d.) = não dosado.

Sabe-se que a absorção dos elementos pelas plantas é favorecida pela sua solubilidade, dependendo também dos mecanismos específicos de absorção e das diferenças com os outros elementos. Assim, amplas quantidades de Ca reduzem a absorção do Sr, um componente dos resíduos de explosões nucleares.

Os contaminantes gasosos misturam-se com a atmosfera e, dessa forma, diluem-se rapidamente, sendo assim seu efeito de curta duração. Os ventos fortes e dominantes, especialmente os de grandes altitudes, podem ser portadores desses produtos, como, por exemplo, os gases CO_2 e NO_2. Esses gases, em sua forma original ou em formas transformadas, são finalmente dissolvidos pela chuva e levados à terra.

Os componentes inorgânicos são, em geral, de longa vida no solo, mas são necessárias quantidades relativamente altas na maioria deles para que sejam prejudiciais. As substâncias inorgânicas não são biodegradáveis. Comumente, são pouco degradáveis e controladas pelas propriedades dos solos, como pH, Eh e outras. Por exemplo, mudando o pH é possível reduzir a solubilidade do Al, Mn e Fe, e eliminar eventuais quantidades altas desses elementos. Infelizmente, nem todos os cátions tóxicos são controlados pela mudança de pH, como é o caso do cobre.

8. Conclusões

Nos itens abordados neste capítulo foram discutidos os fatores que agem na formação dos solos. Como vimos, a composição química do material parental é um fator importante, mas não o principal. Os fenômenos geológicos concorrem para a formação de solos e não sua destruição. A instabilidade tectônica age de forma a acelerar o intemperismo, já que produz variações topográficas expressivas, e/ou o transporte de solos já formados.

O único caso em que efetivamente a geologia interfere nos processos erosivos é aquele no qual movimentos de ajuste do substrato rochoso, fraturado ou falhado, causam grandes movimentos de terra, formando enormes buracos.

A aceleração dos processos erosivos, que vem ocorrendo em todo Brasil e em outras partes do mundo, decorre muito mais da interferência do homem no meio ambiente que propriamente de um evento geológico. A retirada da cobertura vegetal, construção de rodovias em encostas sem o controle de geólogos, alteração de cursos de rios, assoreamento de lagoas, esgotamento de lençóis freáticos, desaparecimento de nascentes, técnicas impróprias de irrigação, exploração predatória de bens minerais e vegetais, contaminação por elementos pesados, utilização de agrotóxicos e agricultura não planejada são ações do homem, que, rompendo o equilíbrio, têm função primordial na aceleração dos processos erosivos.

Em virtude da retirada da cobertura vegetal, através do desmatamento de florestas e da prática de agricultura não planejada, expressiva parte dos solos é transportada para os rios. Junto com a camada de solo fértil, a erosão arrasta resíduos de adubos, inseticidas e fungicidas para os rios e mananciais de água que abastecem as cidades. Uma estimativa de carreamento anual de solo fértil, pela erosão para os cursos d'água, feita em 1980 já era impressionante (Silva, 1980): 790 milhões de toneladas no Rio Grande do Sul; 15 milhões de toneladas na região montanhosa de Santa Catarina; 500 milhões de toneladas no noroeste do Paraná; e 130 milhões de toneladas em São Paulo.

A progressiva desertificação de áreas férteis, fenômeno mundialmente observado, não significa a criação de desertos, mas, em vez disso, inclui uma variedade de mudanças ecológicas que destroem a capa de vegetação e solo fértil, tornando-o inútil para pastagem e plantio. Em 1981, já se estimava uma perda global em torno de seis milhões de hectares por ano para a desertificação, que se expandiria em quase 20% até o ano 2000 (Garófalo, 1981).

Como vemos, a não-adoção de uma política de conservação de solos por parte do governo, com o esclarecimento dos agricultores, fiscalização e controle de queimadas e devastação de florestas, divulgação de novas tecnologias de adubação e irrigação, leva a um panorama nada otimista no tocante ao controle da aceleração dos processos erosivos.

9. Bibliografia

ALLAWAY, W.H. (1970). Agronomic controls over the environmental cycling of trace elements. Advances in Agronomy, New York, 20: 235-274.

CURI, N. (1983). Lithosequence and toposequence of Oxisols from Goiás and Minas Gerais State. West Lafayette, Purdue University (Tese de Doutorado), 158p.

FASSBENDER, H.W., e BORNEMISZA, E. (1987). Química de suelos com énfasis en suelos de América Latina. Instituto Interamericano de Cooperación para la Agricultura, San José, Costa Rica, 420p.

FAURE, G. (1991). Principles and applications of Inorganic Geochemistry. Macmillan Pub. Cia: 411-431.

GARÓFALO, M.A. (1981). A desertificação compromete a agricultura. Agricultura de hoje, 74 (9): 18-21.

GEYH, M.A., e SCHLEICHER, H. (1990). Absolute age determination. Springer-Verlag.

HAWKES, H.E., e WEBB, J.S. (1962). Geochemistry in Mineral Exploration. Harper and Row: 415p.

KER, J.C.; MOTTA, P.E.F.; RESENDE, M.; CARVALHO FILHO, A., e ARAÚJO, W.S. (1993). Elementos traços em Latossolos Roxos desenvolvidos de diferentes materiais de origem. In: Congresso Brasileiro de Ciência do Solo, 24, Goiânia, Resumos..., SBCS, vol. 2: 319-320.

MARANHÃO, R.J.L. (1989). Introdução à pesquisa mineral. Imprensa Universitária, UFC, Fortaleza: 169-182.

NORRISH K. (1975). The geochemistry and mineralogy of traces elements. In: NICHOLAS, D.J.D., e EGAN, A.R. (eds.). Trace elements in soil-plant-animal systems. New York, Açademic Press: 55-81.

PETERS, W.C. (1978). Exploration and mining geology. John Wiley and Sons, Inc.: 405-429.

RESENDE, M.; SANTANA, D.P.; FRANZMEIER, D.P., e COE, J.M.D. (1988). Magnetic properties of Brazilian Oxisols. In: CAMARGO, M. N.; BEINROTH, F.H., e ESWARAN, H. (eds.). Proccedings of the Eight International Soil Classification Workshop: classification, characterization and utilisation of Oxisols. Rio de Janeiro, EMBRAPA/USDA/University of Puerto Rico: 78-108.

SILVA, F.C. (1980). A harmonia com a natureza. Rev. Bras. Ext. Rural, Brasília, 1(3): 8-19.

CAPÍTULO 6

PROCESSOS EROSIVOS NO DOMÍNIO DO CERRADO

Claudete Aparecida Dallevedove Baccaro

1. *INTRODUÇÃO*

Grande parte do Brasil está representado pelo Domínio Natural dos Cerrados, correspondendo a 20% do território nacional (Figura 6.1). Essa região, assim como todo o território brasileiro, nas últimas décadas, vem sofrendo um acelerado processo de devastação de sua vegetação nativa, conseqüência da expansão das fronteiras agropastoris, da construção de estradas e rodovias e do crescimento desordenado das cidades, relacionados com as políticas desenvolvimentistas adotadas e incentivadas pelo Governo (Baccaro, 1994).

A ocupação do Cerrado brasileiro teve início, há aproximadamente 12.000 anos, com caçadores e coletores. Posteriormente, as populações indígenas começaram a desenvolver uma agricultura diversificada até o século XVIII, quando a região foi ocupada pelo homem branco em busca de pedras preciosas, ouro e índios.

A intensificação da ocupação foi alavancada inicialmente no Governo Vargas por um projeto de colonização nos Cerrados no Mato Grosso do Sul e Goiás, mais especificamente em Dourados e Ceres (Shiki, 1997). Tendo em vista proporcionar a ocupação racional e ordenada das áreas do Cerrado, o Governo Federal criou o Programa de Desenvolvimento dos Cerrados — Polocentro — no ano de 1975, com área de atua-

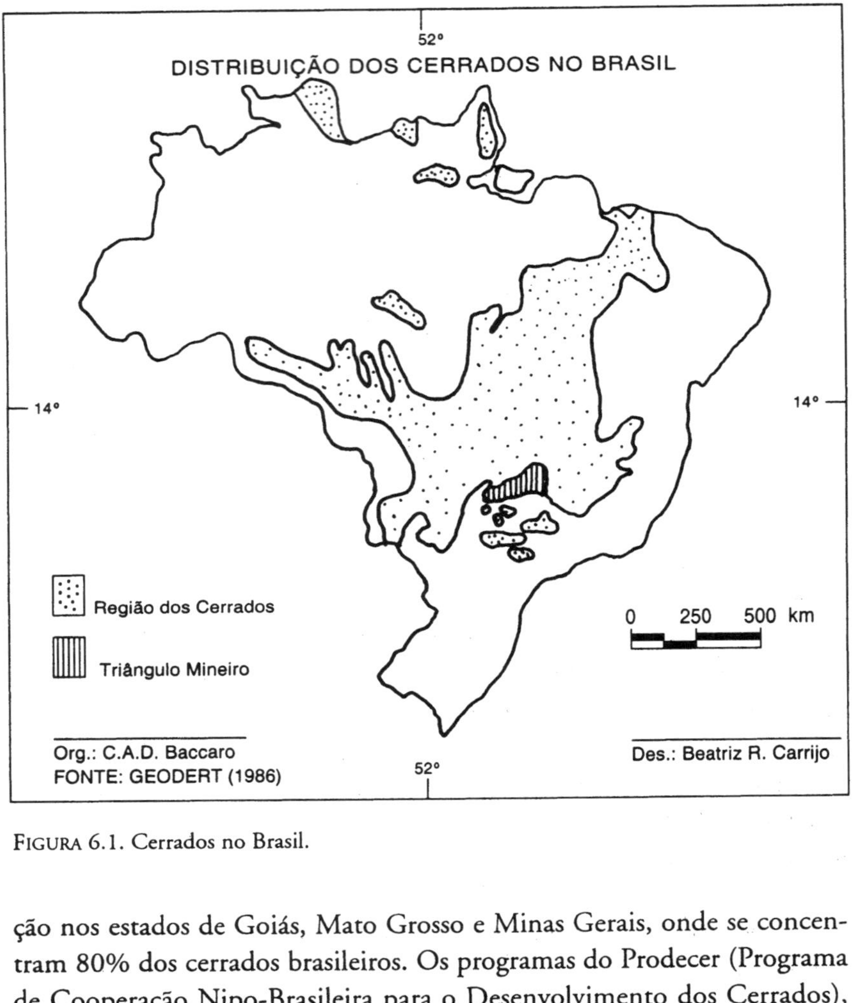

FIGURA 6.1. Cerrados no Brasil.

ção nos estados de Goiás, Mato Grosso e Minas Gerais, onde se concentram 80% dos cerrados brasileiros. Os programas do Prodecer (Programa de Cooperação Nipo-Brasileira para o Desenvolvimento dos Cerrados), Padap (Programa de Assentamento Dirigido do Alto Paranaíba) e o Proálcool direcionaram recursos para os Cerrados. O Prodecer I iniciou em 1980, nas regiões de Paracatu, Iraí de Minas e Coromandel, um modelo intensivo de produção para os Cerrados (Shiki, 1997). O programa se estendeu de Minas Gerais para outros estados, como Goiás, Mato Grosso e Mato Grosso do Sul (Prodecer II) e Maranhão (Prodecer III).

Segundo Shiki (1997), esse desenvolvimento trouxe grandes transformações na economia regional. Extensas áreas de chapadas foram tomadas pela atividade agrícola mecanizada e quimificada, trazendo para a região as agroindústrias.

Em 1984, foi elaborado o relatório sobre a "Avaliação do Impacto Ambiental na Região de Cerrado" (Prodiat, 1984, *in* Wagner, 1986). Dentre os impactos, referiu-se ao empobrecimento genético, à compactação e erosão dos solos, à contaminação química das águas e da biota e ao rebaixamento do lençol freático nos vales em "veredas", onde as planícies aluviais estão sendo drenadas pelos projetos de irrigação.

Segundo Baccaro (1990), a região dos Cerrados passou a contar com mecanismos de uma agricultura moderna, com a adoção cada vez mais intensa de mecanização, adubação, agrotóxicos, etc. Nem sempre esta "modernização" tem sido benéfica ao meio, provocando alterações na biodiversidade, no equilíbrio hidrogeomorfológico das vertentes, na sedimentação dos fundos de vales e na diminuição da vazão dos mananciais.

Atualmente, a região do cerrado tem uma participação substancial na produção agropecuária nacional. As influências geomorfológicas são marcantes na organização e estruturação dessas paisagens antropogenizadas. Nas áreas mais acidentadas, predominam as pastagens naturais e as plantadas. Nas superfícies tabulares, propícias à mecanização, praticam-se a monocultura para exportação (soja, café e milho) e a silvicultura (Baccaro *et al.*, 1996; Soares, 1997).

O sistema geomorfológico do Cerrado é complexo na sua estrutura e funcionamento e vem recebendo a entrada de novos e intensos fluxos de energia e matéria, via ação antrópica.

Há necessidade de um conhecimento integrado e profundo dos elementos, dos processos físicos, químicos, biológicos e das ações humanas que se interagem e contribuem para a dinâmica do sistema ambiental físico, objetivando conhecer a estabilidade e os limites do equilíbrio dinâmico dos mais diversos subsistemas geomorfológicos. Isto nos leva a fazer uma reflexão e uma avaliação sobre a manutenção da estrutura e realizar modelagens sobre até que ponto a intensidade e extensividade dos impactos antropogenéticos poderão ser absorvidas no sistema geomorfológico do Cerrado.

A sustentabilidade ambiental do Cerrado encontra nos indicadores geomorfológicos índices valiosos e engloba os procedimentos de mensuração e a qualificação dos indicadores para operacionalizar o desenvolvimento sustentável. Ainda Baccaro *et al.* (1997) salientam que a busca de indicadores geomorfológicos para a sustentabilidade ambiental se traduz em dados qualitativos, mas sobretudo quantitativos, para se detectar mudanças no sistema e se estabelecer os limites de equilíbrio dinâmico, tanto a nível local, quanto regional.

Os estudos da dinâmica das vertentes são essenciais, não somente para uma compreensão da evolução das paisagens geográficas, mas também como um meio para estabelecer o controle dos processos acelerados de erosão e de sedimentação, resultantes das alterações feitas pelo homem na paisagem natural. Referendando as afirmações de Cruz (1982), só com a interação do sistema processual geomorfológico com o sistema do uso do solo podem ser identificados os riscos, como base para o manejo, reduzindo custos e minimizando os grandes impactos da paisagem.

2. Escalas de Abordagens nos Estudos dos Processos Erosivos

Para desenvolver estudos dos processos erosivos em sistemas de vertentes e bacias hidrográficas tropicais, com o predomínio de uma estação seca bem definida, o caso da ampla maioria das áreas contidas no Domínio do Cerrado brasileiro, há necessidade de uma reflexão adequada das escalas temporais e espaciais. É fundamental levar em conta a complexidade dessa imensa área, sob os mais diversos aspectos: geológico, geomorfológico, pedológico, biogeográfico e antrópico.

Cruz (1985) ressalta que o estudo dos mecanismos dos processos geomórfico-erosivos enquadra-se em escalas espaciais e temporais específicas, constituindo, portanto, uma questão de método em geomorfologia, de cuja formulação e colocação dependem o seu desenvolvimento e a sua performance nos trabalhos de aplicação.

Diversos pesquisadores da geomorfologia destacam a questão da escala de abordagem dos estudos geomorfológicos: Tricart (1952 e 1965), Cailleux e Tricart (1956), Dylik (1957), Bertrand (1968), Ab'Saber (1969), Thornes e Brundsden (1977), Morgan (1979 e 1980), Thornes (1980), Cruz (1985).

Os estudos dos processos erosivos numa escala temporal envolvendo períodos mais curtos, a dinâmica atual e o tamanho da área (escala espacial — regional, local e pontual) são componentes que definem a metodologia a ser utilizada.

Segundo Cruz (1985), o estudo das vertentes e da sua dinâmica atual leva em conta limites temporais curtos e as condições de tempo de equilíbrio dinâmico, onde uma realimentação negativa domina em direção à procura de um estado mais estável. Se áreas extensas e um tempo longo e cíclico são considerados, então há uma dependência do clima, rocha, relevo inicial e, portanto, sistemas morfogenéticos passados. Ao se trabalhar em pequenos espaços (microbacias e vertentes) num tempo mais curto e determinado, as variáveis que comandam a morfodinâmica precisam ser contextualizadas na escala do tempo atual. Porém, o geomorfólogo deve levar em conta que a paisagem contemporânea é um estágio dentro de um período longo do tempo geológico.

Nos estudos geomorfológicos, sobretudo os que abordam a morfodinâmica das vertentes, é fundamental num primeiro nível de abordagem a espacialização dos processos erosivos integrados às unidades geomorfológicas. Esta atitude nos leva a estabelecer algum grau de integração, uma vez que, para se definir as unidades geomorfológicas, há necessidade de se integrar e cruzar dados e conhecimentos sobre a litologia, a morfologia, o nível de dissecação e as formações superficiais (Baccaro, 1990; Baccaro e Pereira, 1995; Ross, 1990 e 1992).

Este caminho, num primeiro nível de abordagem, implica a cartografia geomorfológica relacionada à morfoescultura, onde se identificam formas de agradação e de denudação. Este trabalho de caráter regional é imprescindível para a compreensão da morfodinâmica em diferentes unidades geomorfológicas, dando subsídios para se identificar áreas representativas, onde serão desenvolvidos os estudos verticalizados e quantitativos sobre os processos erosivos num período curto de tempo.

Baccaro (1990 e 1993) enfatiza que ao se buscar uma abordagem metodológica para os estudos locais e pontuais dos processos geomorfológicos e da evolução atual das vertentes, dentro de períodos curtos de tempo, é imprescindível ter um conhecimento das questões geográficas e geomorfológicas no âmbito regional, a fim de se determinar uma área representativa (local e pontual) dos fenômenos a serem abordados. Também De Ploey e Gabriels (1980) ressaltam a importância da escolha da área a ser estudada, devendo esta ser um exemplo e expressar o caráter regional dos processos erosivos. Medidas e experimentos devem ser feitos para resolver o problema de erosão regional ou para conduzir à análise pura dos processos numa área que seja particularmente representativa de mecanismos específicos de erosão. A escolha, freqüentemente, requer um minucioso conhecimento da morfologia e do morfodinamismo da área, havendo necessidade de uma adequação do mapeamento geomorfológico e um reconhecimento completo do terreno.

Num segundo nível de abordagem dos processos erosivos nas áreas de cerrado, o qual poderá ser adaptado e adotado também em outros sistemas geomorfológicos, parte-se para os estudos mais detalhados e verticalizados em áreas de amostragem. Essas áreas podem ser uma bacia hidrográfica (km^2 a dezenas de km^2), cabeceiras de drenagem (km^2), vertentes (m^2 a km^2), voçorocas (centenas de m^2 a km^2), estando a escolha relacionada com os objetivos do estudo e intimamente vinculada à representatividade dessa área (espaço) ao problema de erosão regional e/ou mecanismos específicos de erosão. Este segundo nível de abordagem necessita de um levantamento mais detalhado, envolvendo mapeamento de erosão acelerada (escala de detalhe), estudos das formações superficiais envolvendo medidas para se determinar a erodibilidade dos solos e a erosividade da chuva, a estabilidade dos agregados, granulometria, densidade aparente e densidade real, teor de matéria orgânica e pH.

O terceiro nível implica o monitoramento e a mensuração dos processos erosivos, numa escala temporal preestabelecida. Trabalhos vêm sendo executados em diversas partes do mundo e destacamos os executados no meio tropical, sobretudo no território brasileiro, os quais têm levado a importantes reflexões metodológicas e contribuído com dados valiosos no entendimento dos mecanismos dos processos erosivos tropicais (Cruz, 1982; Casseti, 1983; Baccaro, 1990; Guerra e Oliveira, 1995; Guerra *et al.*, 1995; Coelho Netto *et al.*, 1995; Coelho Netto e Avelar, 1996; Guerra e Cunha, 1996; Dantas e Coelho Netto, 1996; Baccaro *et. al.*, 1996; Oliveira *et al.*, 1996; Coelho Netto *et al.*, 1997; Baccaro e Silva, 1997).

Os estudos sobre processos erosivos realizados na escala local e pontual no Cerrado, por meio de monitoramento e mensuração, são escassos. Trabalhos vêm sendo realizados por pesquisadores da Embrapa — Empresa Brasileira de Pesquisa Agropecuária —, relacionados aos aspectos agronômicos, e outros estão sendo desenvolvidos por pesquisadores do Lages — Laboratório de Geomorfologia e Erosão de Solos da Universidade Federal de Uberlândia (UFU). Estes últimos tratam, principalmente, de estudos em parcelas experimentais (pastagem, solo exposto e soja) e monitoramento de voçorocas. Sem dúvida, ainda é muito limitado o número desses estudos. Há necessidade de ampliação e constituição de uma rede de informações nas mais diversas unidades geoambientais do Cerrado. Para tal efeito, são necessários o aprimoramento, a adaptação e a criação de novas técnicas e instrumentos, para serem utilizados no campo e em laboratório, que produzam dados confiáveis e representativos numa escala temporal e espacial desejável. A experiência de pesquisas desenvolvidas no Domínio do Cerrado tem mostrado a necessidade da adaptação de metodologias empregadas em ambientes diversos, como demonstraram Baccaro (1990 e 1993) e Baccaro *et al.* (1997).

Os estudos relacionados aos processos erosivos nas áreas de Cerrado necessitam de uma compreensão dos mecanismos processuais, a fim de se compreender a magnitude, a freqüência, a resistência e o limiar, levando-se em conta as fortes e agressivas alterações antrópicas que esse ambiente vem sofrendo a partir da década de 70. Entenda-se limiar, como enfatizou Cruz (1996), o salto de um estado ou de uma situação entre o jogo de força de tensão (grau de resistência) e a excedida (a de ruptura ou de deformação). A dinâmica da natureza está ligada à atuação de processos que ocorrem a partir de um limiar atingido. A associação do limiar com os indicadores geomorfológicos na sustentabilidade ambiental dos Cerrados é, sem dúvida, um dos principais objetivos a ser alcançado pelos estudos dos processos erosivos na avaliação dos impactos ambientais de um sistema geomórfico, a ser aplicado no Planejamento e Gerenciamento Ambiental.

Portanto, os estudos que envolvam o aprofundamento do conhecimento sobre os mecanismos dos processos erosivos, o limiar de equilíbrio dinâmico e os indicadores geomorfológicos levarão à compreensão mais real sobre a evolução e dinâmica atual das vertentes nas paisagens do Cerrado Brasileiro, correspondendo ao quarto nível da escala de abordagem dos processos erosivos.

3. Ação dos Fluxos Superficiais e Subsuperficiais nas Áreas de Cerrado

3.1. Fluxos Superficiais

A fim de elucidar os fluxos superficiais e subsuperficiais e o papel destes nos processos erosivos do Cerrado, faremos um esclarecimento sobre a terminologia adotada. Os fluxos superficiais correspondem ao escoamento superficial pluvial (EP) e ocorrem a nível das vertentes, na forma de lençol ou laminar, anastomosado (canais difusos e coalescentes) e concentrado (canais profundos e incisos). Os fluxos subsuperficiais ocorrem nas formações superficiais (colúvio e elúvio), nas mais diversas profundidades, acompanhando as descontinuidades pedológicas e/ou litológicas.

As áreas do Cerrado apresentam uma característica climática extremamente marcante na evolução e dinâmica do escoamento superficial pluvial, que é o longo período de estiagem, três a cinco meses (maio a setembro), deixando o solo exposto, ressecado e fendilhado. Pesquisa efetuada por Baccaro (1990), em área do Cerrado no Triângulo Mineiro, demonstrou que a dinâmica do escoamento pluvial e do material em suspensão gerado está relacionada com a distribuição e comportamento das chuvas, principalmente no início da estação chuvosa. As intensidades das chuvas foram determinantes no volume do escoamento pluvial e na quantidade de material em suspensão. A autora determinou que a maior perda de material em suspensão ocorreu no período de outubro de 1985 a março de 1986, quando a precipitação foi menor (926mm), enquanto que em outro período, 1984 a 1985, foi de 1.744mm. Este fato foi conseqüência da baixa densidade da cobertura vegetal do solo e da alta intensidade das chuvas. Uma quantidade maior de precipitação no período de agosto e novembro (1985 a 1986), por volta de 180mm, pôde propiciar o desenvolvimento da vegetação, protegendo o solo. Essa proteção leva à diminuição da saída de material em suspensão por volta da época das precipitações mais intensas e freqüentes, de novembro a janeiro.

Casseti (1983) também se referiu ao expressivo significado da cobertura vegetal, do uso do solo, do declive e da forma da vertente, bem como do comportamento hídrico da superfície e das diferenciações plúvio-erosivas.

Baccaro (1990), ao analisar a dinâmica do escoamento pluvial concentrado em canais monitorados em área de pastagem (brachiária), constatou que o aprofundamento da incisão linear foi mais expressivo nos locais onde havia curvas de nível para o plantio da pastagem. As curvas de nível têm sido totalmente seccionadas e alteradas pelos canais pluviais. Observou-se também uma variabilidade espacial dos sulcos com profundidade de entalhe inferior a 30cm. Isto acontece principalmente após episódios concentrados de intensas chuvas e no período de novembro a março. As estreitas trilhas de gado também funcionam como canais do escoamento pluvial, acelerando os processos de erosão. Muitos canais divagam, ora para uma microbacia, ora para outra, o que demonstra uma dinâmica morfogenética difusa empreendida pelo EP, nas cabeceiras de drenagem pluvial. Este fato também foi pesquisado e relatado por Govers (1987), ao destacar a importância da topografia e da inclinação das vertentes na evolução temporal dos canais pluviais.

Em estudos feitos por Baccaro (1990), ficou evidente a importância da cobertura vegetal do solo, dos "terracetes", dos degraus de curvas de nível e trilhas de gado, condicionando a variabilidade espacial dos canais pluviais concentrados.

Baccaro *et al.* (1997), na região de Iraí de Minas, vêm efetuando o monitoramento de escoamento laminar e quantificando a perda de solo em parcelas experimentais em duas microbacias, distintas do ponto de vista morfológico e de uso e ocupação do solo. A bacia do Pantaninho está localizada no topo de uma chapada com relevo muito suave e altitudes entre 1.000 e 1.065 metros. Possui vertentes longas e suaves, entre 3 e 5% de declividade. Os solos são predominantemente argilo-silto-arenosos e o uso do solo é feito basicamente pelas culturas de soja, milho e batata, em plantio convencional ou direto (Figura 6.2). Pelos resultados já apresentados, nas parcelas experimentais (*plots*) de 1m x 10m de solo exposto e cultura de soja, os valores na parcela de soja do EP, no período entre janeiro e abril de 1998, foram de 105,9ml, e o material erodido foi de 44,894kg e o total pluviométrico de 1.035,5mm. A parcela de solo exposto apresentou um EP = 268,150 l, e o material erodido foi de 112,484kg. Nesta parcela, estão ocorrendo o encrostamento do solo e um microcanal. O salpicamento do solo (*splash erosion*) na parcela de solo exposto ultrapassou o limite de 35cm de altura, evidenciando um alto poder de remoção de material pela

FIGURA 6.2. Parcelas experimentais em plantio convencional e direto na bacia do Pantaninho.

gota da chuva. Este fato serve de alerta para os agricultores desses chapadões, pois, no período seco, várias áreas ficam com os solos totalmente expostos e no período da chuva ficam à mercê dos impactos erosivos pluviais, representados pelo *splash*, escoamento difuso e concentrado, evidenciando o poder da água no carreamento do solo, mesmo em áreas quase planas do Cerrado (Figura 6.3). Uma característica constatada pelos resultados, ao se estabelecer comparações entre a pluviosidade, o escoamento pluvial e o material erodido (ME), é que alguns picos do ME somente podem ser explicados pela alta intensidade das chuvas, associada ao salpicamento.

A outra microbacia pesquisada, a do Divisa, representa o compartimento altamente dissecado na borda da chapada de Iraí de Minas, com fortes rupturas estruturais, altas declividades, vales encaixados, vertentes convexas e retilíneas.

As nascentes estão abrigadas por anfiteatros bem delineados. Os solos são predominantemente argilo-silto-arenosos e revestidos por pastagens. As parcelas experimentais (1m x 10m) em solo exposto e pastagem, situadas em uma declividade de 5°, apresentaram os seguintes resultados

FIGURA 6.3. Poder erosivo do escoamento superficial pluvial em área de topo de chapada — Bacia do Pantaninho.

preliminares no período de janeiro a abril de 1998 (Figura 6.4): a pluviosidade foi de 467,62mm; na parcela de solo exposto, o EP foi de 129,2ml e o material erodido foi de 42,99kg; na parcela de pastagem, o EP foi igual a 66,5ml e o material erodido 8,27kg. De forma geral, o EP e o ME na parcela com gramínea foram baixos, havendo uma infiltração considerável da água, sem a ocorrência de *splash erosion*. Houve uma elevação dos índices na parcela com solo exposto, mostrando como estes solos se tornam vulneráveis à exposição das chuvas.

Há necessidade de um aprofundamento nos estudos sobre os fluxos de escoamento superficial pluvial nas áreas do Cerradc, pois são instru-

FIGURA 6.4. Estação experimental — Bacia do Divisa.

mentos e dados valiosíssimos para demonstrar a dinâmica hidrogeomorfológica e tornar possível estabelecer comparações entre estes modelos e os modelos teóricos de avaliação de perda de solo adotados nos estudos de bacias hidrográficas.

3.2. Fluxos Subsuperficiais

A distribuição e a ocorrência desses fluxos estão intimamente relacionadas com diversos fatores no sistema Cerrado: capacidade de infiltração, morfologia das vertentes, revestimento vegetal e uso do solo, declividade, descontinuidades nas formações superficiais e outros. Estes condicionantes nas áreas do Cerrado estão integrados e definem, numa escala regional, unidades morfopedológicas que podem ser tomadas como ponto de partida para tais estudos. Nessas unidades, é recomendável a distinção de bacias hidrográficas representativas do potencial de erosão.

A literatura vem demonstrando que as camadas de baixa permeabilidade funcionam como impedimento à percolação e propiciam a saturação até certa altura das camadas de solo sobrejacentes (Coelho Netto *et al.*, 1997). Os fundos de vales são os locais preferenciais dos fluxos de chuvas, bem como as zonas côncavas próximas às cabeceiras de drenagem, onde há convergência dos fluxos d'água subsuperficiais, constatados por estudos realizados por Anderson e Burt (1978) e Coelho Netto e Fernandes (1990).

Há vários fluxos e caminhos a serem percorridos pela água, os quais interferem e contribuem para desencadear ou acelerar os processos erosivos. O retorno da água subsuperficial à superfície, exfiltração dos fluxos subsuperficiais, pode acionar a erosão (*seepage erosion*) no ponto de alívio do aqüífero ou promover a lavagem e remoção de partículas em túnel, como ressaltou Dunne (1970 e 1980).

Coelho Netto *et al.* (1988) e Avelar e Coelho Netto (1994), entre outros, demonstraram a importância dos mecanismos erosivos pela ação dos fluxos d'água subsuperficiais e apontam a região do vale do Paraíba do Sul como exemplo típico da paisagem geomorfológica prevista no modelo dunniano de evolução do relevo, por mecânica de erosão subsuperficial.

Estudos que estão sendo realizados no Triângulo Mineiro, região típica do Cerrado, por Baccaro e colaboradores, vêm demonstrando a contribuição dos fluxos subsuperficiais no desencadeamento e no avanço das frentes de erosão por voçorocamento.

Baccaro e Silva (1997) constataram que nos locais onde o lençol freático emerge mais superficialmente e nas paredes das voçorocas desenvolvem-se múltiplos solapamentos oriundos da dinâmica da água. Tais processos, além de contribuírem no festonamento das voçorocas, também aumentam o volume de água fluvial, acarretando o aprofundamento do talvegue em alguns locais. As zonas de descontinuidades granulométricas e litológicas fazem com que os fluxos subsuperficiais provoquem erosão em dutos (*tunneling erosion*), acelerando o desmoronamento das paredes laterais (Figura 6.5). Os desmoronamentos superiores (partes mais superficiais) são acelerados tanto pela água pluvial, que se infiltra pelos buracos de tatu (*Dasyrus sp*), quanto pela infiltração da água pluvial.

A existência de descontinuidades litológicas, comandadas pelas rochas sedimentares (arenitos, conglomerados e siltitos), derrames basálticos da bacia sedimentar do Paraná e rochas do Grupo Araxá e Canastra

FIGURA 6.5. Ocorrência de zonas de descontinuidades e fluxos subsuperficiais com desenvolvimento de dutos e desmoronamento das paredes laterais em voçoroca na bacia do Douradinho.

(micaxistos, gnaisses, migmatitos, quartzitos e outras), controla as propriedades hidráulicas e mecânicas das rochas. As zonas de fraturas e falhas e os contatos litológicos são os locais preferenciais para o alívio da pressão piezométrica por meio da exfiltração da água, detonando a erosão ou túneis que avançam remontantemente, provocando o colapso do teto e a formação da frente de erosão.

Em estudos realizados na bacia do Douradinho no Triângulo Mineiro, Baccaro e Silva (1997) constataram desmoronamentos de barrancos, em decorrência da formação da linha de *pipe flows* regida pelo contato, ora de camadas de granulometrias diferentes, ora pelo contato com laterita ou de fácie argilosa da Formação Marília (Figura 6.6).

FIGURA 6.6. Linha de *pipe flows* na bacia do Douradinho.

3.3. Estudos Experimentais e Sua Aplicabilidade na Investigação dos Processos Erosivos

Inicialmente, há necessidade de se elucidar a terminologia adotada, ou seja, estudos experimentais e processos erosivos. A abordagem será direcionada, sobretudo na aplicação desses estudos à geomorfologia experimental, uma vez que é fundamental a compreensão dos mecanismos dos processos erosivos atuais e, conseqüentemente, da ação destes na evolução das vertentes.

Para compreender as relações acima citadas, há necessidade de se realizar o monitoramento por meio de medidas e experimentos de campo e/ou laboratório, buscando índices quantitativos dos processos erosivos, levando-se em conta a periodicidade das mensurações, a regularidade das amostragens, a fim de se ter uma idéia real da freqüência e taxa dos processos erosivos.

As pesquisas experimentais devem ser desenvolvidas na escala pontual e local, envolvendo um tempo predeterminado. Como citou Colângelo (1997), o objetivo e a escala de trabalho vinculados aos estudos experimentais levam a ressaltar a intervenção humana sobre a dinâmica geomórfica erosiva, a qual atua no sentido de alterar o quadro morfogênico original.

Segundo o trabalho de De Ploey e Gabriels (1980), a evolução das pesquisas tem sido convergente, e as Ciências da Terra estão focalizando, mais e mais, a investigação dos mecanismos de erosão. A partir de uma multiplicidade de observações descritas qualitativa e quantitativamente, em estágio de generalização empírica, tem havido, ultimamente, tendência à formação de teorias e construção de modelos.

Ao se estudar os processos erosivos, nota-se, pelos trabalhos já produzidos, a preocupação com o uso de modelos empíricos. Eles, geralmente, definem os fatores mais importantes e, por meio da observação de medidas, experimentos e estatísticas, relacionam a erosão dos solos com outros elementos, como intensidade da chuva, cobertura vegetal, características do solo, forma e declividade das vertentes e outros.

Outra questão a se levantar é o período de tempo para se ter dados suficientes e confiáveis, realmente representativos. Morgan (1986) chama atenção para o fato de que os modelos de predição de erosão requerem períodos de 20 a 30 anos. Baccaro (1993), trabalhando em área de Cerrado com as calhas do tipo Gerlach e escoamento superficial pluvial, sugere um tempo de observação superior a dois anos, abrangendo ainda mais a dinâmica climática e processual, propiciando uma integração e correlação mais efetiva de dados. Essas informações são indispensáveis para a predição da evolução das formas de relevos atuais, a fim de se testar e elaborar modelos geomorfológicos, a partir de uma evolução sazonal ou anual mensurável.

A maior parte dos modelos empíricos por equações trata da perda de solo e do escoamento superficial pluvial relacionados com a bacia de drenagem. Um dos modelos mais conhecidos é a Equação Universal de Perda de Solo de Wischmeier e Smith (1962). Outros modelos foram elaborados, dentre eles Carson e Kirkby (1972), Morgan e Finney (1984) e De Ploey (1990). Esses modelos precisam serem testados e quase sempre sofrer adaptações para serem aplicados no meio tropical. O ideal, em se tratando de metodologia, é testar os modelos teóricos e ao mesmo tempo promover os estudos experimentais, a fim de se ter a veracidade dos resultados.

Os trabalhos experimentais apresentam uma ou algumas variáveis sob controle. De Ploey e Gabriels (1980) ressaltam que "experimentos de campo, via de regra, implicam medições, embora nem todas as medições estejam situadas num contexto experimental". Destacam ainda que a fronteira entre medição e experimentação não é muito nítida. A medição nos fornece os parâmetros que condicionam o processo de investigação, enquanto que a experimentação estabelece os "limiares" das variáveis a ele associadas (Colângelo, 1997).

Apesar das dificuldades e restrições, as pesquisas em geomorfologia experimental relacionadas aos processos erosivos, de campo e laboratório, aumentaram substancialmente e vêm contribuir para um entendimento mais coerente e real dos mecanismos dos processos erosivos e sua influência na evolução das vertentes e das paisagens tropicais. Há, ainda, como citamos anteriormente, a necessidade da ampliação da rede de estudos experimentais, não só no sistema do Cerrado, mas também em outros ambientes geoecológicos.

A busca e a criação de equipamentos simples, confiáveis e testados em diferentes ambientes devem ser implementadas e incentivadas junto aos pesquisadores e órgãos de fomento à pesquisa.

4. Voçorocas e a Estabilidade das Encostas no Cerrado

Ao abordar este tópico, deve-se ressaltar a complexidade do sistema Cerrado, o qual apresenta diversidades paisagísticas quanto à fisionomia, estrutura e funcionamento. Portanto, houve necessidade de se limitar a apresentação dos resultados e dados de uma parte desse sistema, compreendido na região do Triângulo Mineiro e Alto Paranaíba, em setores das bacias do Paranaíba, Grande e Araguari.

Os resultados a serem apresentados fazem parte dos estudos desenvolvidos por Baccaro e colaboradores do Laboratório de Geomorfologia e Erosão dos Solos — Lages — da Universidade Federal de Uberlândia, durante os últimos 12 anos.

Por meio de um levantamento e mapeamento de voçorocas no Triângulo Mineiro e Alto Paranaíba, denotou-se a concentração dessas formas de erosão acelerada em três áreas distintas (Figura 6.7): 1) área de relevo medianamente dissecado; 2) segmentos coluviais nos sopés dos relevos residuais; e 3) unidades de relevo fortemente dissecado com topos em crista e nas áreas mamelonares medianamente dissecadas, com alta concentração de voçorocas (Baccaro, 1994). A área 1, correspondendo à unidade dos relevos medianamente dissecados, estende-se por ampla área do Triângulo Mineiro, ocupando aproximadamente 70% de todo o conjunto. Essas voçorocas rasgam os espessos pacotes de formações superficiais, constituídas por materiais arenosos, predominantemente finos (em torno de 60 a 70% de areia fina), sem coerência, de cor avermelhada e espessuras variando entre três e oito metros, caracterizados como do Cenozóico, superpostos às camadas superiores dos arenitos e conglomerados da Formação Marília, os quais também são entalhados pela erosão (Figura 6.8). Nota-se que, ao atingir as camadas mais compactas e mais resistentes do arenito e o próprio conglomerado, a evolução da voçoroca deixa de ser predominantemente linear, passando para um recuo paralelo das vertentes, por meio de processos de solapamento basal, subsidência e queda de materiais, condicionados pela ação da exfiltração nos *pipe flows* e pelo alívio do aqüífero nas áreas de ressurgências. Nesse estágio de evolução, há grandes aberturas e formação de alvéolos no interior das voçorocas, propiciando a deposição de materiais erodidos, dando origem às bancadas sobrepostas à rocha, as quais se constituem em áreas preferenciais para o desenvolvimento de uma vegetação rasteira e arbustiva. Tais alvéolos são fechados por esporões que separam os diversos dígitos da voçoroca. Essas voçorocas são as que estão conectadas às cabeceiras de drenagem.

A intensidade desses processos é tão alta que marca essa paisagem de forma bastante agressiva, dando uma imagem de verdadeiras *badlands*. Outras voçorocas, porém em número relativamente menor que o tipo descrito anteriormente, aparecem cortando verticalmente a vertente, do topo ao fundo do vale, num traçado retilíneo e não relacionadas aos anfiteatros de cabeceira de drenagem. Estas são menos ramificadas, sem alveolização no seu interior, porém profundas. São as caracterizadas como desconectadas da cabeceira de drenagem. Nota-se também que, ao atingirem as proximidades da alta encosta em direção ao topo, há uma tendência a ramificações laterais.

Baccaro e Silva (1997), em estudos realizados na bacia do ribeirão Douradinho, área com alta intensidade de voçorocas, constataram que

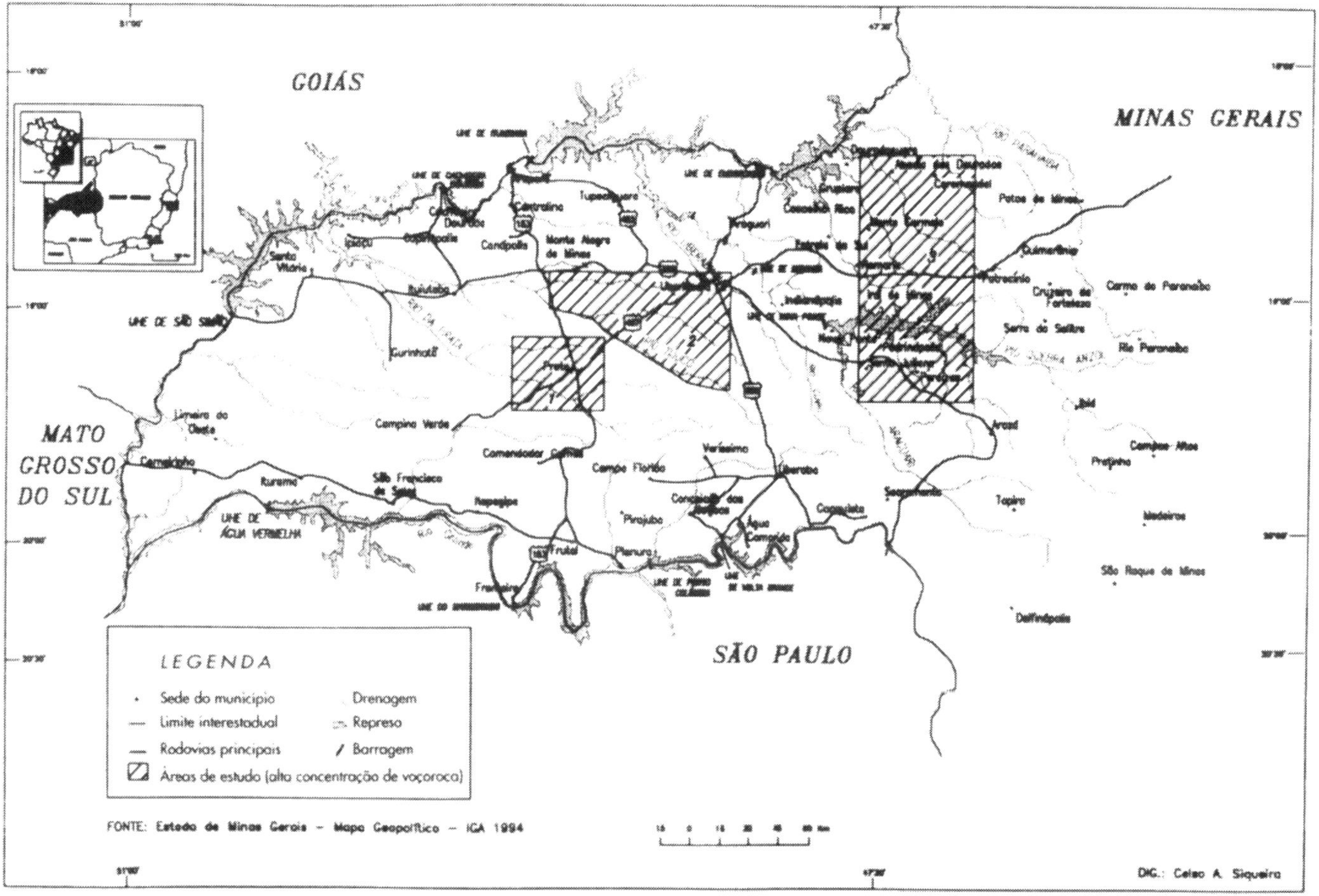

FIGURA 6.7. Áreas de estudos de voçorocas no Triângulo Mineiro e Alto Paranaíba.

FIGURA 6.8. Formações superficiais caracterizadas como sendo do Cenozóico em contato nítido com o arenito da Formação Marília.

estes processos se desenvolvem preferencialmente a montante das rupturas de declives, mantidas por estruturas areno-siltosa ou conglometárica da Formação Marília, numa altitude superior a 800m. Os avanços das frentes de erosão se dão nos dígitos, impulsionados por curva de nível onde se acumula a água pluvial em forma de enxurrada, acelerando o "efeito cachoeira" (Figura 6.9), somado ao desmoronamento de barrancos, em decorrência da formação da linha de *pipe flows.* Em alguns setores, o lençol freático tem ocorrência mais superficial nas vertentes. Desenvolvem-se múltiplos solapamentos oriundos da dinâmica da água do lençol freático. Tais processos, além de ajudarem no festonamento das voçorocas, aumentam o volume de água fluvial, acarretando um aprofundamento do talvegue.

A área 2, nos segmentos das rampas coluviais nos sopés dos relevos residuais (Figura 6.10), apresenta voçorocas com 10 a 20 metros de profundidade, datadas aproximadamente de 20 a 50 anos, que tiveram sua origem relacionada ao desmatamento e ao uso agrícola da terra de modo inadequado. O superpastoreio e as queimadas associadas às chuvas tor-

FIGURA 6.9. "Efeito Cachoeira" — Bacia do Douradinho em Uberlândia — MG.

renciais e as propriedades do solo favorecem a ação violenta do escoamento superficial difuso e concentrado, que desce do topo das escarpas com forte poder erosivo, encontrando a jusante um solo desprotegido devido à retirada da vegetação natural (mata e cerradão), a qual foi substituída pela pastagem. Os materiais coluviais são de textura franco-arenosa e areia franca (50 a 65% de areia), com baixas porcentagens de argila (7% a 20%), intercalados por linhas e zonas de seixos, tendo uma camada de 30 a 50cm com maior concentração de matéria orgânica (Carrijo, 1997)

FIGURA 6.10. Rampas coluviais nos sopés dos relevos residuais e processos de voçorocamento na bacia do córrego Boa Vista, Prata — MG.

(Figura 6.11). Ao romper esta camada, há uma aceleração no entalhamento rápido desses materiais. Assim, esse nível de concentração de matéria orgânica é que dá uma maior estabilidade aos agregados do solo e alguma resistência aos processos erosivos. Por outro lado, a matéria orgânica está sendo lavada, carreada e sulcada pelas águas do escoamento superficial pluvial.

Em monitoramento das voçorocas, constatou-se uma dinâmica expressiva em determinados dígitos, condicionada pelo escoamento superficial (efeito cachoeira) e, num segundo grau de atuação, pela contribuição do fluxo subsuperficial (*pipe flows*). Constatou-se um avanço considerável de certos dígitos da voçoroca (Figura 6.12), chegando a 4,7m. Esse alto índice de recuo do dígito está relacionado ao escoamento superficial pluvial canalizado para esses pontos na vertente, promovendo o "efeito cachoeira".

A área 3, nas unidades de relevo fortemente dissecado com topos em crista e mamelonar medianamente dissecados, as voçorocas desenvolvem-se, preferencialmente, no saprolito das rochas do Grupo Araxá, seguindo

FIGURA 6.11. Materiais coluviais intercalados por linhas e zonas de seixos e matéria orgânica.

o controle das estruturas e dos sistemas de falhamentos e fraturas. As rochas do Grupo Araxá estão representadas pelos xistos, micaxistos, serecitaxistos, gnaisses e quartzitos (Soares, 1997) (Figura 6.13). Estas voçorocas apresentam-se de forma linear, cortando a vertente em direção ao topo ou ramificadas. As áreas de maior incidência situam-se nas bacias do ribeirão Antinha, rio Galheiro e ribeirão Santo Antônio e entre os municípios de Monte Carmelo, Abadia dos Dourados e Coromandel.

As voçorocas lineares são fortemente condicionadas pela litologia e linhas de fraturas e falhas, sendo na sua porção inferior conectadas a uma drenagem. Parte dessas voçorocas originou-se após movimentos de massa com ruptura circular na borda próximo aos topos (Figura 6.14). As voçorocas ramificadas estão relacionadas com as cabeceiras de drenagem (Figura 6.15).

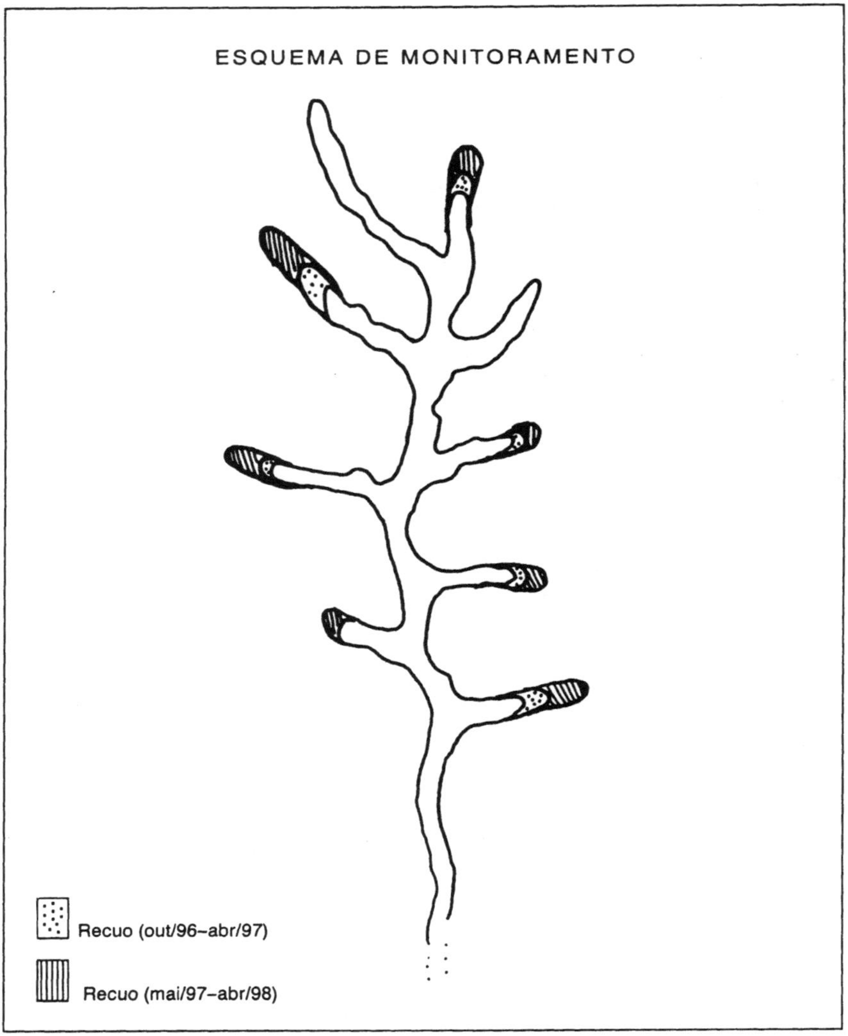

FIGURA 6.12. Voçoroca monitorada na bacia do ribeirão Boa Vista, Prata / MG.

FIGURA 6.13. Voçoroca originada após movimentos de massa com ruptura circular na borda próxima aos topos na região de Araxá — MG.

FIGURA 6.14. Voçorocas ramificadas relacionadas com as cabeceiras de drenagem. Araxá — MG.

FIGURA 6.15. Voçorocas em cabeceira de drenagem. Abadia dos Dourados — MG.

Na região dos Cerrados, a estabilidade das encostas vem sendo comprometida pelos processos erosivos relacionados com a água da chuva, desde o escoamento laminar ou em lençol, lavando a superfície dos solos desprotegidos pela ação do homem e pelo longo período de estiagem, assim como pela canalização do escoamento superficial pluvial em fluxos concentrados, rasgando as longas vertentes recobertas em sua maioria pela pastagem.

As profundas ravinas e intensas e enormes voçorocas cortam as vertentes linearmente e ativam as frentes erosivas remontantes nas cabeceiras de drenagem. Conseqüentemente, destroem os topos dos interflúvios e contribuem para a captura de drenagens e pirataria do lençol subterrâneo. São as formas mais agressivas de erosão que marcam profundamente essas paisagens do Cerrado brasileiro.

Os estudos sobre os processos erosivos, na região do Cerrado, merecem maior atenção de pesquisadores, de órgãos públicos e dos órgãos de fomento à pesquisa, para se determinar o grau de fragilidade desse geoambiente nas diversas escalas temporais e espaciais. Portanto, ao se pensar em práticas conservacionistas e técnicas alternativas para a contenção de ravinas e voçorocas, há necessidade de se levar em conta as especificidades regionais e locais.

A região do Brasil Central, área de Cerrado, no decorrer do Pleistoceno e Holoceno, sofreu oscilações climáticas, que imprimiram marcas na paisagem, seja pelos depósitos de colúvios concrecionados, cascalheiras, níveis de terraços, seja por formas erosivas de entalhe nas vertentes ou nos vales fluviais.

Novaes Pinto (1990) referiu-se ao último período árido e quente acontecido no Centro-Oeste brasileiro, o qual deixou colúvios concrecionados, cascalheiras, baixos terraços, murundus, várzeas e anfiteatros. Após esse período mais semi-árido, o Centro-Oeste brasileiro entra numa fase de clima semi-úmido, onde predominam os processos de lixiviação, intemperismo, denudação e sedimentação, constituindo a várzea atual e os processos erosionais contemporâneos.

Casseti (1994) também tratou das oscilações climáticas do Pleistoceno e o desenvolvimento de cascalheiras e *stone lines* ou ainda "baixos terraços", enfim, paleopavimentos que se encontram coluvionados e aluvionados por materiais relacionados a um clima mais úmido (Holoceno). Esses paleopavimentos podem estar em processo de reentalhamento da drenagem, que os exuma, ou em processos determinados por atividades antrópicas, como o desmatamento, que pode ocasionar escoamento laminar ou concentrado, responsáveis pela mobilização de cascalhos fossilizados. Ainda neste período atual, mais úmido, Casseti (1994) refere-se ao entalhamento da drenagem e rampas colúvio-aluvionais sotopondo baixos terraços e colúvios pedogenizados inumando paleopavimentos.

Os processos erosivos atuais são condicionados pela dinâmica climática contemporânea atuando sobre materiais *in situ* e depósitos correlativos, oriundos de fases climáticas do Pleistoceno e Holoceno, tendo o último período semi-árido mais agressivo acontecido por volta de 10.000 anos. Este deixou na região do Cerrado superfícies aplainadas no interior dos compartimentos rebaixados, atualmente se constituindo nas unidades geomorfológicas suavemente e medianamente dissecadas, de colinas tênues de vertentes longas, suaves, e rampas colúvio-aluviais alojadas entre compartimentos mais dissecados, localizados nas bordas das chapadas e entre os relevos residuais (serras locais com topos aplainados).

A intensificação das frentes erosivas por voçorocamento associada aos níveis de dissecação dos anfiteatros no geoambiente do Cerrado, e mais especificamente no Triângulo Mineiro e Alto Paranaíba, vem demonstrando uma correlação direta dos recuos de cabeceira de drenagem em diversos níveis de dissecação, denotando uma retomada erosiva desencadeada por processos naturais e sendo acelerada nos últimos 100 anos pelo uso e ocupação inadequada do solo.

5. *Conclusões*

A intensificação da ocupação desordenada do sistema Cerrado vem ocasionando alterações ambientais significativas na "biodiversidade", na aceleração dos processos erosivos, no equilíbrio hidrogeomorfológico das vertentes, no assoreamento dos fundos de vales, no rebaixamento do lençol freático e na diminuição da vazão dos mananciais.

Os condicionantes geomorfológicos são marcantes na organização e estruturação dessas paisagens antropogenizadas do Cerrado brasileiro. Nas áreas mais dissecadas, mais declivosas, predominam as pastagens naturais e as plantadas, enquanto que, nas superfícies tabulares, propícias à mecanização, praticam-se a monocultura para exportação (soja, café e milho) e a silvicultura. Nas unidades medianamente dissecadas, em vales não entalhados e colinas suaves e, às vezes, quebradas por rupturas de material concrecionado também predominam as pastagens, porém com a expansão, ainda que insignificante, da monocultura de soja.

Os processos erosivos marcam essas paisagens, seja condicionando a diminuição da produtividade agrícola e das pastagens, seja rasgando as vertentes e os anfiteatros de cabeçeiras de drenagem em ravinas e voçorocas. Esses reflexos têm levado à necessidade do uso intenso de corretivos e fertilizantes agrícolas, assim como de agrotóxicos, uma vez que o bioma do Cerrado foi lamentavelmente devastado de sua vegetação desde as nascentes, topos, vertentes até o fundo dos vales. Assim, atualmente ocorre o rebaixamento do lençol freático nas nascentes e nas áreas das frentes erosivas, e o uso cada vez mais intenso de insumos agrícolas, que contaminam os mananciais de água, bem como uma flora e fauna em extinção, comprometendo a "biodiversidade" do Cerrado brasileiro.

A sustentabilidade ambiental do Cerrado encontra nos indicadores geomorfológicos índices valiosos para a quantificação e determinação de mudanças no sistema, a fim de se estabelecer os limites de equilíbrio dinâmico nas diferentes escalas espaço-temporais. Portanto, a contribuição da geomorfologia experimental, na escala local e pontual, buscando a mensuração e monitoramento dos processos erosivos, que representam e expressam um caráter regional ou mecanismos específicos de erosão, deve ser incentivada e implementada. Somente com esses dados quantitativos e observações qualitativas ter-se-á uma avaliação mais real dos riscos, a fim de sugerir um manejo mais adequado desses geoambientes, minimizando os impactos da paisagem do Cerrado brasileiro.

6. Bibliografia

AB'SABER, A.N. Um conceito de Geomorfologia a serviço de pesquisas sobre o Quaternário. *Geomorfologia,* São Paulo, IGEO — Universidade de São Paulo (18):22p., 1969.

ANDERSON, M.G., e BURT, T.D. The role of tophography in controlling runoff generation; *Earth Surface Process and Landforms,* 3, 331-334, 1978.

AVELAR, A.S., e COELHO NETTO, A.L. Fraturas e desenvolvimento de unidades geomorfológicas côncavas no médio vale do rio Paraíba do Sul, SP. *Rev. Bras. de Geociências,* 22 (2), 1994.

BACCARO, C.A.D. *Estudo dos processos geomorfológicos de escoamento pluvial em área de Cerrado Uberlândia/MG,* EDUSP, São Paulo, Tese de Doutorado, 1990.

BACCARO, C.A.D. Os estudos experimentais aplicados na avaliação dos processos geomorfológicos de escoamento pluvial em área de Cerrado. *Sociedade e Natureza.* Uberlândia: EDUFU, 5n.os 9 e 10, pp. 55-62, 1993.

BACCARO, C.A.D. As unidades geomorfológicas e a erosão no chapadão do Município de Uberlândia. *In: Sociedade e Natureza,* Uberlândia, EDUFU, ano 6, nº 11 e 12, 1994.

BACCARO, C.A.D., e PEREIRA, K.G.O. *Estudos dos processos de erosão acelerada na bacia do rio Tijuco — MG.* Relatório, 65 p. (datilografado), 1995.

BACCARO, C.A.D.; ROSA R.; LIMA, S.C.; PEREIRA, K.G.O., e SIQUEIRA, C. Os condicionantes morfológicos da organização da paisagem natural e agrária dos cerrados: o caso da bacia do rio Araguari. *In:* Simpósio sobre o

Cerrado e International Simposium on Tropical Savana. *Anais.* 6-1, Brasília, pp. 179-181, 1996.

BACCARO, C.A.D.; PEREIRA, K.G.O.; CAIXETA, S.M., e RESENDE, M.S. Os indicadores geomorfológicos e o desenvolvimento sustentável nas áreas de cerrado. *In*: Agricultura, Meio Ambiente e Sustentabilidade do Cerrado Brasileiro, 1997. *Anais.* Uberlândia: 1997, EDUFU, pp. 257-266, 1997.

BACCARO, C.A.D., e SILVA, E.P. Os processos de voçorocamento na bacia do ribeirão Douradinho. *In*: Simpósio Brasileiro de Geografia Física Aplicada (7:1997, Curitiba). *Anais.* VII Simpósio Brasileiro de Geografia Física Aplicada, I Fórum Latino-Americano de Geografia Física Aplicada, 1997, Curitiba/PR – Brasil – São Paulo: Tec. Art Editora Ltda., p. 481, 1997.

BERTRAND, G. Paysage et Geographie Physique Globale. *Revista Geographie des Pyrénees et du Sud Ouest.* Toulouse, 39(3): 249-272, 1968.

CAILLEUX, A., e TRICART, J. Le problème de la classification des faits geomorphologies et la notion déchelle. *Rev. Geomorphologie.* Dyn., 3(5): 213-218, 1956.

CARRIJO, B.R. *Os processos de voçorocamento na bacia do Rib. Boa Vista. Triângulo Mineiro.* Uberlândia – MG, 65p. Relatório (datilografado), 1997.

CARSON, R., e KIRKBY, M.J. *Hillslope form and process.* Cambridge, Univ. Press., 475p., 1972.

CASSETI, V. *Estudos dos efeitos morfodinâmicos pluviais no planalto de Goiânia – GO.* Tese de Doutoramento, 1983.

CASSETI, V. *Elementos de Geomorfologia.* Goiânia: Ed. UFG, 137p., 1994.

CHRISTOFOLETTI, A. Caracterização de indicadores geomorfológicos para a análise da sustentabilidade ambiental. *Sociedade & Natureza.* Uberlândia: EDUFU, 3, nº 15, p. 31-33, 1996.

COELHO NETTO, A.L.; FERNANDES, N.F., e DEUS, C.E. Gulling in the southeastern Brazilian Plateau Bananal, SP. *In*: *Sediment budgets.* Edited by M.R. Bordas e D.E. Walling. IAHS Publication, nº 174: 35-42 p., 1988.

COELHO NETTO, A.L., e FERNANDES, N. F. Hislope erosion and sedimentation and relief inversion in Bananal, SP. IAHS Publication, nº 192, Proceeding of the Intern. Symp. on "Research Neechs and Applications to reduce erosion e sedimentation in tropical steeplants", Swa, Fiji, nº 192, 1990.

COELHO NETTO, A.L.; DANTAS, M.E.; FERNANDES, N.F.; DIETRICH, W.E., e MONTGOMERY, D. Ciclos recentes de erosão – sedimentação na bacia do rio Bananal (SP/RJ): um estudo integrado dos processos atuais e estratigrafia dos depósitos fluviais e de encosta. *In*: *Anais* do I Encontro de Geomorfologia do Sudeste. Rio de Janeiro: Editora IGEO, pp. 119-121, 1995.

COELHO NETTO, A.L., e AVELAR, A.S. Hidrologia de encosta na interface com a Geomorfologia. *In*: *Geomorfologia: exercícios, técnicas e aplicações*. Orgs. Antônio José Teixeira Guerra e Sandra Baptista Cunha. Rio de Janeiro: Bertrand Brasil, pp. 103-138, 1996.

COELHO NETTO, A.L.; ALMEIDA, J.C.; AVELAR, A.S., e EIRADO SILVA, L.G. Struturally controlled landscape evoluttions in and basin capture. *VII International Conference on Geomorfhology*. Bologne – Italy, 1997.

COLÂNGELO, A.C. Metodologia em Geografia Física: ciência, tecnologia e Geomorfologia experimental. *Revista do Departamento de Geografia*. São Paulo, nº 11 – 49-56p., 1997.

CRUZ, O. *Estudos dos processos geomorfológicos do escoamento pluvial na área de Caraguatatuba — SP*. São Paulo: EDUSP, Tese de Livre-Docência, 1982.

CRUZ, O. A escala temporal-espacial nos estudos dos processos geomorfológicos erosivos atuais. Uma questão de método. *Geomorfologia (33)*. Universidade de São Paulo. Instituto de Geografia. São Paulo, 1985.

CRUZ, O. *A respeito do método em Geomorfologia*. I Simpósio Nacional de Geomorfologia (datilografado). Uberlândia, 1996.

DANTAS, M.E., e COELHO NETTO, A.L. Taxas de sedimentação e de rebaixamento do relevo: Bacia do Rio Piracema (RJ/SP), Médio Vale do Paraíba do Sul. *Sociedade e Natureza*, vol.8, nº 15, pp. 60-64. Uberlândia, 1996.

DE PLOEY, J., e GABRIELS, D. Measuring soils loss and experimental studies. *In*: M.J. KIRKBY and R.P.C. MORGAN, *Soil Erosion*, Edit. by Wiley and Sons Ltda., pp. 63-108, 1980.

DE PLOEY, J. Modelling the erosional susceptibility of catchments in terms of energy. *Catena Suplement*. Cremlingen, ago, vol. 17, pp. 175-183, 1990.

DUNNE, T. *Runnof production in a humid area*. US Department os Agriculture Report ARS 41-160, 1970.

DUNNE, T. Formation and controls of channel networks. *Prog. Phis.* Geogr. 4, 211-239p., 1980.

DUNNE, T. Hydrology, mechanics and geomorphic implications of erosion by surface flow. *In*: *Groundwater Geomorfology*. (Eds. C.G. Higgins Coates, D.R.) Geolo. Soc. Am. Spec. Pap. 252, 1-28, 1990.

DYLIK, J. Dynamical Geomorphology and its nature and methods. Bull. Soc. Leth. Lódz. 8(12), 1957.

GOVERS, G. Spatial and temporal variability in rill development process at the Hudenberg Experimental Site, Giessen. *Catena Suplement*, 8: 17-34, 1987.

GUERRA, A. J. Processos Erosivos nas Encostas. *In*: *Geomorfologia: uma atualização de bases e conceitos*, 2ª ed. Orgs. A.J.T. Guerra e S.R. Cunha, Rio de Janeiro, Ed. Bertrand Brasil, p. 149-209, 1995.

GUERRA, A.J.T., e OLIVEIRA, M.C. A influência dos diferentes tratamentos do solo, na seletividade e transporte de sedimentos: um estudo comparativo entre duas estações experimentais. *In*: *Anais do VI Simpósio Nacional de Geografia Física Aplicada*, Goiânia, 455-458p., 1995.

GUERRA, A.J.T., e CUNHA, S.B. Degradação ambiental. *In*: *Geomorfologia e Meio Ambiente*. Rio de Janeiro: Bertrand Brasil, p. 337-375, 1996.

MORGAN, R.P.C. *Soil Erosion*, London, Longman, 111p., 1979.

MORGAN, R.P.C. Field studies of sediment transport by overland flow. *Earth Surface Processes*, 5, pp. 307-316, 1980.

MORGAN, R.P.C. *Soil Erosion and Conservation*. Ed. D. A. Ranidson Univ. of Strathcly, 269p., 1986.

MORGAN, R.P.C., e FINNEY, H.J. A predective model for the assessment of soil erosion risk. *Agic. Eng. Res*, 30: 245-253p., 1984.

NOVAES PINTO, M. Caracterização geomorfológica do Distrito Federal. *In*: *Cerrado: caracterização, ocupação e perspectivas*. Distrito Federal, Ed. UnB, pp. 177-330, 1990.

OLIVEIRA, M.A.T.; VIEIRA, A.F.G.; POSSAS, H.P.P.; PAISANI, J.C.; LOPES, L.J.; LIMA, M.S.B., e PONTELLI, M.E. Evolução de voçorocas e integração de canais em áreas de cabeceira de drenagem: Município de Resende, RJ. *Sociedade e Natureza*. V. 8, nº 15. Uberlândia: EDUFU, 1996.

ROSS, J.L.S. *Geomorfologia, ambiente e planejamento*. São Paulo: Contexto, 85p., 1990.

ROSS, J.L.S. O registro cartográfico dos fatos geomórficos e a questão da taxonomia do relevo. *In*. *Revista do Departamento de Geografia*. FFLCH-USP, nº 6, São Paulo: 63-74, 1992.

SHIKI, S. Sistema Agroalimentar no Cerrado brasileiro: caminhando para o caos. *In: Agricultura, Meio Ambiente e Sustentabilidade do Cerrado Brasileiro*. Uberlândia: EDUFU, p. 135-166, 1997.

SILVA, E.P. *Bacia do Ribeirão Douradinho: um sistema em busca do equilíbrio dinâmico*. Uberlândia, MG. Monografia, 77p. (datilografado), dezembro, 1997.

SOARES, A.M. *Os grandes arranjos paisagísticos na bacia do Araguari e Quebra Anzol*. Uberlândia, MG. Monografia, 64p. (datilografado), dezembro, 1997.

THORNES, J.B. Erosional processes of running water and their spatial and temporal controls: a theoretical viewpoint. *In*: KIRKBY, M. J. & MORGAN, P. C., eds., Soil Erosion, Wiley and Sons, pp. 129-72, 1980.

THORNES, J.B., e BRUNSDEN, D. *Geomorphology and time*. Methuen and G. Ltda., 208p., 1977.

TRICART, J. La Géomorphologie et la notion d'échelle. *Rev. Géomorph,* Dyn, 3(5): 213-18, 1952.

THICART, J. *Principes et méthodes de la Geomorphologie,* Paris, Masson, 496p., 1965.

WAGNER, E. Desenvolvimento dos cerrados. *In*: Goedert. W. (ed.) *Solos dos Cerrados*. EMBRAPA – CPAC, Novel, 1986.

WISCHMEIER, W.H., e SMITH, D.D. Soil and water manegement planning. *Int. Assoc. Scient. Hidrol.* Pub. 59: 148-159, 1962.

CAPÍTULO 7

CONTROLE E PREVENÇÃO DOS PROCESSOS EROSIVOS

Fernando Ximenes de Tavares Salomão

1. INTRODUÇÃO

A adoção de medidas efetivas de controle preventivo e corretivo da erosão depende do entendimento correto dos processos relacionados com a dinâmica de funcionamento hídrico sobre o terreno.

O entendimento desses processos permite destacar dois importantes eventos iniciais, envolvendo por um lado o impacto das gotas de chuva no solo, sobretudo quando desprotegido da vegetação, promovendo a desagregação e liberação das suas partículas e, por outro, o escoamento superficial das águas, permitindo o transporte das partículas liberadas. Dependendo da forma em que se dá o escoamento superficial ao longo da vertente, podem-se desenvolver dois tipos de erosão: erosão laminar ou em lençol, quando causada por escoamento difuso das águas de chuva, resultando na remoção progressiva e relativamente uniforme dos horizontes superficiais do solo, e erosão em sulcos, quando causada por concentração das linhas de fluxo das águas de escoamento superficial, resultando em pequenas incisões na superfície do terreno, que podem evoluir por aprofundamento a ravinas.

Caso a erosão se desenvolva por influência, não somente das águas superficiais, mas também dos fluxos de água subsuperficiais, onde se inclui o lençol freático, configura-se o processo mais conhecido por boçoroca ou voçoroca, com desenvolvimento de *piping* (Pichler, 1953).

O fenômeno de *piping* provoca a remoção de partículas do interior do solo formando canais que evoluem em sentido contrário ao do fluxo de água, podendo dar origem a colapsos do terreno, com desabamentos que alargam a boçoroca ou criam novos ramos. Assim, a boçoroca é palco de diversos fenômenos: erosão superficial, erosão interna, solapamentos, desabamentos e escorregamentos, que se conjugam no sentido de dotar essa forma de erosão de elevado poder destrutivo.

A ação de remoção de uma partícula do solo é função não apenas das forças hidrodinâmicas sobre ela exercidas, mas também de uma série de outros fatores (forma, tamanho, saliência sobre o fundo e das relações de contato com outras partículas vizinhas). Existe uma força crítica de tração, bem como uma velocidade crítica do fluxo para que a partícula se movimente (Bigarella e Mazuchowski, 1985).

Assim, havendo condições favoráveis ao escoamento superficial das águas, observa-se o transporte das partículas liberadas do solo por escoamento laminar ou difuso e concentrado, ou através de pequenos filetes, que, num estágio seguinte, por concentração das linhas de fluxo de água na superfície do terreno, dá origem a sulcos. O escoamento superficial é tanto mais intenso quanto menor for a taxa de infiltração das águas pluviais no terreno. Por sua vez, a infiltração relaciona-se diretamente à permeabilidade do terreno, variando tanto pelo efeito da compactação promovida pela ocupação do solo, quanto pela intensidade e freqüência das chuvas, natureza e organização do solo, e inclinação, geometria e comprimento das vertentes (Bertoni e Lombardi Neto, 1985).

Sulcos e ravinas são, em geral, diferenciados pela profundidade da erosão linear em forma de canal, originada pelo escoamento concentrado pelas águas superficiais; tratar-se-ia de ravina quando o canal formado não pode ser obliterado por operações normais de preparo do solo (*Soil Conservation Service*, 1966).

Com a formação e aprofundamento dos sulcos, interceptando o lençol freático, pode-se observar um somatório de processos erosivos pela ação concomitante das águas superficiais e subsuperficiais, fazendo com que o ravinamento atinja grandes dimensões. É nesse estágio do fenômeno erosivo que se deve aplicar a designação de boçoroca, diferindo, portanto, do que se convencionou chamar de ravina. Como simples ravinamento, entende-se a erosão que se supõe causada simplesmente pela concentração do escoamento superficial, processo este que, no mais das vezes, coroa a degradação do solo iniciada pela erosão laminar (IPT, 1986). Assim, embora em sentido amplo possamos considerar as ravinas profundas como boçorocas, na realidade esses dois termos devem ser diferenciados, pois cada um apresenta as suas características próprias. Apenas no início da formação de uma boçoroca haverá dificuldade para separar essas duas formas de erosão. "Enquanto o ravinamento se processa em função apenas da erosão superficial, com a linha de água apresentando grandes declives, canal profundo, estreito e longo, as boçorocas formam-se devido tanto à erosão superficial como à erosão subterrânea, com tendência tanto para alargar-se como para aprofundar-se, até atingir o seu equilíbrio dinâmico" (Vieira, 1978).

2. *Principais Abordagens no Estudo da Erosão*

Os processos erosivos podem ser estudados com a utilização de diferentes abordagens. Em geral, podem-se distinguir abordagens que buscam a quantificação das perdas de solo por erosão, e abordagens que buscam a avaliação qualitativa do comportamento erosivo dos terrenos. Por outro lado, devem-se tratar diferentemente os processos erosivos por escoamento laminar ou difuso e por concentração de fluxos de água (sulcos, ravinas e boçorocas), por se constituírem em processos erosivos que envolvem mecanismos e condicionantes diversos.

2.1. Erosão Laminar

Com a deflagração dos processos erosivos, em função da ocupação do solo, as perdas de solo por erosão laminar são comandadas por diversos fatores relacionados às condições naturais dos terrenos, destacando-se: a chuva, a cobertura vegetal, a topografia e os tipos de solos.

• Chuva

A água de chuva provoca a erosão laminar por meio do impacto das gotas sobre a superfície do solo, caindo com velocidade e energia variáveis, e por meio do escorrimento da enxurrada. Sua ação erosiva depende da distribuição pluviométrica, mais ou menos regular, no tempo e no espaço, e sua intensidade. Chuvas torrenciais ou pancadas de chuvas intensas, como tromba-d'água, constituem a forma mais agressiva de impacto da água no solo. Durante esses eventos a aceleração da erosão é máxima.

O índice que expressa a capacidade da chuva de provocar erosão laminar é conhecido como erosividade. Quando os outros fatores que provocam a perda de solo por erosão são mantidos constantes, a erosividade é proporcional ao produto da energia cinética total das gotas de chuva e sua intensidade máxima em trinta minutos. Esse produto, obtido experimentalmente (Wischmeier e Smith, 1978), é considerado a melhor relação encontrada para medir a potencialidade erosiva da chuva ou erosividade.

Lombardi Neto e Moldenhauer (1980), analisando dados de precipitação pluviométrica da região de Campinas (SP), propuseram uma relação para o cálculo da erosividade anual (EI), com base na precipitação média mensal (p) e na precipitação média anual (P): $EI = 0{,}866\ (p^2/P)^{0{,}85}$. Utilizando-se dessa equação, Lombardi Neto *et al.* (1980) estabeleceram os valores de EI_{30} para 115 locais previamente escolhidos do estado de São Paulo, permitindo a elaboração do mapa de isoerodentes (linhas que ligam pontos de iguais potenciais de erosão).

• Cobertura vegetal

A cobertura vegetal é a defesa natural de um terreno contra a erosão. Entre os principais efeitos da cobertura vegetal, Bertoni e Lombardi Neto (1985) destacam os seguintes:

a) proteção contra o impacto direto das gotas de chuva;
b) dispersão e quebra da energia das águas de escoamento superficial;
c) aumento da infiltração pela produção de poros no solo por ação das raízes;
d) aumento da capacidade de retenção de água pela estruturação do solo por efeito da produção e incorporação de matéria orgânica.

A influência da cobertura vegetal na determinação das perdas de solo por erosão laminar em áreas cultivadas é definida pelos fatores "uso e manejo do solo (C)" e "prática conservacionista (P)". O fator uso e manejo do solo (C) é a relação esperada entre as perdas de solo de um terreno cultivado em determinadas condições e as perdas correspondentes de um terreno mantido continuamente descoberto. Por outro lado, o fator prática conservacionista (P) é a relação entre a intensidade esperada de perdas de solo por erosão, com determinada prática conservacionista, e aquelas quando a cultura está plantada no sentido de declive (morro abaixo). Bertoni e Lombardi Neto (1985) determinaram, a partir de dados experimentais, valores de perdas de solo por erosão laminar em função dos diferentes fatores uso e manejo do solo (C) e prática conservacionista (P).

• Topografia

A influência da topografia do terreno na intensidade erosiva verifica-se principalmente pela declividade e comprimento de rampa (comprimento da encosta). Esses fatores interferem diretamente na velocidade das enxurradas.

As perdas de solo por erosão sob influência da declividade e comprimento de rampa foram determinadas por Bertoni (1959), a partir de experimentos realizados para os principais solos do estado de São Paulo. Esse autor determinou uma equação que permite calcular as perdas médias de solo para os vários graus de declive e comprimento de rampa: $LS = 0{,}00984\ L^{0,63}\ S^{1,18}$, onde:

LS: fator topográfico;
L: comprimento de rampa, em metros;
S: grau de declive, em porcentagem.

• Solos

O solo, por influenciar e sofrer a ação dos processos erosivos, conferindo maior ou menor resistência, constitui o principal fator natural relacionado à erosão. Sua influência deve-se às suas propriedades físicas, principalmente textura, estrutura, permeabilidade e densidade, e às suas propriedades químicas, biológicas e mineralógicas.

A textura, ou seja, o tamanho das partículas, influi na capacidade de infiltração e de absorção da água de chuva, interferindo no potencial de enxurradas, e em relação a maior ou menor coesão entre as partículas. Assim, solos de textura arenosa são normalmente mais porosos, permitindo rápida infiltração das águas de chuva, dificultando o escoamento superficial. Entretanto, como possuem baixa proporção de partículas argilosas, que atuam como uma ligação entre as partículas maiores, apresentam maior facilidade para a remoção das partículas, que se verifica, mesmo em pequenas enxurradas.

A estrutura, ou seja, o modo como se arranjam as partículas do solo, igualmente à textura, influi na capacidade de infiltração e absorção da água de chuva, e na capacidade de arraste das partículas do solo.

Assim, solos com estrutura microagregada ou granular, como os latossolos, apresentam alta porcentagem de poros e, conseqüentemente, alta permeabilidade, favorecendo a infiltração das águas de chuva; apresentam também agregação entre partículas, aumentando a resistência do solo ao arraste de partículas pela ação das águas.

A permeabilidade determina a maior ou menor capacidade de infiltração das águas de chuva, estando diretamente relacionada com a porosidade do solo. Em geral, solos arenosos são mais permeáveis que solos argilosos, por serem mais porosos. Entretanto, em alguns casos, dependendo da estruturação, solos argilosos podem-se apresentar altamente porosos e até mais permeáveis que certos solos arenosos.

A densidade do solo, relação entre a sua massa total e volume, é inversamente proporcional à porosidade e permeabilidade. Por efeito de compactação do solo, observa-se um aumento de densidade, como resultado da diminuição dos macroporos; em função disso, o solo torna-se mais erodível.

As propriedades químicas, biológicas e mineralógicas do solo influem no estado de agregação entre as partículas, aumentando ou diminuindo a resistência do solo à erosão.

Solos com características latossólicas são quimicamente pobres em bases (Na, Ca, Mg, etc.) e ricos em sesquióxidos de ferro e alumínio, tendendo, em geral, a se estruturarem por microagregação; essas formas de organização estrutural dão ao solo alta porosidade entre partículas. Por outro lado, solos com alto conteúdo em bases tendem, em geral, a estruturas poliédricas (prismáticas ou em blocos), apresentando, em geral, pequena porosidade entre partículas, e menor permeabilidade em relação aos latossolos.

A matéria orgânica incorporada no solo permite maior agregação e coesão entre partículas, tornando o solo mais estável em presença de água, mais poroso, e com maior poder de retenção de água.

Dependendo do argilo-mineral presente no solo, observa-se diferente comportamento erosivo. As argilas do tipo esmectita são pouco estáveis em água, ao contrário das caulinitas; as ilitas apresentam comportamento intermediário.

Outra característica importante do solo, com relação ao comportamento erosivo, é a sua espessura. Solos rasos permitem rápida saturação dos horizontes superiores, favorecendo o desenvolvimento de enxurradas.

O gradiente textural entre os horizontes superiores do solo é uma das características pedológicas mais importantes em relação ao seu comportamento erosivo. Trata-se da relação entre teores de areia e argila observada nos horizontes superiores. Solos com alto gradiente textural apresentam, portanto, o horizonte A bem mais arenoso que o horizonte B, subjacente. Assim, por exemplo, solos do tipo podzólico são, em geral, mais suscetíveis à erosão que os do tipo latossólico, por apresentarem, logo abaixo do horizonte A (superior), um horizonte com maior concentração de argilas que representa uma certa barreira à infiltração das águas. Como conseqüência, o fluxo de água logo abaixo da superfície, paralela à encosta, e a saturação do horizonte superior favorecem ao desenvolvimento de enxurradas, tendendo a propiciar maior erosão nos podzólicos.

As características do solo, conjuntamente analisadas, determinam a sua maior ou menor capacidade de propiciar a erosão laminar, isto é, a sua erodibilidade. O fator erodibilidade do solo (K) tem seu valor quantitativo determinado experimentalmente em parcelas unitárias, sendo expresso, como a perda do solo (A), por unidade de índice de erosão da chuva (EI).

Lombardi Neto e Bertoni (1975) estudaram experimentalmente os principais solos do estado de São Paulo, definindo uma relação entre as propriedades de argila natural, argila dispersa e umidade equivalente, para a determinação do índice de erodibilidade. A relação de erosão média (erodibilidade) foi definida como sendo a razão entre a relação de dispersão (teor de argila natural/teor de argila dispersa) e a relação argila dispersa/umidade equivalente. "O equivalente de umidade é a porcentagem de água retida pelo material do solo ao submetê-lo, sob condições específicas, a uma força centrífuga mil vezes maior que a gravidade" (Lombardi Neto e Bertoni,

1975). A relação entre a quantidade de colóides do solo (argila dispersa) e a umidade equivalente é um bom indicador da erodibilidade do solo; solos não erodíveis mostraram em todos os casos uma relação superior a 1,5.

2.1.1. A Quantificação das Perdas de Solo por Erosão Laminar

A quantificação das perdas de solos por erosão laminar pode ser determinada por meio da aplicação da Equação Universal de Perda do Solo, expressa pela relação:

A = RKLSCP

Onde:
A = índice que representa a perda de solo por unidade de área;
R = índice de erosividade;
K = índice de erodibilidade;
L = índice relativo ao comprimento da encosta;
S = índice relativo à declividade da encosta;
C = índice relativo ao fator uso e manejo do solo;
P = índice relativo à prática conservacionista adotada.

A determinação dos valores de perda de solo provocados pela erosão laminar, representados em t/ha, é realizada a partir do cálculo dos índices de cada componente da equação.

Esse cálculo é tanto mais preciso quanto menor a parcela de área estudada, tendo em vista as variações espaciais normalmente observadas nos terrenos com relação aos fatores analisados. Em estudos regionais de erosão (escalas pequenas), os valores numéricos de perdas de solo por erosão determinados não podem ser tomados como dados reais de erosão, servindo tão-somente para categorizar qualitativamente as áreas quanto a sua maior ou menor suscetibilidade à erosão laminar, podendo cartografá-las em mapas de suscetibilidade à erosão laminar (IPT, 1986).

No estado de São Paulo, a quantificação das perdas de solo por erosão laminar vem sendo pesquisada pelo Instituto Agronômico de

Campinas – IAC, pertencente à Secretaria da Agricultura. Essas pesquisas têm como base experimentações realizadas no campo e laboratório, buscando formulações empíricas que possam servir a extrapolações para o estado como um todo. Assim, é possível determinar, para as condições do estado de São Paulo, valores numéricos representativos para os vários fatores da Equação Universal de Perda do Solo, e determinar, para parcelas do terreno, estimativas de perdas totais de solo por erosão laminar.

2.1.2. Suscetibilidade à Erosão Laminar

A suscetibilidade à erosão laminar dos terrenos pode ser cartograficamente determinada com base na análise dos fatores naturais influentes no desenvolvimento dos processos erosivos (erosividade, erodibilidade, declividade e comprimento das encostas) (IPT, 1990). Uma vez que a erosão laminar desenvolve-se fundamentalmente pela ocupação agrícola das terras, a influência relativa desses fatores deve ser ponderada a partir de critérios fixados para a definição de classes de capacidade de uso das terras, normatizadas com a finalidade de utilização no planejamento de práticas de conservação do solo, tendo em vista o controle da erosão. Nesse sentido, consideram-se a erodibilidade dos solos e a declividade das encostas como fatores determinantes na definição das classes de suscetibilidade. Os fatores erosividade e comprimento das encostas devem ser utilizados em complementação à avaliação final das classes de suscetibilidade. A Figura 7.1, a seguir, ilustra as etapas de trabalho.

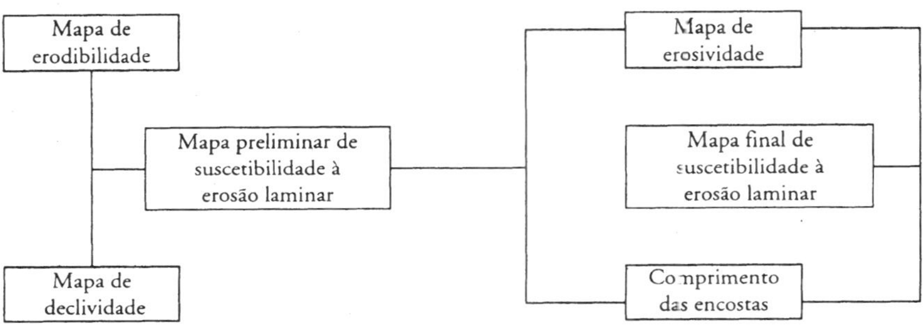

FIGURA 7.1. Roteiro metodológico para a definição das classes de suscetibilidade à erosão laminar.

- 1ª ETAPA: preparação de bases cartográficas e temáticas.

Nessa etapa devem ser confeccionadas bases topográficas em escala condizente com o projeto, contemplando a área objeto do projeto, e, por compilação, ou, se necessário, a partir de levantamentos, mapas geológico, geomorfológico e pedológico. Esses mapas servirão de base para a determinação dos fatores naturais ligados ao relevo e aos solos.

- 2ª ETAPA: elaboração de mapas parciais dos fatores relacionados à erosão laminar.

Todos os fatores naturais condicionantes da erosão laminar devem ser determinados em mapas parciais.

O mapa de erosividade deverá ser elaborado a partir do cálculo da erosividade média anual para diversas localidades dentro da região estudada, que disponham de registros pluviométricos por meio da relação $E = 6{,}866\ (P^2/P)^{0{,}85}$.

O mapa de erodibilidade deverá ser elaborado com base nos índices de erodibilidade dos solos mapeados.

A título de exemplo, a Tabela 7.1 apresenta os índices de erodibilidade das principais unidades pedológicas encontradas no estado de São Paulo, determinados por Bertoni e Lombardi Neto (1985). Esses índices variam de 0 a 0,54, cujo intervalo foi relativizado para uma escala de 0 a 10, sendo ponderadas e definidas cinco classes de erodibilidade.

O mapa de isodeclividade deverá ser elaborado com base em medidas de declividade extraídas de mapas topográficos da região objeto dos estudos, contemplando intervalos de declive adotados na definição das classes de capacidade de uso das terras. As medidas deverão ser realizadas por meio de um gabarito aplicado sobre o mapa topográfico, contando-se as curvas de nível segundo uma linha ortogonal. A declividade será obtida pelas distâncias entre curvas contíguas, e representa a projeção em planta do relevo.

O fator comprimento das encostas poderá ser avaliado a partir do mapa geomorfológico da região objeto. Esse mapa deverá ser interpretado, definindo-se compartimentos geomorfológicos constituídos por valores médios de comprimento da encosta, medidos com apoio de mapas topográficos. Para as medidas de comprimento de encosta deve-se utilizar

Tabela 7.1. Classes de Erodibilidade

Classes de Erodibilidade	Índices relativos de Erodibilidade	Unidades Pedológicas
I	10,0 a 8,1	— Cambissolos, Solos Litólicos — Podzólicos abruptos, textura arenosa/média — Areias Quartzosas
II	8,0 a 6,1	— Podzólicos não abruptos, textura média/argilosa, e textura média
III	6,0 a 4,1	— Podzólicos de textura argilosa
IV	4,0 a 2,1	— Latossolos de textura média — Latossolos de textura argilosa — Terra Roxa Estruturada
V	2,1 a 0	— Solos Hidromórficos em relevo plano

gabarito constituído por régua graduada compatibilizada à escala do mapa topográfico.

- 3ª ETAPA: elaboração de mapa preliminar de suscetibilidade à erosão laminar.

Os dados de declividade e erodibilidade devem ser integrados tomando-se como critério de definição das classes de suscetibilidade à erosão laminar a sua compatibilização com a classe de capacidade de uso das terras. Essa integração poderá ser realizada segundo um cruzamento matricial, relacionando quatro classes de declividade com cinco classes de erodibilidade, conforme a Tabela 7.2.

Podem ser assim definidas cinco classes de suscetibilidade à erosão laminar, compatibilizadas às classes de capacidade de uso das terras:

- CLASSE I: EXTREMAMENTE SUSCETÍVEL — Corresponde às classes VII e VIII de capacidade de uso das terras, onde os terrenos apresentam problemas complexos de conservação, indicados para preservação ou para reflorestamento.

Tabela 7.2. Critério adotado na definição das classes de suscetibilidade à erosão laminar, por meio da relação erodibilidade X declividade (IPT, 1990).

		Declividade (%)			
		I (> 20)	II (12 a 20)	III (6 a 12)	IV (< 6)
Erodibilidade	1	I	I	II	II
	2	I	II	II	III
	3	II	III	III	IV
	4	III	IV	IV	V
	5	Não existe	Não existe	Não existe	V

- CLASSE II: MUITO SUSCETÍVEL — Corresponde à classe VI de capacidade de uso das terras, onde os terrenos apresentam problemas complexos de conservação, parcialmente favoráveis à ocupação por pastagens, sendo mais apropriados para reflorestamento.

- CLASSE III: MODERADAMENTE SUSCETÍVEL — Corresponde à classe IV de capacidade de uso das terras, onde os terrenos apresentam problemas complexos de conservação, sendo mais indicados a pastagens e culturas perenes.

- CLASSE IV: POUCO SUSCETÍVEL — Corresponde à classe III de capacidade de uso das terras, onde os terrenos apresentam problemas complexos de conservação, sendo mais indicados a pastagens e culturas perenes e, eventualmente, a culturas anuais, porém exigindo práticas intensivas mecanizadas de controle da erosão.

- CLASSE V: POUCO A NÃO SUSCETÍVEL — Corresponde às classes I, II e V de capacidade de uso das terras. A classe I de capacidade de uso corresponde a terrenos sem problemas especiais de conservação, podendo ser utilizados com qualquer tipo de cultura; a classe II corresponde a terrenos com problemas simples de conservação, podendo também ser utilizados com qualquer tipo de cultura, porém exigindo práticas não mecanizadas de controle da erosão; a classe V corresponde a terrenos sem problemas de conservação, mas exigindo técnicas especiais de cultivo, por se constituírem de solos encharcados.

- 4ª ETAPA: levantamentos de campo a nível de reconhecimento visando à confirmação e ajustes necessários na definição das classes de suscetibilidade.

O roteiro de campo deverá ser programado com base no mapa preliminarmente realizado e em função de estradas existentes. Todas as áreas com diferentes suscetibilidades à erosão laminar deverão ser percorridas, procurando-se contemplar os diferentes solos, relevos e substratos geológicos.

- 5ª ETAPA: elaboração final do mapa de suscetibilidade à erosão laminar.

Realizados os ajustes necessários no mapa preliminar em função do reconhecimento de campo, proceder-se-á à sua análise por meio de sobreposição com os dados de erosividade e de comprimento das encostas. Essa análise permitirá definir com maior precisão as diferentes áreas/classes de suscetibilidade à erosão laminar, elaborando-se o mapa final.

O mapa de suscetibilidade à erosão laminar reflete as características naturais dos terrenos, em face do desenvolvimento dos processos erosivos. No entanto, a erosão laminar é fortemente condicionada pela ação do homem, por meio das formas de uso e ocupação do solo. Áreas com um mesmo nível de suscetibilidade ocupadas de maneira diferente apresentam variados potenciais ao desenvolvimento da erosão laminar. O potencial à erosão laminar pode assim ser definido como o resultado da interação entre a suscetibilidade dos terrenos em desenvolver erosão e a ocupação atual das terras.

O método baseia-se no cruzamento matricial do mapa de suscetibilidade à erosão laminar com o mapa de uso e ocupação atual do solo.

Mapa de suscetibilidade à erosão laminar	X	Mapa de uso e ocupação atual	=	Mapa de potencial à erosão laminar

O mapa de uso e ocupação atual do solo, tendo em vista o estudo regional da erosão, deve contemplar as diferentes formas de ocupação agrícola, diferenciadas em função do recobrimento vegetal. O critério adotado para o estabelecimento das classes de ocupação deverá ser o porte da cobertura vegetal e a intensidade da ação antrópica no manejo da terra. O porte da cobertura vegetal reflete, de forma indireta, o nível de cobertura vegetal sobre o solo e, conseqüentemente, a proteção deste solo quanto aos processos erosivos. Dessa forma, quanto maior o porte, maior a proteção contra a erosão. Por outro lado, a atividade antrópica indica diretamente as áreas mais sujeitas à erosão laminar, uma vez que o uso intensivo aumenta o potencial de perdas de solo. Resumidamente, destacam-se, a seguir, as cinco classes de uso e ocupação do solo definidas:

- Classe I: cobertura vegetal de baixo e médio porte, com intensa atividade antrópica (culturas anuais, estradas e áreas urbanizadas);

- Classe II: cobertura vegetal de baixo e médio porte, com atividade antrópica moderada (culturas perenes, cana-de-açúcar e pastagens);

- Classe III: cobertura vegetal de baixo a médio porte, com atividade antrópica muito reduzida (pasto sujo e campo cerrado);

- Classe IV: cobertura vegetal de porte alto a médio, com atividade antrópica muito reduzida (reflorestamento, capoeirão e florestas);

- Classe V: espelhos d'água e várzeas, cujo potencial erosivo pode ser considerado nulo.

Por meio do cruzamento matricial das classes de suscetibilidade à erosão laminar com as classes de uso e ocupação do solo, será possível a determinação de três classes de potencial atual à erosão laminar. O critério utilizado, conforme o ilustrado na Tabela 7.3, considera as seguintes características para a definição das classes de potencial atual à erosão laminar:

- Classe I: alto potencial — uso atual do solo incompatível com a suscetibilidade à erosão laminar;

Tabela 7.3. Matriz de definição das classes de potencial atual à erosão laminar (IPT, 1990).

		Classes de ocupação atual das terras				
		1	2	3	4	5
Classes de suscetibilidade à erosão laminar	1	I	I	I	II	—
	2	I	II	II	III	—
	3	II	II	II	III	—
	4	II	III	III	III	—
	5	III	III	III	III	III

- Classe II: médio potencial — uso atual do solo incompatível com a suscetibilidade à erosão laminar, possível de ser controlada com práticas conservacionistas adequadas;

- Classe III: baixo potencial — uso atual do solo compatível com a suscetibilidade à erosão laminar.

2.2. Erosão Linear

No estudo da erosão linear (sulco, ravina e boçoroca), além do entendimento dos fatores naturais, é fundamental conhecer o comportamento das águas de chuva e do lençol freático. Heede (1971) e Rodrigues e Vilar (1980) apontam que as condições de ocorrência de fenômenos de ravinamento e boçorocamento podem estar relacionadas tanto às características hidráulicas dos materiais da zona de percolação das águas superficiais e subsuperficiais, quanto às características do gradiente hidráulico ou, melhor, do comportamento piezométrico do lençol freático.

Essas características podem ser determinadas em coberturas pedológicas, desde que a abordagem se estenda à vertente como um todo, conhecendo-se os diferentes materiais que a constituem, e suas características direta ou indiretamente relacionadas com a circulação da água. Esse conhecimento foi obtido pelo estudo de topossequências na região de Bauru (SP), com a aplicação da abordagem conhecida por "análise estrutural da cobertura pedológica" (Boulet, 1988), que permitiu a identificação dos horizontes pedológicos e a relação espacial entre eles (Salomão, 1994).

A caracterização hidráulica dos horizontes pedológicos realizou-se em duas vertentes, tendo sido direcionada para o estudo de parâmetros que pudessem comprovar as hipóteses de circulação das águas ao longo das coberturas pedológicas. Pôde-se, assim, observar o potencial erosivo dos processos de ravinamento nas diversas posições das vertentes. O potencial erosivo do processo de boçorocamento também foi determinado por meio do estudo do comportamento piezométrico do lençol freático, com procedimento metodológico que privilegiou a compreensão das direções preferenciais e densidades do fluxo subterrâneo, e do gradiente hidráulico. As vertentes instrumentadas, submetidas aos ensaios de caracterização hidráulica, tiveram a vantagem de contemplar os principais tipos pedológicos encontrados na região de Bauru.

Para efeito demonstrativo da metodologia desenvolvida para o conhecimento dos processos erosivos lineares, serão apresentados, em forma resumida, os resultados obtidos em uma das vertentes estudadas em Bauru. Essa metodologia permite configurar, em uma determinada vertente, as características morfológicas relacionadas com o comportamento hídrico dos solos e deduzir as direções dos fluxos de água infiltrada e escoada superficial e subsuperficialmente, em uma avaliação qualitativa das diferentes condições de desenvolvimento dos processos erosivos por escoamento concentrado.

As Figuras 7.2 e 7.3 ilustram uma topossequência com características topográficas e de cobertura pedológica comumente encontradas no Planalto Ocidental paulista, em terreno associado ao Grupo Bauru, representativa do sistema pedológico Latossolo-Podzólico-Glei. Essas figuras mostram a disposição espacial dos principais horizontes pedológicos ao longo da vertente, suas principais características morfológicas e hidráulicas e a dedução do comportamento hídrico das águas de infiltração e de escoamento superficial e subsuperficial. Dessa forma, pode-se interpretar o potencial erosivo por processos de ravinamento nas diversas posições da vertente: terço superior, até a sondagem S24, com domínio da cobertura latossólica, onde a homogeneidade dos horizontes pedológicos, marcada por uma alta condutividade hidráulica, favorece a rápida infiltração das

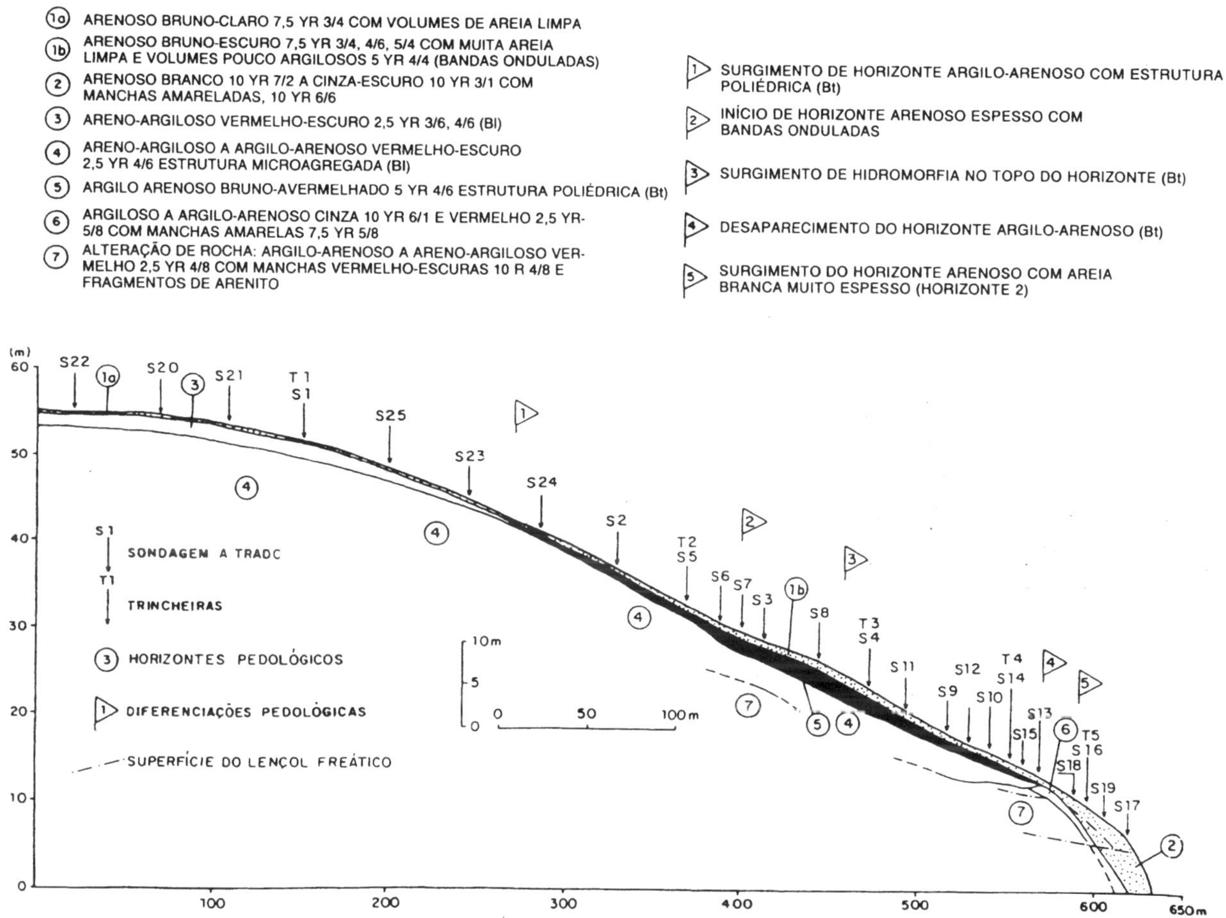

FIGURA 7.2. Toposseqüência comum do planalto ocidental paulista.

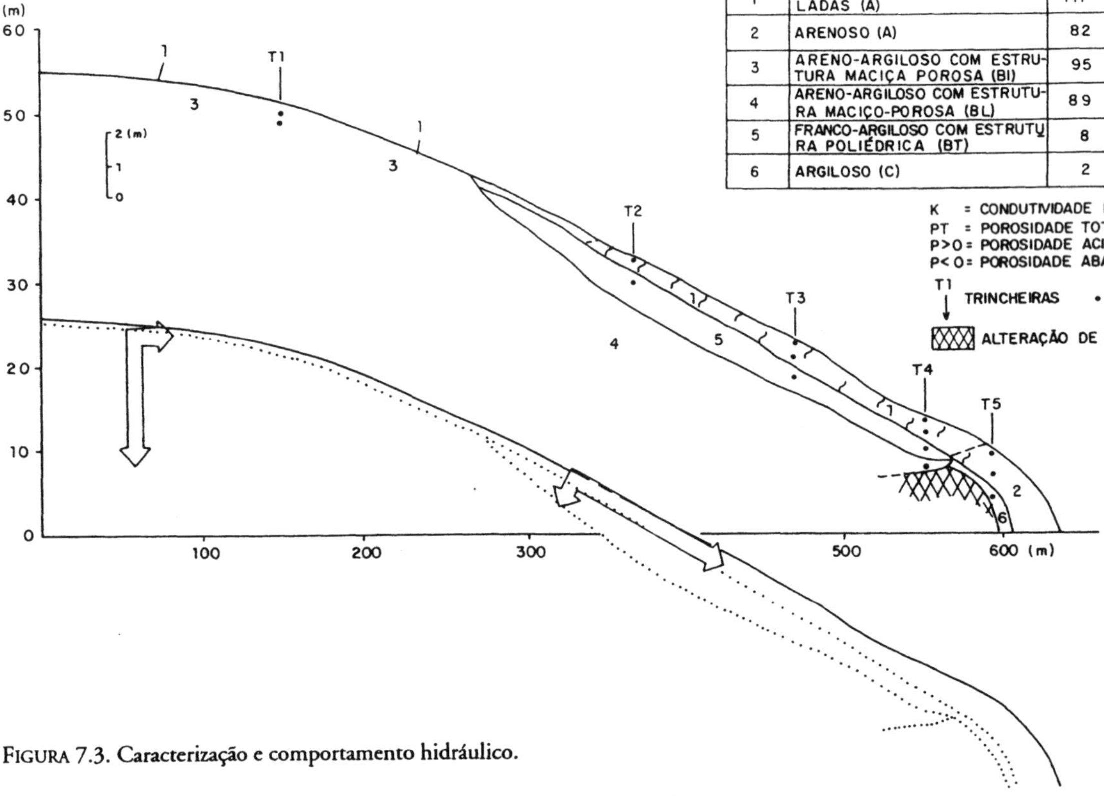

Horizontes	CARACTERÍSTICAS PEDOLÓGICAS	CARACTERÍSTICAS HIDRÁULICAS			
		K	POROSIDADE		
			PT	P > 30 / PT	P < 30 / PT
1	ARENOSO COM BANDAS ONDULADAS (A)	117	35	0,5	0,5
2	ARENOSO (A)	82	38	0,5	0,5
3	ARENO-ARGILOSO COM ESTRUTURA MACIÇA POROSA (BI)	95	36	0,5	0,5
4	ARENO-ARGILOSO COM ESTRUTURA MACIÇO-POROSA (BL)	89	37	0,5	0,5
5	FRANCO-ARGILOSO COM ESTRUTURA POLIÉDRICA (BT)	8	36	0,2	0,8
6	ARGILOSO (C)	2	36	0,1	0,9

K = CONDUTIVIDADE HIDRÁULICA (mm/h)
PT = POROSIDADE TOTAL (%)
P>0 = POROSIDADE ACIMA DE 30 μ DE RAIO (%)
P<0 = POROSIDADE ABAIXO DE 30 μ DE RAIO (%)
T1 TRINCHEIRAS • AMOSTRAS ENSAIADAS
ALTERAÇÃO DE ROCHA

FIGURA 7.3. Caracterização e comportamento hidráulico.

águas pluviais e o predomínio da circulação vertical em relação ao escoamento subsuperficial; mais a jusante, a partir do aparecimento do horizonte B textural (diagnóstico dos podzólicos), praticamente impermeável, as águas pluviais se infiltram com relativa facilidade no horizonte superficial arenoso (horizonte A), concentrando-se no contato com o horizonte Bt, permitindo o escoamento superficial e subsuperficial e, em conseqüência, maiores possibilidades de ravinamentos; no terço inferior da vertente, na passagem do Podzólico para Solo Glei, inclusive com o desaparecimento do horizonte Bt, observa-se uma forte diferenciação entre o horizonte superficial arenoso, muito espesso, e o horizonte C subjacente, com possibilidades também acentuadas de desenvolvimento de processos de ravinamento.

Por outro lado, o potencial erosivo ao processo de boçorocamento depende da concentração do fluxo de água e do gradiente hidráulico, promovidos pelas águas subterrâneas, em especial o concentrado em canal, com desenvolvimento de fenômenos de *piping*. Essas características podem ser determinadas por meio do estudo do comportamento piezométrico do lençol freático, como ilustrado nas Figuras 7.4, 7.5 e 7.6, entendendo-se que para possibilitar a ocorrência de fenômenos de *piping* é necessário o estabelecimento, em uma determinada porção da vertente, de altos níveis de concentração de fluxo de água subsuperficial, associados a valores elevados de gradiente hidráulico, suficientes para permitir a remoção de partículas do solo na zona de percolação do lençol. A Figura 7.5 ilustra o mapa do lençol freático obtido por leituras piezométricas realizadas no dia 26/02/91, mostrando a ocorrência de concentrações significativas de fluxo em determinadas direções da área instrumentada. A Figura 7.6 representa a seção CD do mapa do lençol freático, situada em uma direção de alta concentração de fluxo, ilustrando as variações do gradiente hidráulico (perda de carga por unidade de caminho percorrido (Vargas, 1968). Pode-se notar a existência de três segmentos (montante, intermediário e jusante) com comportamentos hidráulicos distintos: o segmento mais a jusante, com 14 metros de extensão, apresenta gradiente hidráulico relativamente elevado, da ordem de 0,15, com manifestação de fenômeno de *piping*, observado na saída do lençol freático, na base da parede da boçoroca. Nesses locais de saída do lençol freático, observou-se em campo rebaixamento localizado do nível de água, com evidências de alívio de

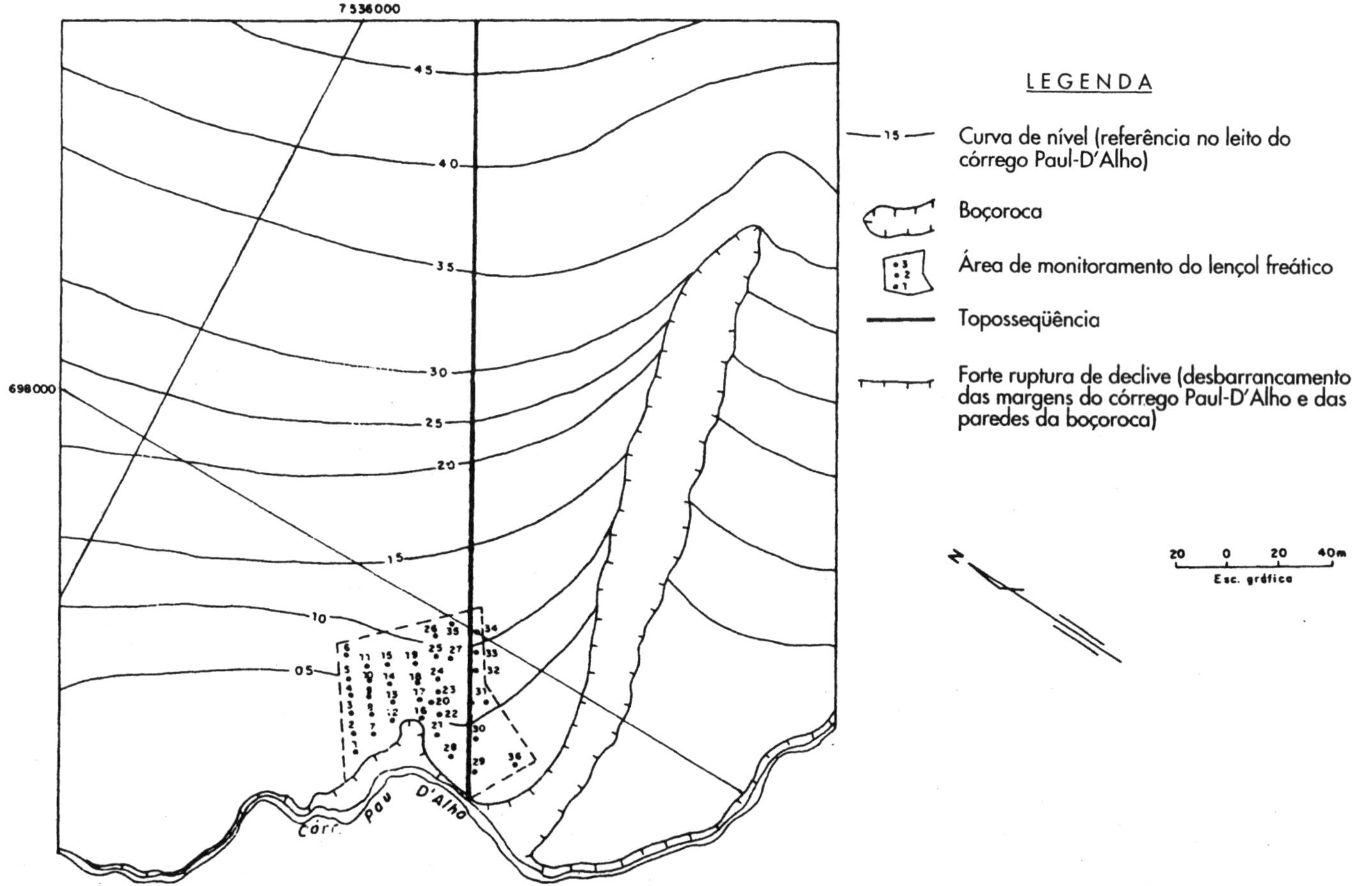

FIGURA 7.4. Localização da área de monitoramento do lençol freático.

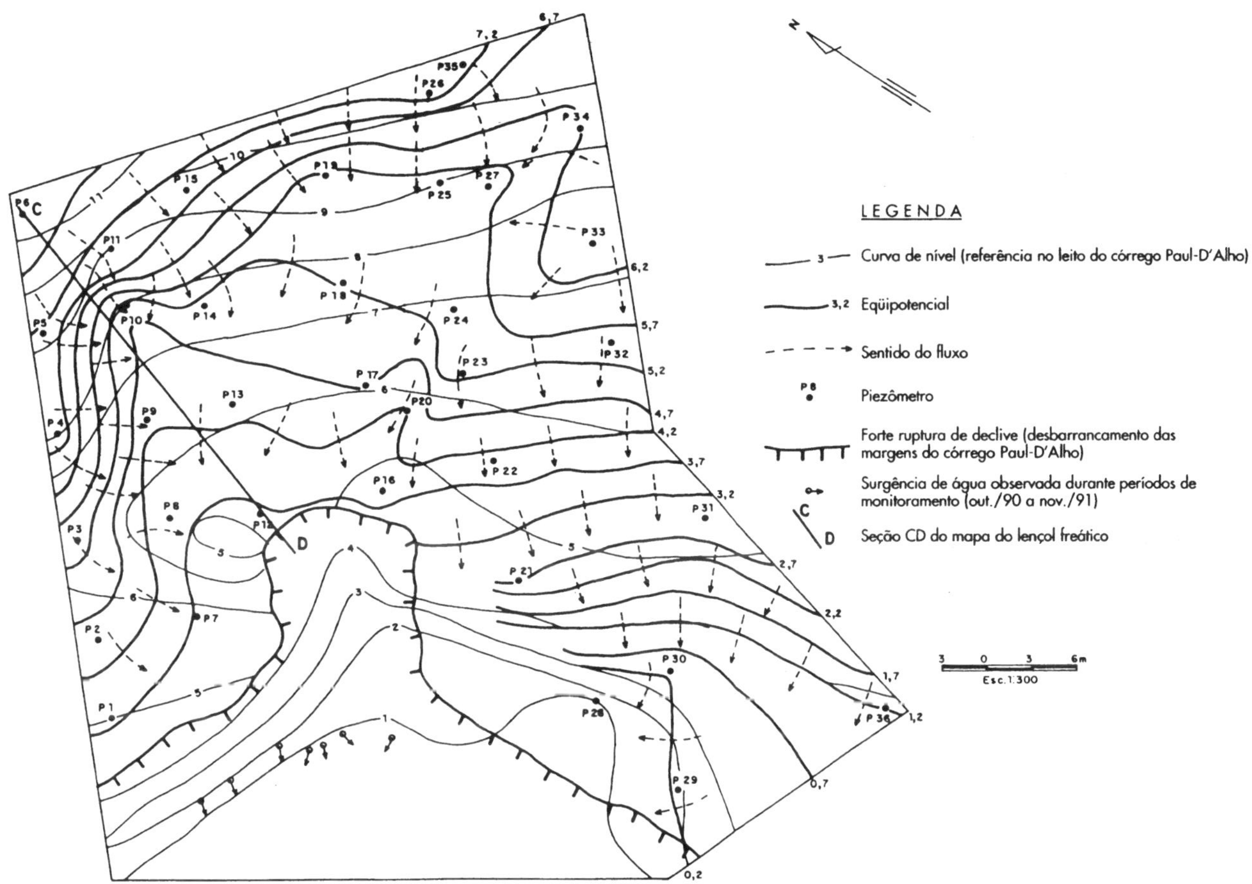

FIGURA 7.5. Mapa do lençol freático.

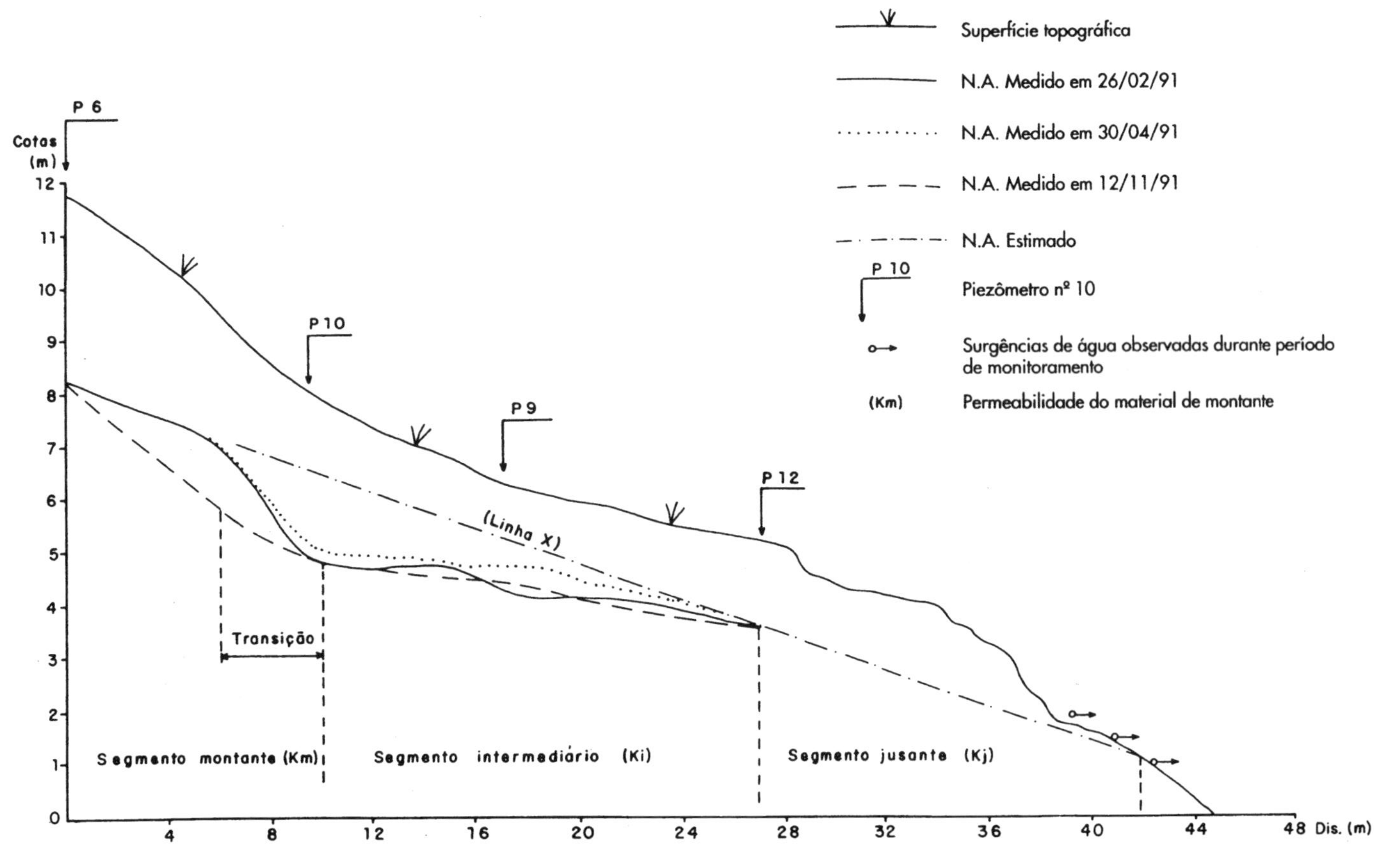

FIGURA 7.6. Seção CD do mapa do lençol freático ilustrando o gradiente hidráulico.

pressão, acompanhado de substancial aumento do gradiente hidráulico e densidade de fluxo, que podem atingir valores próximos às condições de criticidade de ocorrência de *piping*. Mais a montante, um segmento intermediário com aproximadamente 17 metros de extensão mostra pequena variação no nível de água, que se mantém num patamar próximo a 5 metros, com gradiente relativamente baixo, em torno de 0,08. Finalmente, acima do segmento intermediário, nota-se a presença de um terceiro segmento com elevados valores de gradiente. Em apenas 10 metros de extensão, nota-se uma queda de potencial de 3 metros, resultando em gradientes da ordem de 0,3, os maiores observados.

Os baixos gradientes observados no segmento intermediário podem ser explicados pelo brusco aumento de permeabilidade dos materiais constituintes da cobertura pedológica da zona de circulação hídrica, condicionando uma queda brutal do nível de água, em relação ao segmento de montante. Caso contrário, isto é, não se verificando mudança significativa da permeabilidade, o nível de água teria uma configuração semelhante ao representado pela linha *X* mostrada na Figura 7.6. Por outro lado, a manutenção do nível de água num determinado patamar desse segmento intermediário pode ser explicada pela existência de um horizonte bem menos permeável em profundidade, que permite a sustentação do lençol.

O exemplo apresentado demonstra o necessário conhecimento da cobertura pedológica e respectivo funcionamento hídrico quando se pretende estudar os processos erosivos lineares. As técnicas utilizadas constituem contribuição metodológica importante, e os resultados obtidos podem ser extrapolados, de maneira a se distinguirem cartograficamente áreas com diferentes suscetibilidades a processos de ravinamento e boçorocamento.

2.2.1. Suscetibilidade à Erosão Linear

Conforme anteriormente enfatizado, a partir da aplicação da abordagem da análise estrutural da cobertura pedológica, em toposseqüências, é possível definir áreas/setores de vertentes com diferentes suscetibilidades a ravinas e boçorocas. Essa abordagem é mais indicada para estudos detalhados. Para pequenas e médias escalas até 1:100.000, recomenda-se a aplicação de abordagens que envolvam análise integrada da paisagem por sobreposição dos seus integrantes considerados, como a morfopedologia (Tricart, 1977), que permite delimitar compartimentos relativamente homogêneos no que se refere à interação entre o relevo, substrato geológico, solos e ocorrências erosivas. Obtém-se, assim, em tempo curto e com recursos relativamente pequenos, um conhecimento do meio físico e da distribuição dos processos erosivos que permite a configuração de hipóteses sobre o funcionamento hídrico de vertentes e a delimitação de áreas com diferentes suscetibilidades a ravinas e boçorocas.

Entretanto, o procedimento morfopedológico não permite a necessária visualização das vertentes no que se refere às disposições espaciais dos horizontes pedológicos, sua relação com feições da vertente, com o comportamento hídrico e, conseqüentemente, com os processos erosivos lineares, especialmente se considerarmos a distinção dos processos de ravinamento e boçorocamento, que podem ocorrer com diferentes intensidades numa mesma vertente.

Tal como foi observado para a erosão laminar, o desenvolvimento de erosão por ravinas e boçorocas depende da conjugação de fatores naturais e de uso e ocupação do solo. O método de abordagem visando à delimitação de áreas com diferentes suscetibilidades à erosão por ravinas e boçorocas deve ser realizado com base em análises qualitativas. Essa abordagem metodológica baseia-se na análise integrada da paisagem, ponderando-se o comportamento das águas e incidências de ravinas e boçorocas, em relação aos fatores geológicos, geomorfológicos e pedológicos.

Essa metodologia envolve os seguintes passos:

a) cadastramento das ocorrências de ravinas e boçorocas, por meio de interpretação de fotografias aéreas mais atualizadas possíveis. Essa interpretação deve distinguir os processos erosivos de "reativação de drenagem" e os processos erosivos relacionados a concentrações de águas pluviais. Esse procedimento é um primeiro passo para destacar áreas mais ou menos suscetíveis a fenômenos de *piping* (boçorocamento), normalmente relacionados a processos erosivos de reativação de drenagem, especialmente em cabeceiras de cursos de água. As ocorrências identificadas devem ser locadas em mapas bases, constituindo-se mapas de ocorrências de ravinas e boçorocas;

b) elaboração, numa mesma escala, de mapas geológicos, geomorfológicos e pedológicos. Esses mapas deverão ser previamente interpretados, visando ao estudo dos processos erosivos por ravinas e boçorocas. O mapa geológico deve ser interpretado de maneira a distinguir as diferentes litologias, agrupadas em função do seu comportamento frente aos fenômenos de ravinamento e boçorocamento; o mapa geomorfológico deve ser interpretado de maneira a distinguir áreas indicativas de cabeceira de drenagem e áreas homogêneas quanto aos sistemas/formas de relevo e feições geomorfológicas; o mapa pedológico deve ser interpretado de maneira a agrupar solos com características comuns em relação a: profundidade, textura, gradiente textural e organização estrutural;

c) correlação da distribuição de ravinas e boçorocas com os diferentes tipos de rochas, relevos e solos, estabelecendo relações espaciais entre esses dados;

d) levantamentos de campo, buscando identificar o comportamento diferenciado dos fatores geológicos, geomorfológicos e pedológicos, em relação ao desenvolvimento de ravinas e boçorocas. Essas observações devem privilegiar o comportamento hidráulico diferenciado das vertentes, em relação ao desenvolvimento de ravinamentos e boçorocamentos;

e) definição de critérios de distinção de classes de suscetibilidade, contemplando diferentes níveis de predisposição dos terrenos em relação a ravinamentos e boçorocamentos e de sensibilidade à ocupação do solo. Esses critérios, considerados como chaves de interpretação, devem contemplar situações determinadas do terreno, de maneira a permitir a delimitação cartográfica das diferentes suscetibilidades.

Para o estado de São Paulo (DAEE/IPT, 1989) foram destacadas cinco classes de suscetibilidade à erosão linear. Os critérios estabelecidos na definição dessas classes são os seguintes:

- EXTREMAMENTE SUSCETÍVEIS A RAVINAS E BOÇOROCAS: são áreas muito favoráveis à instalação de fenômenos de *piping*, onde os processos de boçorocamento se desenvolvem logo após a destruição da cobertura vegetal natural, independentemente das formas de ocupação. Isso se deve à existência nesses locais de gradientes hidráulicos subterrâneos elevados, associados a materiais da zona de percolação do lençol freático com características que permitam a remoção e transporte das suas partículas. Em geral, essas áreas situam-se em nascentes, fundo de vales e cabeceira de drenagem, especialmente se essas cabeceiras apresentarem formas de anfiteatros côncavos. Incluem-se também setores de vertentes que apresentam nível de água do lençol subaflorante, passíveis de desenvolver sulcos e ravinas com o simples desmatamento. Com o aprofundamento dessas erosões o lençol freático pode ser interceptado, desenvolvendo fenômenos de *piping*.

- MUITO SUSCETÍVEIS A RAVINAS E POUCO SUSCETÍVEIS A BOÇOROCAS: são áreas favoráveis à concentração de fluxos de água, onde os processos de ravinamento se desenvolvem em função da ocupação do solo, a partir de pequena concentração das águas de escoamento superficial. Fenômenos de *piping*, condicionando o desenvolvimento de boçorocas, somente são observados quando as ravinas se aprofundam, interceptando o lençol freático. Em geral, essas áreas situam-se em terrenos com certa declividade, que permita a fácil concentração das águas de escoamento superficial, associadas a solos caracterizados por alto gradiente textural entre os horizontes superiores do perfil, como o observado nos Podzólicos de textura arenosa/média ou de textura arenosa/argilosa.

- MODERADAMENTE SUSCETÍVEIS A RAVINAS E POUCO SUSCETÍVEIS A BOÇOROCAS: são áreas de dispersão dos fluxos de água, bem drenadas, e com elevadas permeabilidades até grandes profundidades, facilitando a rápida infiltração das águas de chuva. Entretanto, a cobertura pedológica, constituída por solos pouco coesos, permite fácil remoção das partículas por escoamento das águas superficiais. Os processos erosivos por ravinamento ocorrem condicionados a grandes concentrações das águas de escoamento superficial, devido a determinadas formas de ocupação que favorecem a concentração das águas, como, por exemplo, estradas, arruamentos, caminhos de serviço, trilhas de gado e cercas. Fenômenos de *piping*, desenvolvendo boçorocas, somente ocorrem quando o aprofundamento das ravinas interceptar o lençol freático, situação comum nas posições inferiores de vertentes, próximas a fundo de vales e a cabeceiras de drenagem. Em geral, são áreas com declividades suficientes para permitir o escoamento das águas superficiais, constituídas por solos de textura arenosa e de textura média, como as Areias Quartzosas e Latossolos de textura média. Essas áreas apresentam comumente solos muito profundos, assim, quando as ravinas ou boçorocas aí se instalarem, podem apresentar grandes dimensões.

- SUSCETÍVEIS A RAVINAS E NÃO SUSCETÍVEIS A BOÇOROCAS: são áreas favoráveis à concentração dos fluxos de água; entretanto, a cobertura pedológica apresenta profundidades relativamente pequenas e com ausência do lençol freático. Os processos erosivos por ravinamento ocorrem especialmente condicionados à declividade das encostas e a determinada forma de ocupação, que favorece a concentração das águas de escoamento superficial. Em geral, as ravinas são pouco profundas, com maior incidência de sulcos, tendo em vista a resistência ao aprofundamento da erosão, imposta pelas camadas subsuperficiais do perfil do solo. Em geral, as áreas de ocorrência dessa classe de suscetibilidade são caracterizadas por declives relativamente elevados, permitindo, com relativa facilidade, a concentração das águas pluviais, associadas a solos pouco profundos, por exemplo, os Cambissolos, Brunizens e Litólicos.

- NÃO SUSCETÍVEIS A RAVINAS E A BOÇOROCAS: são áreas de agradação constituídas por terrenos com declividade praticamente nula, impossibilitando o escoamento das águas superficiais, mesmo quando submetidas a diferentes formas de ocupação, e que apresentam gradiente subterrâneo muito baixo, incapaz de gerar fenômenos de *piping*. Em geral, essas áreas situam-se às margens de cursos de água constituindo-se de planícies de inundação.

3. *Técnicas de Controle Preventivo da Erosão*

3.1. Erosão em Áreas Urbanas

A maior parte das cidades instaladas em terrenos constituídos por solos de textura arenosa e relativamente profundos apresentam erosão por ravinas e boçorocas, causadas especialmente pela concentração das águas de escoamento superficial (pluviais e servidas).

Na origem, a erosão urbana está associada à falta de um planejamento adequado, que considere as particularidades do meio físico, as condições sociais e econômicas das tendências de desenvolvimento da área urbana (Fendrich, 1984).

Com a ampliação das áreas construídas e pavimentadas, aumentam substancialmente o volume e a velocidade das enxurradas e, desde que não dissipadas, concentram o escoamento, acelerando os processos de desenvolvimento de ravinas e boçorocas.

A ocupação mais intensa dos terrenos próximos às ocorrências erosivas multiplica os riscos de acidentes. Junto com os riscos de acidentes, geralmente as ravinas e boçorocas se tornam áreas de despejo de lixo, às vezes até como tentativa desastrosa de contenção. O lixo e os lançamentos de esgoto transformam a erosão em foco de doenças, tornando-as ainda mais danosas ao meio ambiente.

Por outro lado, o assoreamento dos cursos de água e reservatórios, dentro da área urbana ou nas suas periferias, e a destruição ou entupimento da rede de galerias agravam ainda mais os problemas causados pela erosão, pela promoção de enchentes, concentração de poluentes e perda da capacidade de armazenamento de água de abastecimento.

Nos estudos preventivos da erosão urbana, os problemas abordados, direta e indiretamente relacionados aos processos erosivos, precisam ser adequadamente caracterizados por meio da elaboração da Carta Geotécnica, que sintetiza as características dos terrenos, em função dos seus problemas e fenômenos, destacando a sua aptidão para distintos tipos de ocupação. Em regiões potencialmente favoráveis ao desenvolvimento de ravinas e boçorocas, devem-se contemplar, na elaboração da Carta Geotécnica, estudos de suscetibilidade à erosão, permitindo orientações, não só de caráter preventivo contra o surgimento de boçorocas, mas, também, como condição básica para a correta concepção e o sucesso de obras de correção para as boçorocas já instaladas.

Além dos aspectos técnicos envolvidos no controle preventivo da erosão urbana, dispositivos legais específicos e mecanismos administrativos devem ser acionados, partindo-se de uma avaliação do quadro institucional legal vigente.

3.2. Diretrizes Gerais para Elaboração de Projetos de Controle Preventivo da Erosão Urbana

O projeto de controle da erosão urbana envolve aspectos geotécnicos e urbanísticos. Os primeiros exigem a caracterização dos fatores e mecanismos relacionados às causas do desenvolvimento dos processos erosivos, e os segundos, as possibilidades e alternativas de ocupação urbana. Dentre as principais causas do desencadeamento e evolução da erosão nas cidades, destacam-se:

a) Plano de obra inadequado do sistema viário, muitas vezes agravado pela falta de pavimentação, guias e sarjetas. As ruas, quando pavimentadas, dispõem, em geral, de galerias pluviais, mas nem sempre onde existem galerias existe pavimentação. Ruas sem pavimento, em áreas urbanas muito suscetíveis à erosão, provocam, inevitavelmente, o entupimento de galerias, especialmente quando apresentam declividades insuficientes para favorecer o transporte do solo depositado. Recomenda-se, portanto, pavimentar imediatamente as ruas, após concluídas as obras de galerias pluviais.

b) Traçado inadequado do sistema viário, não considerando a declividade e comprimento das vertentes. Os volumes de escoamento devem ser parcelados para que os coletores tenham o menor diâmetro possível. Em certos casos, para controlar a direção do escoamento superficial e sua vazão, deve-se prever a implantação de lombadas transversais à direção de fluxo de água, e desviar as águas das ruas e estradas até um local de controle seguro.

c) Deficiência do sistema de drenagem de águas pluviais e servidas. Sempre que possível, os projetos devem considerar toda a área de drenagem que contribui para o escoamento superficial, com estudo prévio da planta topográfica da cidade, desenvolvendo os planos para o sistema de drenagem e prevendo as ruas com ou sem pavimento. Os canais coletores devem situar-se, principalmente, nas ruas secundárias, utilizando as de pequena declividade, evitando, dessa forma, o acúmulo de águas resultantes da drenagem nas ruas de grande declividade.

d) Expansão urbana descontrolada. A implantação de loteamentos e conjuntos habitacionais, especialmente em locais que apresentam terrenos suscetíveis a processos de ravinamentos e/ou boçorocamentos, deve ser antecedida por cuidadoso estudo da suscetibilidade à erosão, adequando os projetos à natureza dos terrenos e prevendo-se obras de controle da erosão.

3.3. Erosão em Áreas Rurais

O controle da erosão em terras rurais é muito complexo, por envolver questões tanto de ordem técnica como sócio-econômica, que devem ser conjuntamente avaliadas, visando à adoção de uma política agrícola que contemple a manutenção ou aumento do potencial produtivo das terras. No que se refere às questões técnicas, destacam-se, como fundamentais, a utilização adequada de práticas agrícolas de conservação do solo, a adoção de medidas preventivas contra a erosão associada a estradas e o fornecimento de subsídios visando ao planejamento da ocupação agrícola (capacidade de uso das terras).

3.4. Noções Gerais Sobre Práticas Agrícolas de Conservação do Solo

Os processos erosivos em áreas de cultivo podem ser minimizados ou controlados com a aplicação de práticas conservacionistas, que têm por concepção fundamental garantir a máxima infiltração e menor escoamento superficial das águas pluviais. Esse assunto, de domínio da agronomia, será ligeiramente abordado, visando à transmissão dos seus princípios fundamentais.

São várias as técnicas de conservação do solo adotadas na agricultura, podendo ser agrupadas em vegetativas, edáficas e mecânicas. As técnicas de caráter vegetativo e edáfico são de mais fácil aplicação, menos dispendiosas e mantêm os terrenos cultivados em condições próximas ao seu estado natural, devendo, portanto, ser privilegiadas. Recomenda-se a adoção das técnicas mecânicas em terrenos muito suscetíveis à erosão, em complementação às técnicas vegetativas e edáficas.

As práticas de conservação do solo devem ser aplicadas após o conhecimento integrado das potencialidades e limitações dos recursos de solo e água a nível de bacias hidrográficas e/ou microbacias. A escolha das técnicas deve, necessariamente, adaptar-se às características físicas e químicas do solo, à declividade e comprimento da encosta e ao tipo de cultivo. Deve, portanto, adequar-se à capacidade de uso das terras.

a) Práticas de caráter vegetativo

Nas técnicas de caráter vegetativo utiliza-se a cobertura vegetal como critério básico de contenção da erosão. Entre as técnicas de caráter vegetativo mais utilizadas em áreas apropriadas ao cultivo, destacam-se as seguintes:

— plantas de cobertura: em espaços do terreno, entre as culturas, mantêm o solo coberto durante o período chuvoso. Têm sido normalmente utilizadas em culturas permanentes, tais como plantio de café, laranja e fruticultura em geral, cobrindo os claros deixados no terreno por suas copas. Em culturas anuais, as plantas de cobertura, quando utilizadas, visam completar o efeito de cobertura já proporcionado pelas plantas cultivadas;
— cultura em faixas: plantio em faixas de exploração contínua ou em rotação, intercalado em geral com culturas anuais ou semiperenes (cana-de-açúcar, mandioca e sisal), tendo por principal objetivo interceptar a velocidade das enxurradas e dos ventos, facilitar a infiltração das águas e permitir a contenção do solo parcialmente erodido;
— cordões de vegetação permanente: fileiras de plantas perenes ou semiperenes e de crescimento denso (cana-de-açúcar, por exemplo), dispostas com determinado espaçamento e sempre em contorno. Apresentam comportamento de controle da erosão semelhante a culturas em faixa;
— alternância de capinas: intercalação nas capinas de maneira a manter parcelas da área em cultivo, com mato, imediatamente abaixo de outra recém-capinada. Seu efeito no controle da erosão é semelhante ao observado na cultura em faixas e cordões de vegetação permanente;
— quebra-ventos: barreira densa de árvores visando interceptar a ação dos ventos, controlando a erosão eólica.

b) Práticas de caráter edáfico

São práticas conservacionistas que mantêm ou melhoram as condições de fertilidade do solo e, indiretamente, controlam a erosão. Entre essas práticas destacam-se:

— controle do fogo: o fogo, prática muito comum na agricultura brasileira, é muito prejudicial ao solo, pela destruição da matéria orgânica e do nitrogênio, destruição da estrutura ou organização das partículas constituintes do solo, condicionando a diminuição da capacidade de absorção e retenção de umidade. Portanto, esta prática diminui a resistência do solo à erosão;

— adubação verde e plantio direto: incorporação de nitrogênio e matéria orgânica no solo, enterrando-se restos vegetais ainda verdes. O húmus produzido melhora as condições físicas do solo pela estruturação e aumento de porosidade. A porosidade do solo é bastante aumentada pela ação dos organismos vivos do solo (plantas e animais);

— adubação química: manutenção e restauração da fertilidade do solo, proporcionando aumento de produtividade e melhor cobertura vegetal, protegendo, desta forma, o solo;

— adubação orgânica: incorporação da matéria orgânica no solo, pela aplicação de certos produtos (esterco, composto orgânico);

— rotação de cultura: plantio de diferentes tipos de lavouras (plantas que esgotam, recuperam ou conservam os solos), numa mesma gleba, visando ao controle de doenças e pragas e melhoria das características físicas do solo;

— calagem: correção da acidez do solo pela aplicação de cálcio. Solos ácidos dificultam o aproveitamento do fósforo pelas plantas e o desenvolvimento de microorganismos fixadores do nitrogênio atmosférico. Portanto, a calagem proporciona melhor cobertura vegetal do solo, protegendo-o contra a erosão.

c) Práticas de caráter mecânico

São práticas artificialmente desenvolvidas nas áreas de cultivo pela execução de estruturas em canais e aterros, com a finalidade de controlar o escoamento superficial das águas e facilitar a sua infiltração. Entre essas práticas, destacam-se:

— plantio em contorno (em nível): marcação no terreno de curvas de nível e execução em espaços estabelecidos de sulcos e camalhões de terra. As fileiras de cultura e os sulcos e camalhões, acompanhando as curvas de nível, constituem um obstáculo que se opõe ao percurso livre das enxurradas, controlando a erosão;

— terraceamento: tipo especial de sulco ou canal e camalhão, visando, além de interceptar a água de enxurrada, conduzir o excesso pelo canal. São vários os métodos utilizados, e sua escolha depende das condições do terreno (tipo do solo e declividade). A Figura 7.7 apresenta esquematicamente os tipos de terraços mais utilizados na agricultura brasileira;

— canais escoadouros: canais de dimensões apropriadas, vegetadas, capazes de transportar com segurança a água de escoamento superficial proveniente dos sistemas de terraceamento ou de outras estruturas.

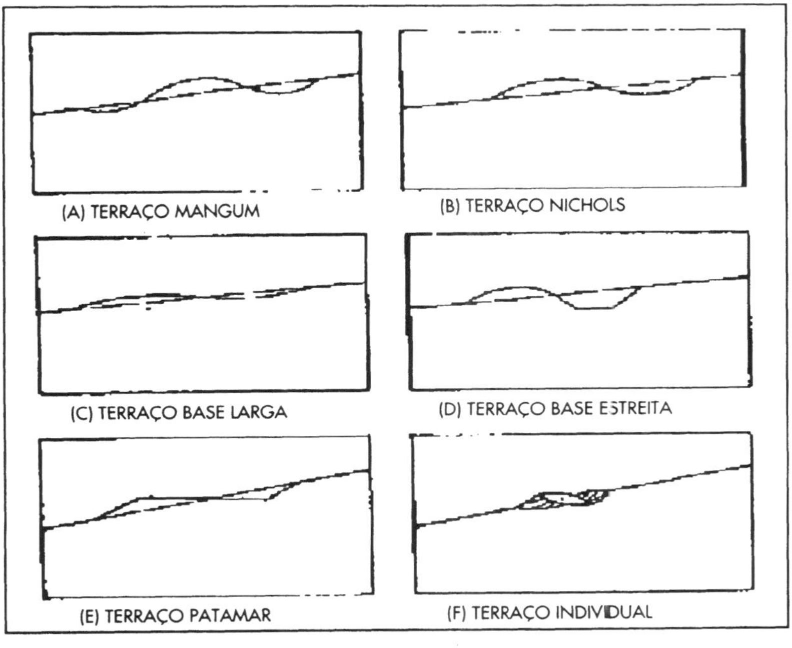

FIGURA 7.7. Representação esquemática dos tipos principais de terraços (Fonte: Bertoni e Lombardi Neto, 1985).

3.5. Noções Gerais Sobre Capacidade de Uso da Terra

A capacidade de uso da terra pode ser caracterizada como a sua adaptabilidade para fins diversos, sem que sofra depauperamento pelos fatores de desgaste e empobrecimento (Lepsch *et al.*, 1983).

O método de elaboração de mapa de classes de capacidade de uso da terra foi originalmente estabelecido nos Estados Unidos (Klingebiel e Montgomery, 1961), com finalidade de utilização no planejamento de práticas de conservação do solo, tendo em vista o controle da erosão, podendo, entretanto, ser utilizado como subsídio ao planejamento agrícola de forma mais ampla.

O método de classificação normalmente utilizado baseia-se na análise integrada das características físicas e da fertilidade do solo, características topográficas do terreno e de suscetibilidade à erosão. A ponderação dessas características permite a distinção de oito classes de capacidade de uso da terra, sendo quatro cultiváveis, três cultiváveis apenas em casos especiais de algumas culturas permanentes e adaptadas, em geral, para pastagens ou reflorestamentos, e uma imprópria para produção agrícola.

GRUPO A: Terras aptas a cultivos intensivos anuais, culturas perenes, pastagens e reflorestamentos.

- CLASSE I — Sem problemas especiais de conservação. Caracterizam-se por apresentar solos profundos, boa retenção de água, média a alta fertilidade, declividade inferior a 3%; não suscetíveis à erosão.
- CLASSE II — Problemas simples de conservação. Caracterizam-se por apresentar solos profundos, boa retenção de água, média fertilidade, declive de 3 a 6%, baixa suscetibilidade à erosão.
- CLASSE III — Problemas complexos de conservação. Caracterizam-se por apresentar solos profundos, alta a baixa retenção de água, alta a baixa fertilidade, declividade de 6 a 12%, baixa suscetibilidade à erosão.
- CLASSE IV — Problemas complexos de conservação. Caracterizam-se por apresentar solos profundos a rasos, alta a baixa retenção de água, alta a baixa fertilidade, declive de 12 a 20%, baixa a moderada suscetibilidade à erosão.

GRUPO B: Terras impróprias para cultivos, mas adaptadas para pastagem e reflorestamento.

- CLASSE V — Sem problemas de conservação, mas necessária a adoção de técnicas especiais ao cultivo. Caracterizam-se por apresentar solos rasos, mal drenados, declividade inferior a 3%, não suscetíveis à erosão.
- CLASSE VI — Problemas complexos de conservação. Caracterizam-se por apresentar solos rasos a mediamente profundos, baixa fertilidade, declividade de 12 a 20%, moderada a alta suscetibilidade à erosão.
- CLASSE VII — Problemas complexos de conservação. Caracterizam-se por apresentar solos rasos a mediamente profundos, baixa fertilidade, declividade superior a 20%, alta suscetibilidade à erosão.

GRUPO C: Terras indicadas somente para preservação.

- CLASSE VIII — Problemas complexos de conservação, constituídas por terrenos áridos, muito acidentados e escarpados, pedregosos, ou encharcados.

3.6. Controle da Erosão Causada por Estradas

A imprecisão dos projetos de drenagem, principalmente por não levarem em conta a natureza dos terrenos quanto à suscetibilidade à erosão, o desinteresse pelos investimentos em obras complementares ao projeto da estrada propriamente dita, e a falta de manutenção são as principais causas da grande incidência de erosão por ravinas e boçorocas encontradas nas áreas rurais.

Essas feições erosivas são observadas tanto ao longo da plataforma, nos cortes e aterros, como fora dela, em caixas de empréstimo, áreas de jazidas exploradas, junto aos pés de aterros, e a jusante das obras de transposição (bueiros, pontilhões e pontes). Comumente, observam-se ravinas e boçorocas de grande porte associadas a estradas, atingindo propriedades rurais adjacentes ao corpo da estrada.

O controle preventivo da erosão relacionado à estrada realiza-se por meio da proteção vegetal dos cortes, aterros e terrenos adjacentes e da implantação de um eficiente sistema de drenagem, concebido a partir do conhecimento da suscetibilidade à erosão dos terrenos e da caracterização/quantificação hidráulica, tendo em vista a captação, condução e dissipação das águas.

Entre as medidas comumente recomendadas para o controle de erosão em estradas (Bigarella e Mazuchowski, 1985; Santos *et al.*, 1985), destacam-se:

a) proteção vegetal: deve ser executada em todos os locais da plataforma e áreas adjacentes à estrada, sujeitos a processos de erosão, principalmente por concentração das águas de chuva, tais como taludes de cortes e aterros, valetas não revestidas, saídas de bueiros e sangras, caixas de empréstimo, áreas de jazidas, caminhos de serviço, etc. Entre as espécies vegetais, devem-se buscar aquelas mais adaptadas à região e que ofereçam máxima proteção possível ao solo, sendo muito comum a utilização de bambu, grama, capim, etc.;

b) valetas/canaletas revestidas ou gramadas: devem ser executadas em todos os locais de concentração de água, principalmente nas bordas da plataforma em cortes e aterros, junto às cristas de cortes e às saias de aterros, e nas saídas de bueiros;

c) bueiros: devem ser construídos com tubos de concreto, alvenaria, aço, etc., em travessias de pequenas drenagens, naturais permanentes (córregos) ou temporárias (enxurradas);

d) abaulamento transversal da pista de rolamento: impede o empoçamento ou escoamento das águas de chuva ao longo da pista;

e) sangras laterais: devem ser construídas acompanhando as curvas de nível do terreno, com espaçamento compatível com a quantidade de água transportada pelas canaletas laterais da plataforma;

f) dissipadores de energia: devem ser construídos em locais sujeitos a fluxo de água excessivo, tais como ao longo de canaletas laterais, nas saídas de sangras e bueiros, nas decidas de cortes e aterros, etc. Dependendo das condições locais, vários tipos de estruturas de dissipação de energia podem ser utilizados (barragens ao longo de valetas/canaletas, escadas em locais de saídas de água, caixas de infiltração ou acumulação nas saídas de sangras laterais, etc.).

4. Conclusões

Em regiões de clima quente e chuvoso, como boa parte do território brasileiro, os processos erosivos por ação das águas pluviais representam os principais problemas que dificultam a ocupação urbana e rural. Procurou-se, neste capítulo, demonstrar que as causas desses problemas estão ligadas principalmente à forma inadequada do uso e manejo do solo, desconsiderando-se as diferentes suscetibilidades das terras ao desenvolvimento dos processos erosivos. No caso específico da erosão por ação das águas de chuva, tratada neste capítulo, considera-se fundamental conhecer a dinâmica do funcionamento hídrico ao longo das vertentes, com base na distribuição espacial dos horizontes pedológicos, suas características hidráulicas e funcionamento hídrico, direcionando para a avaliação do escoamento superficial e subsuperficial das áreas de chuva, e do gradiente hidráulico do lençol freático.

Partindo-se desse conhecimento, o controle dos processos erosivos torna-se possível, introduzindo-se a nível do planejamento e da legislação, requisitos para a implantação de novas ocupações e para a melhor adequação da forma de ocupação existente. Essas ações de controle da erosão somente podem ser corretamente introduzidas, se ligadas a um bom conhecimento das condicionantes ligadas aos fatores do meio físico e da ocupação. Os passos metodológicos necessários para a obtenção desses conhecimentos foram desenvolvidos no item que trata das principais abordagens aplicadas ao estudo da erosão, enquanto que as propostas tecnológicas de controle preventivo aplicadas às diferentes formas de ocupação constituem considerações conclusivas deste capítulo.

5. Bibliografia

BERTONI, J. (1959). O espaçamento de terraços em culturas anuais, determinado em função das perdas por erosão. Bragontia, Campinas, SP, 18: 113-140.

BERTONI, J., e LOMBARDI NETO, F. (1985). *Conservação do Solo.* Piracicaba: Livroceres, 368p.

BIGARELLA, J. J,. e MAZUCHOWSKI, J. Z. (1985). *Visão integrada da problemática da erosão.* In: SIMPÓSIO NACIONAL DE CONTROLE DA EROSÃO, 3, 1985, Maringá. Livro Guia... Maringá: ABGE/ADEA, 332 p.

BOULET, R. (1988). Análise Estrutural da Cobertura Pedológica e Cartografia. In: *CONGRESSO BRASILEIRO DE CIÊNCIA DO SOLO,* 21, Campinas. *Anais...* Campinas: SBCS, pp. 79-90.

DEPARTAMENTO DE ÁGUAS E ENERGIA ELÉTRICA. Instituto de Pesquisas Tecnológicas do Estado de São Paulo (1989). *Controle de erosão:* bases conceituais e técnicas; diretrizes para o planejamento urbano e regional; orientações para o controle de boçorocas urbanas. 2ª ed. São Paulo: DAEE/IPT, 92 p.il.

FENDRICH, R. (1984). Drenagens e Controle da Erosão Urbana. Curitiba: EDUCA, 306 p.

HEEDE, B.H. (1971). Characteristics and processes of piping in gullies (USDA Forest Service Research – paper).

INSTITUTO DE PESQUISAS TECNOLÓGICAS DO ESTADO DE SÃO PAULO (1986). *Orientações para o combate à erosão no estado de São Paulo,* Bacia do Peixe, Paranapanema. São Paulo, 6 v. (IPT. Relatório, 24:739).

INSTITUTO DE PESQUISAS TECNOLÓGICAS DO ESTADO DE SÃO PAULO. (1990). *Orientações para o combate à erosão no estado de São Paulo,* Bacia do Pardo Grande. São Paulo, 3 v. (IPT. Relatório, 28:184).

KLINGEBIEL, A.A., e MONTGOMERY, P.H. (1961). *Land capacibility classification.* Washington: Soil Con. Service, V. S. Gonvt. Print. Office, 21p. (Handbook, 210).

LEPSCH, I.F.; BELLINAZZI, J.; BERTOLINI, D.; ESPÍNDOLA, C.R. (1983). *Manual para levantamento utilitário do meio físico e classificação de terras no sistema de capacidade de uso.* 4ª aproximação. Campinas: Sociedade Brasileira de Ciências do Solo.

LOMBARDI NETO, F., e BERTONI, J. (1975). *Erodibilidade de solos paulistas.* Campinas; Instituto Agronômico de Campinas, 12 p. (Boletim Técnico, 28).

LOMBARDI NETO, F., e MOLDENHAUER, W.C. (1980). Erosividade da chuva: sua distribuição e relação com perdas de solo em Campinas, SP. In: ENCONTRO NACIONAL DE PESQUISA SOBRE CONSERVAÇÃO DO SOLO, 3, 1980, Recife. *Anais...* Recife, fl. 13.

LOMBARDI NETO, F., SILVA, I.R., CASTRO, O.M. (1980). Potencial de erosão das chuvas do estado de São Paulo, In: ENCONTRO NACIONAL DE PESQUISAS SOBRE CONSERVAÇÃO DO SOLO, 3, Recife. *Anais...* fl. 13. – A.

PICHLER, E. (1953). Boçorocas. Boletim da Sociedade Brasileira de Geologia, v. 2, nº 1, p. 3-16.

RODRIGUES, J.E. e VILAR, O.M. (1980). Estudo da erosão interna em boçorocas através da Teoria do Carreamento. In: CONGRESSO BRASILEIRO DE GEOLOGIA DE ENGENHARIA, 4, Belo Horizonte. *Anais...* São Paulo; ABGE. V. 1; 162-168.

SALOMÃO, F.X.T. (1994). Processos erosivos lineares em Bauru (SP): regionalização cartográfica aplicada ao controle preventivo urbano e rural. São Paulo, 200 p. (Tese de Doutoramento FFLCH-USP. Departamento de Geografia).

SANTOS, A.R.; PASTORE, E.L.; AUGUSTO JUNIOR, F.; CUNHA, M.A. (1985). Estradas Vicinais de Terra. *Manual Técnico para conservação e recuperação.* São Paulo: IPT, 125 p.

SOIL CONSERVATION SERVICE. (1966). Procedures for determining rates of landscapes drainage, land depreciation, and volumes of sediment, procedy by gylly erosion. Local Engineering Division (Techincal Release, 32. Geology).

TRICART, J. (1977). Ecodinâmica. Rio de Janeiro. FIBGE/SUPREN.

VARGAS, M. (1968). Mecânica dos solos. São Paulo: Escola Politécnica — Universidade de São Paulo. Departamento de Livros e Publicações do Grêmio Politécnico, 202p.

VIEIRA, N.M. (1978). Estudo Geomorfológico das boçorocas de Franca. Franca, 1978, 226p. (Tese de Doutoramento, Fac. Fil. Ci. e Let. de Franca).

WISCHMEIER, W.H., e SMITH, D.D. (1978). *Predicting rainfall* — erosion losses, a guide to conservation planning. Washington: USDA (Agric. Handbook, 537).

CAPÍTULO 8

PLANEJAMENTO AMBIENTAL EM MICROBACIA HIDROGRÁFICA

Rosangela Garrido Machado Botelho

1. INTRODUÇÃO

Entende-se como bacia hidrográfica ou bacia de drenagem a área da superfície terrestre drenada por um rio principal e seus tributários, sendo limitada pelos divisores de água. A bacia hidrográfica é uma célula natural que pode, a partir da definição do seu *outlet* ou ponto de saída, ser delimitada sobre uma base cartográfica que contenha cotas altimétricas, como as cartas topográficas (Figura 8.1), ou que permita uma visão tridimensional da paisagem, como as fotografias aéreas (Figura 8.2). A delimitação de bacias hidrográficas a partir de imagens de satélites também é possível; contudo, sua maior ou menor precisão fica a cargo, não só do tamanho da bacia a ser mapeada, como, principalmente, da qualidade e riqueza de informações da imagem considerada. Além disso, os limites ou divisores de água da bacia são observáveis em campo (Figura 8.3).

Sendo assim, muitos pesquisadores (Leopold *et al.*, 1964; Chorley, 1969; Schumm, 1977; Oyebande e Ayoade, 1986; Cooke e Doornkamp, 1990; Lombardi Neto *et al.*, 1995; Resende *et al.*, 1995; Botelho, 1996; Freitas e Kerr, 1996) chamam atenção para a bacia hidrográfica como unidade natural de análise da superfície terrestre, onde é possível reconhecer e estudar as inter-relações existentes entre os diversos elementos da paisagem e os processos que atuam na sua esculturação. Compreendida dessa forma, a bacia hidrográfica passa também a representar uma unidade ideal

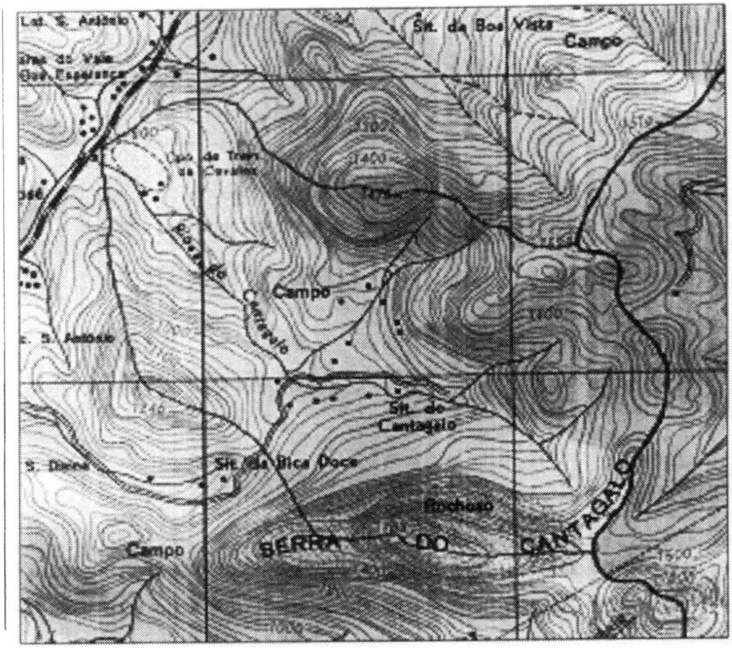

FIGURA 8.1. Delimitação da microbacia do rio do Cantagalo (Petrópolis — RJ) em carta topográfica, escala original 1:50.000.

de planejamento de uso das terras. Tendo sua delimitação baseada em critérios geomorfológicos, as bacias de drenagem levam vantagens sobre unidades de planejamento definidas por outros atributos, cujos traçados dos limites podem ser bastante imprecisos, como, por exemplo, unidades definidas por atributos climáticos, ou, ainda, baseadas nos tipos de vegetação, que pode não cobrir a paisagem de modo contínuo.

A utilização da bacia hidrográfica como unidade de planejamento formal ocorre nos Estados Unidos, com a criação da *Tennessee Valley Authority* (TVA), em 1933, e a partir de então é adotada no Reino Unido, França, Nigéria e restante do mundo (Oyebande e Ayoade, 1986; Zinck, 1996).

No Brasil, a década de 80 e, principalmente, a de 90 são marcadas por inúmeros trabalhos que têm na bacia hidrográfica sua unidade funda-

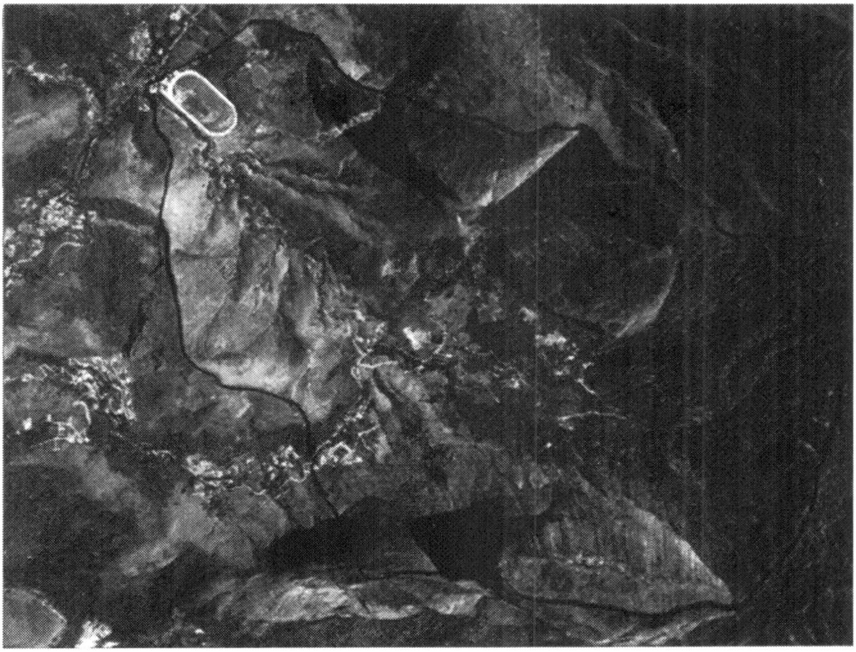

FIGURA 8.2. Delimitação da microbacia do rio do Cantagalo (Petrópolis — RJ) em foto aérea, escala original aproximada 1:25.000.

FIGURA 8.3. Microbacia do rio do Cantagalo (Petrópolis — RJ) vista em campo. Ao fundo, observa-se o afloramento rochoso da serra do Cantagalo.

mental de pesquisa, em detrimento das áreas de estudo, anteriormente muito utilizadas, como as unidades político-administrativas (distritos, municípios, etc.), ou aquelas delimitadas por linhas de coordenadas cartográficas, formando quadrículas definidas em cartas topográficas.

Contudo, para o estudo de bacias hidrográficas com fins de planejamento, é preciso estar atento à escala de análise envolvida, visto que uma atividade de planejamento exige, ou ao menos almeja, uma etapa de implantação do projeto e outra de monitoramento ou fiscalização dos resultados e implicações. A fim de facilitar a execução das várias etapas de trabalho, é possível desenvolver projetos de planejamento em bacias hidrográficas de tamanho menor, as quais são chamadas microbacias hidrográficas.

1.1. O Conceito de Microbacia Hidrográfica

Apesar de não constar nos principais e mais recentes dicionários e vocabulários técnicos nacionais e internacionais editados nas áreas das Ciências Ambientais, o termo microbacia vem sendo cada vez mais utilizado e citado em livros e artigos, principalmente por profissionais envolvidos com projetos de planejamento. Entretanto, nota-se, ainda, a ausência de uma conceituação e de consenso, não só na sua definição, como também no seu uso. Talvez o fato de sua definição estar intimamente subordinada ao próprio conceito de bacia hidrográfica e de sub-bacias acabe por inibir a construção de um conceito formal para microbacia hidrográfica e, conseqüentemente, sua maior utilização.

Sabe-se que uma bacia hidrográfica, além de poder estar inserida em outras de maior tamanho, pode, ainda, conter um número variado de outras bacias menores, chamadas sub-bacias. Desse fato deriva uma questão: qual, então, a diferença entre sub-bacia e microbacia hidrográfica e, até mesmo, entre bacia e microbacia?

A criação do Programa Nacional de Microbacia Hidrográfica (PNMH), através do Decreto-Lei nº 94.076, de 05 de março de 1987, expandiu o uso do termo, que foi definido como sendo uma área drenada por um curso d'água e seus afluentes, a montante de uma determinada seção transversal, para a qual convergem as águas que drenam a área considerada (Brasil, 1987). Tal conceituação, no entanto, não difere em nada do conceito de bacia hidrográfica e, como dito anteriormente, pode inibir sua incorporação pelos pesquisadores da área ambiental.

Existe, ainda, a noção de microbacia hidrográfica como uma "unidade espacial mínima", definida a partir da classificação de uma bacia de drenagem em seus diferentes níveis hierárquicos, subdividindo-a até a menor porção possível (Bertoni e Lombardi Neto, 1993). Esta visão equivaleria à noção de bacia hidrográfica de ordem zero, correspondendo aos canais efêmeros ou cabeceiras de drenagem. Tal concepção, entretanto, parece não corresponder ao conceito de microbacias utilizado nos últimos dez anos pelos pesquisadores. Obviamente, a noção de microbacia está associada à definição de uma dimensão para a área de trabalho. O tamanho dessa área, contudo, não está fixado.

Segundo Freitas e Kerr (1996), a área da microbacia depende do objetivo do trabalho que se pretende realizar. De acordo com a finalidade da pesquisa, existem algumas sugestões, como considerar bacias de até 25 km^2 ideais para estudos hidrológicos, por exemplo, de estimativas de vazão (Cogo, 1988), e entre 10 e 50km^2 para planejamento conservacionista (Bertoni e Lombardi Neto, 1993).

Acredita-se que o conceito de microbacia esteja fortemente relacionado aos projetos de planejamento e conservação ambiental e que, para sua definição, deve-se acrescentar à própria conceituação de bacia hidrográfica a condição do estabelecimento de uma área, cuja extensão é função da análise de alguns elementos que estarão envolvidos na pesquisa, como técnicas, recursos materiais, equipe de trabalho e tempo disponíveis. Além disso, é preciso reconhecer os interesses das comunidades diretamente envolvidas nos projetos de planejamento, que podem ser tanto mais diversificados quanto maior for a área considerada.

Dessa forma, a microbacia deve abranger uma área suficientemente grande, para que se possam identificar as inter-relações existentes entre os diversos elementos do quadro sócio-ambiental que a caracteriza, e pequena o suficiente para estar compatível com os recursos disponíveis, respondendo positivamente à relação custo/benefício.

1.2. O Conceito de Planejamento Ambiental

A expressão planejamento ambiental (*environmental planning*) tem sido cada vez mais incorporada à linguagem dos profissionais que trabalham com meio ambiente, e para ela existem muitas definições.

Gómez Orea (1978) define planejamento ambiental como "um processo racional de tomada de decisões, o qual implica necessariamente uma reflexão sobre as condições sociais, econômicas e ambientais que orientam qualquer ação e decisão futuras". Gallopin (1981) define como uma "proposta e implementação de medidas para melhorar a qualidade de vida presente e futura dos seres humanos, através da preservação e do melhoramento do meio ambiente, tanto em seus aspectos localizáveis (espaciais), como não localizáveis". Cendrero (1982) considera o planejamento ambiental ou territorial como "uma atividade intelectual por meio da qual se analisam os fatores físico-naturais, econômicos, sociológicos e políticos de uma zona (um país, uma região, uma província, um município, etc.) e se estabelecem as formas de uso do território e de seus recursos na área considerada". Horberry (1984) define como "a tarefa de identificar, conceber e influenciar decisões sobre a atividade econômica, de forma que esta não reduza a produtividade dos sistemas naturais nem a qualidade ambiental".

Na realidade, existem várias definições para a expressão planejamento ambiental. Almeida *et al.* (1993) identificaram duas linhas principais do processo de planejamento: a linha de demanda, na qual o "planejamento ambiental consiste em um grupo de metodologias e procedimentos para avaliar as conseqüências ambientais de uma ação proposta e identificar possíveis alternativas a esta ação"; e a linha de oferta, onde existe "um conjunto de metodologias e procedimentos que avalia as contraposições entre as aptidões e usos dos territórios a serem planejados".

Desse modo, percebe-se que o termo planejamento ambiental é utilizado de forma abrangente e que pode ser utilizado para definir todo e qualquer projeto de planejamento de uma determinada área que leve em consideração fatores físico-naturais e sócio-econômicos para a avaliação das possibilidades de uso do território e/ou dos recursos naturais, ainda que haja, de acordo com os objetivos e metodologias de cada projeto, certa ênfase em determinado fator.

Existem, ainda, outras expressões que tratam da tarefa da planificação do espaço e que, em certos casos, podem ser consideradas como sinônimas, e, em outros, diferem em função da maior ênfase dada a algum fator ou etapa específicos, tais como: planejamento conservacionista, planejamento ecológico, planejamento de uso do solo, ordenamento territorial, avaliação de terras, gestão ambiental, entre outras.

O planejamento conservacionista, em geral, refere-se aos estudos de planejamento que priorizam a utilização racional e a preservação dos recursos naturais, principalmente o solo e a água, com fins agrícolas. Para tal, requer o levantamento da capacidade de uso dos solos ou classes de aptidão de uso das terras.

O planejamento ecológico (*ecological planning*) constitui um termo de uso bastante restrito e enfatiza o conhecimento dos recursos naturais, a fim de garantir a sobrevivência a longo prazo dos mesmos.

O planejamento de uso do solo ou do território (*land use planning*) busca estabelecer de modo integrado as formas de utilização consideradas mais adequadas em função da capacidade de suporte do meio.

Quanto aos termos ordenamento territorial e gestão ambiental (*environmental management*), apesar de utilizados muitas vezes como sinônimos de planejamento ambiental, envolvem, respectivamente, as etapas de estabelecimento e promulgação das normas de uso e suas aplicações e, como tais, deveriam ser utilizados nos casos em que o processo de planejamento atinge de fato essas esferas. Acredita-se que os termos gestão e também manejo estejam condicionados à execução das propostas de uso, seu acompanhamento e controle.

A expressão avaliação de terras (*land evaluation*) ganhou caráter genérico e tem sido utilizada para denominar diversos projetos de planejamento. Contudo, a avaliação de terras deve corresponder apenas a uma etapa ou fase de trabalho referente à avaliação das potencialidades ou limitações do meio físico. Em alguns casos, tal fase refere-se exclusivamente ao estudo das potencialidades e limitações de uso dos solos.

Não cabem aqui, ainda que válidas, a definição e discussão de todos os termos que são utilizados pelos profissionais da área ambiental para nomear seus projetos de planejamento. Vale, contudo, a tentativa de reconhecer neles atributos diferenciadores que facilitem a escolha, por parte do pesquisador, do termo que melhor defina de fato seu trabalho, desde a fase de definição de seus objetivos até a possibilidade de implementação e controle dos resultados. Maiores informações sobre alguns desses termos podem ser encontradas em Dent e Young (1981), FEEMA (1992), Bertoni e Lombardi Neto (1993), Pundek (1994), Tauk-Tornisielo *et al.* (1995) e Zink (1996).

Em relação ao planejamento ambiental em microbacias hidrográficas, entretanto, talvez uma das tarefas mais difíceis e importantes seja a seleção da área ou, no caso, da microbacia que será avaliada e/ou testada.

2. Seleção de Microbacias Representativas

Por se tratar de uma pequena área, a microbacia hidrográfica a ser definida como área de estudos para o desenvolvimento de um projeto de planejamento precisa ser cuidadosamente selecionada. É essencial que a microbacia seja representativa das condições físicas e sócio-econômicas locais. Desse modo, os resultados e experiências gerados a partir dela poderão ser implementados com sucesso nas demais microbacias da região. Tal fato exige, portanto, um levantamento geral prévio das características do quadro natural da região, como clima, geologia, relevo, solos e vegetação, que pode ser conseguido através de pesquisas bibliográficas e cartográficas sobre a área em questão, as quais também podem e devem, se possível, ser acompanhadas de rápido reconhecimento de campo.

É importante ressaltar que tais dados, geralmente compilados de projetos nacionais, como RADAMBRASIL, levantamento de solos realizados pela EMBRAPA e as publicações de Geografia do Brasil por regiões pelo IBGE, servem apenas para o conhecimento geral da área, não podendo ser utilizados como referência para a microbacia selecionada, como ocorre em alguns casos de projetos de pesquisa, principalmente a nível acadêmico. O trabalho em microbacias exige uma escala de análise detalhada que, em geral, precisa ser produzida pelo pesquisador ou equipe envolvida. Ao utilizar dados gerados em escalas pequenas (normalmente iguais ou menores que 1:400.000, como no caso dos projetos nacionais mencionados), o pesquisador cria um lapso de informação e lança mão de um grau de abstração não permissíveis e intoleráveis em projetos de planejamento locais, como na microbacia hidrográfica.

Talvez a dificuldade de recursos financeiros ou de domínio de conhecimentos multidisciplinares explique a maior ocorrência desses casos no meio acadêmico. Contudo, é preciso fazer o esforço de realizar uma ciência comprometida com a realidade e com as soluções de seus problemas, possíveis apenas a partir do seu conhecimento, suas causas e implicações.

Pode-se dizer o mesmo do levantamento das condições sócio-econômicas, que tem nos censos do IBGE apoio e respaldo bastante importantes, mas que em relação à microbacia hidrográfica precisa ser acrescido de informações locais, oriundas de inquéritos à população residente e usuária, diretamente envolvida, e consulta a jornais locais.

Dessa forma, é possível conhecer os interesses dos proprietários das terras, se produzem, o que produzem, se existem problemas que afetam a produção (real ou potencial) e quais seriam eles. Tais informações devem ser levadas em consideração ao estabelecer os objetivos do planejamento, para que seus resultados sejam, de fato, aplicáveis.

Quanto à dimensão da microbacia, como dito anteriormente, não existe um consenso por parte dos pesquisadores. Contudo, acredita-se que, para a realização de um planejamento ambiental, áreas entre 25 e 45km^2 sejam as mais adequadas.

3. *Fatores do Meio Físico Necessários ao Planejamento Ambiental*

Sabe-se que para o conhecimento das reais potencialidades e limitações de uso e ocupação de uma determinada área é preciso levantar dados acerca de seus atributos físicos, como clima, geologia, relevo, solos, rede de drenagem e vegetação. No caso do planejamento em microbacias hidrográficas é necessário um levantamento detalhado desses atributos. Esse levantamento geral não se encontra disponível e deve, então, ser produzido com a devida atenção para a necessidade de garantir um nível de investigação ou detalhamento equilibrado entre as variáveis físicas adotadas, sem que haja privilégio de uma sobre a outra.

Sendo assim, discutiremos a seguir, de forma sucinta, a participação dessas variáveis em estudos de planejamento em microbacias.

Clima

A análise de dados climáticos (principalmente temperatura média anual, temperaturas máxima e mínima médias anuais, total pluviométrico anual e totais máximo e mínimo médios anuais e distribuição da precipitação) revela informações extremamente importantes, como período de maior potencialidade erosiva das chuvas, riscos de estiagens, geadas, etc. Além disso, a partir da análise do sistema de balanço hídrico (Thornthwaite e Mather, 1955), é possível conhecer as perdas de água do solo por evapotranspiração, que podem caracterizar ou não períodos de excedente de água no solo e/ou deficiência hídrica. Tais dados são de grande valor, especialmente quanto ao uso e ocupação agrícola das terras.

Contudo, a obtenção desses dados para uma microbacia não é fácil. É possível que não haja nenhuma estação meteorológica ou mesmo pluviométrica na área da microbacia, sendo necessária a análise de dados das estações mais próximas. Em função do seu tamanho relativamente pequeno, a microbacia, em geral, apresenta um clima bastante homogêneo internamente. No entanto, devido à existência de grandes diferenças altimétricas que podem ocorrer entre o alto e o baixo curso em regiões montanhosas, ou devido ao posicionamento, forma e comprimento da bacia, é possível encontrar variações climáticas nas microbacias. A caracterização desses microclimas é uma tarefa difícil. Inquéritos à população local podem orientar nessa busca, já que os moradores costumam apontar as áreas mais chuvosas ou frias, por exemplo, quando existentes. A instalação, quando possível, de pluviômetros nessas áreas é essencial para verificar a possibilidade de diferenças internas na microbacia. Tal medida, na maioria das vezes, eleva os custos da pesquisa.

Geologia

Muitas vezes desprezada ou pouco valorizada nos estudos de planejamento ambiental, a variável geológica tem muito a contribuir nas tarefas, não só de caracterização, como também de avaliação e prognóstico da área considerada. Talvez a presença de uma cobertura pedológica relativamente profunda (em se tratando de regiões tropicais, como o Brasil), sobre a qual se desenvolvem diretamente as atividades humanas, justifique a maior ênfase dada ao estudo dos solos em detrimento das rochas, nesses casos. Contudo, sabe-se que, em função de suas características mineralógicas, texturais e estruturais, os corpos rochosos respondem diferentemente à ação dos processos exógenos, influindo nas formas de relevo e tipos de solo. A informação geológica permite a reconstrução histórica da evolução da paisagem e do seu comportamento atual. Tal informação auxilia, por exemplo, na identificação de áreas de risco a movimentos de massa, que têm como possíveis fatores condicionantes as propriedades mineralógicas e texturais das rochas, existência de fraturas, planos de esfoliação e diáclases, foliação e bandamento composicional e posição estratigráfica (Ponce, 1984; Amaral, 1996; Fernandes e Amaral, 1996).

O estudo desses atributos permite compreender o avanço da frente de intemperismo, o caminho preferencial percorrido pela água e a existência de descontinuidades mecânicas, que vão definir a maior ou menor estabilidade das encostas.

Em termos práticos, para o planejamento em microbacia hidrográfica, é preciso dispor muito mais do que informações compiladas de cartas geológicas do projeto RADAMBRASIL (escala 1:1.000.000) ou produzidas em escalas maiores (em geral, 1:500.000), mas ainda pequenas, como aquelas elaboradas para todo um estado por órgãos competentes como o Departamento Nacional de Produção Mineral (DNPM) e Instituto de Pesquisas Tecnológicas do estado de São Paulo (IPT).

Para projetos em microbacias, sugere-se uma escala de, ao menos, 1:50.000 para as cartas geológicas. Neste caso, é importante, ainda, um reconhecimento em campo das unidades geológicas mapeadas e seus limites. A maior ou menor homogeneidade litológica da área exigirá ou não um aprofundamento das informações contidas na carta. Não raro, em função da sua dimensão, a microbacia se encontra inserida em uma única unidade geológica. Às vezes, engloba duas ou três unidades que podem ser bastante similares do ponto de vista técnico, possuindo comportamento praticamente indistinto. No entanto, é preciso estar atento às mudanças na paisagem (relevo, rede de drenagem e solos), percebidas, principalmente, a partir de interpretações de fotografias aéreas e durante as pesquisas de campo, que podem denunciar variações nas características geológicas.

Relevo

Vários autores têm destacado a importância dos mapeamentos geomorfológicos em projetos de planejamento ambiental (Franzle, 1970; Troppmair, 1980; Cooke e Doornkamp, 1990; Marques *et al.*, 1993; Ross, 1996; Argento, 1998; Christofoletti, 1998). O uso da cartografia e informação geomorfológicas objetiva representar a fisionomia da paisagem, tendo em vista a identificação dos elementos ou ambientes de acumulação e transporte, caracterização dos processos morfogenéticos, e as implicações da ação antrópica. Sob o ponto de vista ambiental, as formas de relevo são consideradas fatores que exercem influência sobre as condições locais e criam condições hidrológicas (e topoclimáticas) específicas.

Realizado, principalmente, a partir da interpretação de fotografias aéreas em escalas maiores ou iguais a 1:25.000 e observações de campo, para o caso de microbacias hidrográficas, o mapeamento dos fatos geomorfológicos pode conter uma enorme quantidade de informações e possuir uma legenda extremamente variada. Diante do conflito entre um mapa como um estoque de dados e outro como meio de comunicação (Hole e Campbell, 1985), que contenha informações selecionadas como de maior valor, considerando o tema abordado, sugere-se a segunda opção.

Dessa forma, é aconselhável a adoção de uma legenda, cujo conteúdo, considerado subsídio para a identificação de ambientes diferenciados e tomada de decisões quanto ao uso potencial do solo, não deixe de representar áreas referentes a afloramentos rochosos, depósitos de talus, rampas de colúvio, terraços, planícies de inundação e cicatrizes de feições erosivas e movimentos de massa, além, é claro, dos cursos de água e feições de origem antrópica, como aterros e áreas de material de empréstimo.

Um atributo geomorfológico bastante importante e que quase sempre merece a elaboração de um mapa temático próprio é a inclinação das vertentes, que, caso contrário, saturaria o mapa de feições gemorfológicas descritas anteriormente. O valor das cartas de declividade ou clinográfica para realização de estudos ambientais e de planejamento, tanto em áreas rurais, como urbanas, tem sido reconhecido por diversos pesquisadores (De Biasi, 1970; Aguiar e Kreling, 1984; Sanchez, 1993; Santos *et al.*, 1995; Botelho e Soares da Silva, 1997). Aliada a outras variáveis, como cobertura vegetal e rugosidade do terreno, a inclinação das encostas é responsável pela maior ou menor velocidade dos fluxos de água, que, por sua vez, podem conduzir à atuação de processos erosivos.

Para a elaboração da carta de declividade de vertentes, podem ser adotadas a já consagrada metodologia de De Biasi (1970 e 1992) e as contribuições de Sanchez (1993), as quais permitem a construção do ábaco radial, considerado de mais fácil manuseio que o tradicional ábaco triangular proposto por De Biasi (1970), e do ábaco complementar, utilizado para áreas definidas, na carta topográfica, por curvas de nível de igual valor, como topos de morro e fundos de vale. Existem também programas de computador que realizam a tarefa automaticamente, mediante a entrada dos dados (base cartográfica com as curvas de nível digitalizadas e os intervalos de classe). Contudo, a eficiência desses *softwares* na execução desse tipo de mapeamento, principalmente para áreas pequenas, ainda é discutível. Alguns trabalhos buscam comparar e discutir as vantagens e desvantagens da elaboração de cartas de declividade através de métodos tradicionais (manuais) e computacionais (Pereira Neto e Valério Filho, 1993; Áglio *et al.*, 1997; Pacheco, 1997). A escolha da eqüidistância entre curvas de nível e das classes de declive deve atender aos objetivos da pesquisa e às características de relevo da área e deve ser bastante cuidadosa, visto que terá influência direta sobre o nível de detalhamento da carta, notadamente em microbacias com forte variação topográfica.

Solos

O estudo e mapeamento dos solos como subsídio aos projetos de planejamento ambiental são considerados essenciais (Troppmair, 1980; Barroso, 1986; Porta Casanellas *et al.*, 1994; Botelho e Silva, 1995; EMBRAPA, 1995; Fasolo, 1996; Guerra e Botelho, 1996 e 1998; Palmiere e Larach, 1996; Zink, 1996). Vários são os fatores ambientais que exercem influência sobre a paisagem, porém o "material dinâmico a ser erodido, transportado e depositado a curto prazo, ou mesmo curtíssimo prazo, se houver interferência antrópica não planejada, é o material intemperizado: o solo" (Troppmair, 1980). A despeito do que o autor entende como sendo solo, vale destacar seu caráter dinâmico, pois, talvez, o fator mais diretamente afetado pela ação humana de caráter irracional deva ser o solo por ela ocupado.

A justificativa principal do uso do mapa pedológico no planejamento ambiental é atingir aquilo que, em última análise, representa seu maior objetivo: "subdividir áreas heterogêneas em parcelas mais homogêneas, que apresentem a menor variabilidade possível, em função dos parâmetros de classificação e das características utilizadas para a distinção de solos" (EMBRAPA, 1995).

No Brasil, os levantamentos pedológicos são, em sua grande maioria, a nível exploratório, como os do Projeto RADAMBRASIL, e de reconhecimento, como os executados pela EMBRAPA. Contudo, apesar dos benefícios gerados por esses tipos de mapeamento, as necessidades atuais e futuras em termos de planejamento ambiental em microbacias exigem a produção de informações mais detalhadas, alcançadas apenas nos levantamentos semidetalhado, detalhado e ultradetalhado (Tabela 8.1). Para tal, é imprescindível o uso de fotografias aéreas em grandes escalas (nunca menores que 1:60.000) e, no caso, principalmente, do mapeamento de ultradetalhe, o acompanhamento da variação da cobertura pedológica através de seções de encosta transversais ao canal fluvial (topossequências), que permitem a reconstituição bidimensional da paisagem (Boulet *et al.*, 1982; Queiroz Neto, 1988; Ruellan *et al.*, 1989; Castro, 1989; Salomão, 1994; Soares da Silva, 1997). No caso do mapeamento de solos em microbacias hidrográficas utilizando topossequências, é preciso estar atento à localização dessas seções, de modo que elas possam abranger diferentes tipos de relevo, com inclinação, forma e comprimento de encosta distintos.

Rede de drenagem

O estudo da rede hidrográfica, suas nascentes, padrão, densidade, tipos de canais fluviais e seus perfis longitudinais, velocidade, turbidez e qualidade da água, entre outros parâmetros, permite avaliar desde a disponibilidade de recursos hídricos para irrigação até o estado de degradação das terras adjacentes, em função da constatação da alta carga de sedimentos transportados e/ou assoreamento do leito do rio.

Sabe-se que o arranjo da rede de drenagem é reflexo de um conjunto de variáveis físicas, como clima, relevo, solos, substrato rochoso e vegetação. Desse modo, é possível tecer considerações acerca dessas variáveis, a partir da análise criteriosa da rede hidrográfica. Tal análise, contudo, tem

Tabela 8.1. Diferentes tipos de levantamentos pedológicos e suas principais características.

Tipos de Levantamentos	Objetivos	Métodos de prospecção	Material cartográfico	Escala
Esquemático	Visão geral da distribuição dos solos	Generalização e correlação com o meio ambiente	Mapas planialtiméticos, imagens de radar e satélites	≤ 1:1.000.000
Exploratório	Informação generalizada sobre os solos	Extrapolação, generalização, correlação e observação de campo	Mapas planialtimétricos, imagens de radar e satélites e fotoíndices	1:2.500.000 a 1:750.000
Reconhecimento de Baixa Intensidade	Estimativa qualitativa do recurso do solo	Extrapolação e verificação de campo	Mapas planialtimétricos, imagens de radar e satélites e carta-imagem	1:750.000 a 1:250.000
Reconhecimento de Média Intensidade	Estimativa qualitativa e semiquantitativa dos solos	Correlação solo/paisagem e verificação de campo	Mapas planialtimétricos, imagens de radar e satélites e carta-imagem e fotos aéreas	1:250.000 a 1:100.000
Reconhecimento de Alta Intensidade	Avaliação semiquantitativa de áreas prioritárias	Correlação solo/paisagem e verificação de campo	Mapas planialtimétricos, carta-imagem e fotos aéreas	1:100.000 a 1:50.000
Semidetalhado	Planejamento e implantação de projetos agrícolas e de engenharia civil	Correlação solo/superfície geomórfica e e verificação de campo em topos-seqüências	Mapas planialtimétricos e restituições, levantamentos topográficos e fotos aéreas	≤ 1:1.000.000 ou ≤ 1:50.000, de preferência
Detalhado	Projetos de uso intensivo do solo	Correlação solo/superfície geomórfica e verificação de campo em toposseqüências	Mapas planialtimétricos e restituições, levantamentos topográficos e fotos aéreas	≤ 1:20.000
Ultradetalhado	Estudos específicos	Malhas	Plantas	≤ 1:5.000

Fonte: EMBRAPA, 1995.

sido mais importante em trabalhos em escalas regionais (Ray e Fisher, 1960; Carvalho *et al.*, 1978; Christofoletti e Cesar, 1978; Espíndola e Garcia, 1978 e 1979; Christofoletti, 1979; Carvalho *et al.*, 1981; Christofoletti, 1981; Carvalho *et al.*, 1983), envolvendo grandes áreas ou comparando pequenas áreas entre si (bacias hidrográficas e amostras circulares) dentro de áreas maiores (Figura 8.4).

O estudo da rede de drenagem como um indicador ambiental para o planejamento em microbacias precisa ainda ser explorado. Para isso, é necessário dispor de um mapa-base detalhado da rede hidrográfica, elaborado a partir de fotos aéreas em escalas grandes, preferencialmente não inferiores a 1:25.000, e onde sejam mapeados todos os cursos de água, inclusive os de ordem zero ou efêmeros. Como se trata de áreas de pequenas dimensões, é possível que as diferenças na distribuição da drenagem sejam bastante sutis e, portanto, difíceis de serem interpretadas. No entan-

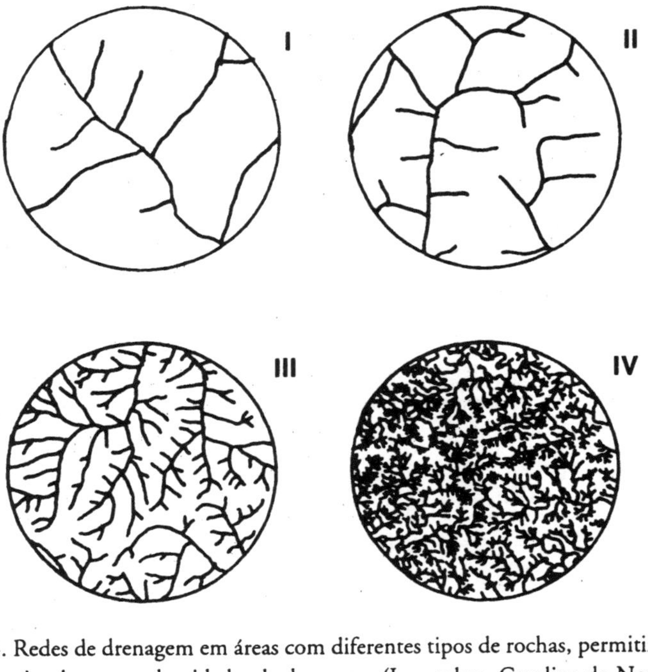

FIGURA 8.4. Redes de drenagem em áreas com diferentes tipos de rochas, permitindo uma comparação visual entre as densidades de drenagem (I — gabro, Carolina do Norte; II — granito, Guiana; III — filito, Alabama; IV — argilito, Dakota do Sul). Diâmetro das amostras circulares = 1.609m (modificado de Ray e Fischer, 1960).

to, trabalhos recentes sobre o comportamento da densidade de drenagem (Demattê e Demétrio, 1996a e 1996b; Rossi e Queiroz Neto, 1996; Meireles e Botelho, 1997 e 1998) têm revelado que este pode ser um parâmetro eficiente na verificação de ambientes distintos.

Medidas hidrológicas, como vazão média dos cursos d'água, granulometria dos sedimentos transportados, pH e qualidade da água, exigem pesquisa de campo, coleta de amostras e análises laboratoriais específicas, e, de acordo com as finalidades do projeto e das características da área (presença de agricultura com uso de agrotóxicos, lançamento de resíduos industriais, etc.), podem assumir papel fundamental no planejamento.

Cobertura vegetal

Como é raro encontrar uma área que não tenha sua vegetação original modificada ou até mesmo devastada, é preciso ter cuidado na utilização deste parâmetro para verificação das diferenças ambientais em microbacias hidrográficas. É possível, por exemplo, que no Brasil seja encontrada uma mesma cobertura vegetal para toda uma microbacia, como seria para várias delas que fossem delimitadas na região do médio vale do rio Paraíba do Sul no estado do Rio de Janeiro, que se encontra hoje predominantemente recoberta por gramíneas, utilizadas para pastagens.

Contudo, a identificação dos diferentes tipos de cobertura vegetal atual informa, principalmente, sobre o nível de proteção do solo, já que a cobertura vegetal é responsável pela proteção contra a ação do impacto das gotas da chuva (*splash*), pela diminuição da velocidade do escoamento superficial (*runoff*), através do aumento da rugosidade do terreno, e pela maior estruturação do solo, que passa a oferecer maior resistência à ação dos processos erosivos (Evans, 1980; Thornes, 1980; Morgan, 1986; Lombardi Neto, 1994; Guerra, 1998).

Além disso, o levantamento dos dados sobre a cobertura vegetal, em geral, vem acompanhado pela informação sobre o uso atual do solo, já que ambos estão estreitamente relacionados. Tal fato permite criar, após a etapa de planejamento propriamente dita, ou seja, do estabelecimento das atribuições ou sugestões ou alterações de uso do solo, um confronto ou incongruência de uso, em função da conjugação das informações sobre o uso e cobertura do solo atual (real) e aquele considerado mais adequado (potencial). Desse modo, é possível eleger as áreas prioritárias para o início da etapa de implantação do projeto de planejamento ambiental.

Quanto ao mapeamento da cobertura vegetal em microbacias, vale ressaltar a necessidade de bases cartográficas não só em escalas apropriadas (que seriam tanto maiores, quanto maiores forem as variações ou modificações no tipo de vegetação), mas também em datas apropriadas. Neste caso, é importante produzir informações bastante atualizadas, o que pode não ser muito fácil, visto que vôos aerofotogramétricos recentes nem sempre estão disponíveis. O uso de imagens orbitais contribui sobremaneira para a atualização de dados, mas a resolução da imagem pode comprometer o detalhe da informação para o caso de microbacias. Além disso, é preciso estar atento à variação da resposta espectral do alvo (no caso, a vegetação), que difere de acordo com a época do ano (maior ou menor insolação e umidade), periodicidade da vida vegetativa, estágio de crescimento do cultivo, época do pousio, etc.

4. Integração e Avaliação de Dados Ambientais

4.1. Integração de Dados Ambientais e Definição das Células de Planejamento

Os mapas temáticos produzidos para cada parâmetro ambiental, raramente, tornam-se documentos apropriados para utilização por usuários não especialistas, tendo em vista a complexidade das informações e de grande parte da legenda empregada, representando dados que, em geral, não são relevantes ao interesse imediato do usuário final. Daí a importância da integração desses dados e da criação de um único mapa, que apresente uma legenda mais simples, que contenha informações que possam ser mais facilmente compreendidas por técnicos, administradores, fazendeiros, etc. Cooke e Doornkamp (1990) nomeiam essa tarefa de processo de "tradução", onde, baseados não apenas em mapas temáticos, mas também em análise e interpretação de outros dados, realizam-se mapas derivados, apresentados numa forma mais valiosa para os usuários.

São vários os métodos pelos quais são integradas as variáveis ambientais. A partir deles, são definidas as células ou unidades de planejamento, que buscam sintetizar as informações levantadas durante a etapa de diagnóstico ou inventário ambiental e sobre as quais serão efetuadas as propostas de uso e ocupação do território.

A integração dos dados ambientais pode ocorrer através de procedimento sintético ou analítico. No primeiro caso, as informações são conjugadas ao mesmo tempo em que são definidas as células cartográficas básicas. A análise do território é realizada a partir da interpretação de imagens orbitais e fotografias aéreas e se traduz na definição de ambientes e subambientes, de acordo com a escala de detalhamento e variáveis consideradas, como é o caso das pesquisas de *land-systems* (Dent e Young, 1981; Cooke e Doornkamp, 1990). Nestas, o inventário ou levantamento das variáveis físicas ocorre após a definição das unidades de planejamento, durante as pesquisas de campo de verificação. Tal procedimento, entretanto, parece ser mais adequado a grandes áreas e projetos de planejamento nacionais e regionais.

Para o caso de microbacias hidrográficas é preferível o método analítico, onde são conjugadas informações referentes a cada parâmetro ambiental selecionado, originando um mapa cujas células cartográficas correspondem a áreas o mais homogêneas possível. Tal procedimento parece ser mais eficiente para pequenas áreas, visto que os parâmetros ambientais são estudados mais detalhadamente, sendo gerado para cada um deles um mapa temático específico, resultante não só de interpretação de imagens, mas principalmente de levantamento prévio de campo.

As áreas homogêneas são reconhecidas por Hole e Campbell (1985) como sendo aquelas em que as variações de lugar para lugar são contínuas e se processam a uma distância que varia em função da uniformidade de cada unidade. Segundo os autores, em condições ideais as unidades de mapeamento devem ser definidas como sendo tão uniformes quanto possível em relação às propriedades de interesse. Contudo, admitem que, em função da complexidade da paisagem, muitas vezes é necessário definir unidades de mapeamentos compostas, como aquelas referentes às associações de solos, e citam Robinove (1981, *in* Hole e Campbell, 1985), que destaca que a uniformidade não está, de modo geral, presente na natureza, o que pode ser efetivamente utilizado como base para o mapeamento da paisagem, e que as unidades de mapeamento devem ser definidas para reconhecer esse fato, descrevendo a complexidade que está presente, mais do que buscando uma "ilusória uniformidade". Desse modo, é que se preferem chamar as áreas homogêneas de unidades ambientais.

O mapeamento de unidades ambientais busca representar a análise da paisagem, organizando espacialmente as informações sobre ela levantadas. Variações de lugar para lugar representam uma qualidade inerente da paisagem, que constitui um sistema espacial, ao menos em regiões definidas, notadamente a bacia hidrográfica, onde as interações espaciais ocorrem por meio de escoamento subsuperficial, rastejamento, escoamento superficial, movimentos de massa, transporte eólico e outros processos de erosão, transporte e deposição. A possibilidade de reconhecimento e mapeamento de unidades ambientais decorre da própria evolução da paisagem como um sistema espacial, que conduz a uma certa ordenação de seus elementos físicos, como bem demonstra a identificação de catenas, topossequências, associações de solos e outros conceitos análogos.

Assim, o mapeamento de unidades ambientais em microbacias hidrográficas segue o modelo cartográfico de superposição de planos de informação distintos, como descrito por Llano e Soba (1983), e que é cada vez mais favorecido pelos avanços na área de sistemas de computação, mais especificamente dos Sistemas Geográficos de Informação (SGIs), que permitem manusear um grande volume de informações sobre o meio físico, uso do solo e sistemas de cultivo, e estabelecem estratégias para facilitar a tomada de decisões. O uso do computador e dos Sistemas Geográficos de Informações permite uma exploração mais exaustiva das informações levantadas sobre a área de estudo (clima, topografia, solos, rede viária, etc.), e sua combinação é capaz de gerar mapas interpretativos, sob a demanda de usos concretos.

4.2. Avaliação das Unidades de Planejamento

A realização de um estudo de planejamento ambiental compreende várias fases, que vão desde a compilação e levantamento de dados, descrição do meio físico, estabelecimento das unidades cartográficas básicas, até a aplicação de um método de avaliação dessas unidades. A escolha do método a ser utilizado é função principalmente dos objetivos traçados.

Segundo Porta Casanellas *et al.* (1994), o método de avaliação pode ser direto ou indireto, qualitativo ou quantitativo, atual ou potencial. É direto quando se comprovam os resultados de determinado uso através de seu ensaio, e indireto, geralmente mais utilizado, quando se considera uma maior ou menor viabilidade de certos usos, em função das qualidades dos ambientes definidos; é qualitativo quando a opinião sobre os usos alternativos se expressa dessa forma, e quantitativo, quando os resultados são expressos em estimativas quantitativas; atual, quando se refere ao estado atual de uma determinada unidade de planejamento, e potencial, quando se refere à valorização futura da unidade após melhorias (adubação do solo, obras de irrigação ou drenagem, terraceamentos, etc.).

De acordo com Boix (1996), a avaliação pode estar apoiada no estudo das capacidades ou potencialidades de uso e ocupação de um determinado território (avaliação de capacidade) ou no estudo dos impactos que a implantação e desenvolvimento dessas atividades produziriam ao meio ambiente (avaliação de impacto).

Acredita-se que o segundo caso mencionado pelo autor difere um pouco do que se entende por planejamento ambiental tal qual apresentado no início deste capítulo. Apesar de muitas vezes presente nas etapas de avaliação das unidades de planejamento, na forma de considerações sobre as restrições de uso, os estudos de impacto formam uma categoria à parte dentro do âmbito da análise ambiental, que são os chamados Estudos de Impacto Ambiental (EIAs). Tais estudos visam à avaliação da implementação de uma ou mais atividades específicas, não apresentando como resultado um leque de possibilidades de uso e ocupação, que são consideradas essenciais em um projeto de planejamento ambiental.

A avaliação da capacidade ou potencialidade ou possibilidades de uso, na verdade, pode preceder a etapa de delimitação de unidades ambientais. Para tal, é necessário realizar o julgamento de todos os atributos ou elementos considerados essenciais na determinação da capacidade do meio físico de suportar ou acolher determinada atividade em cada ponto do território considerado.

Menos utilizada do que a avaliação realizada após a identificação das unidades, a avaliação feita previamente apresenta como grande inconveniente, ou desvantagem, o fato de que as unidades definidas estão vinculadas a determinada atividade ou uso específicos, estabelecidos anteriormente ao julgamento dos diferentes graus ou níveis de capacidade. O conhecimento da capacidade de uso das terras para outros fins implicará, obrigatoriamente, refazer todos os procedimentos, incluindo a elaboração de um novo mapa de unidades, notadamente distintas das anteriores.

Quanto à avaliação das potencialidades de uso após a definição das unidades ambientais, esta é mais comum e pode ser realizada através de diferentes métodos. Existem métodos em que são estabelecidos diferentes níveis ou categorias de capacidade de uso, apoiando-se em critérios definidos a partir de limitações apresentadas pelo meio físico à implantação e desenvolvimento das atividades consideradas. Estes são os chamados métodos categóricos. No Brasil, um exemplo desse tipo de método é o Sistema de Capacidade de Uso das Terras (Lepsch, 1991), desenvolvido inicialmente a partir do sistema elaborado pelo Serviço de Conservação de Solos dos Estados Unidos, e bastante utilizado por pesquisadores brasileiros da área da Ciência do Solo para realização de estudos sobre a capacidade de uso agrário das terras.

Uma questão metodológica de importância, neste caso, é que as células de planejamento, sobre as quais são efetuadas as avaliações, correspondem a unidades de mapeamento resultantes de um levantamento pedológico e não de uma superposição de diferentes fatores do meio físico, enfatizando, portanto, a variável solo em detrimento das demais no processo de avaliação. Além disso, estudos que se apóiam nesse Sistema raramente incorporam alternativas de uso não agrário das terras, como as atividades urbano-industriais.

Existem também métodos cuja base conceitual reside na combinação matemática de valores atribuídos a fatores ou elementos do meio físico. São os chamados métodos paramétricos, onde se utilizam escalas cardinais na tentativa de quantificar o significado ou valor de certos atributos para o desenvolvimento de determinado uso ou atividade. Um exemplo desse tipo de método refere-se ao Sistema de Avaliação da Aptidão Agrícola das Terras (Ramalho Filho e Beek, 1995), utilizado pela EMBRAPA e cujos critérios metodológicos básicos apóiam-se no *Soil Survey Manual* (Estados Unidos, 1951) e na metodologia desenvolvida pela FAO (1976) para determinação da produtividade agrícola dos solos.

Assim como no Sistema de Capacidade de Uso das Terras, no sistema de Avaliação da Aptidão Agrícola a célula básica de planejamento é a unidade de solo. Ambos representam classificações técnico-interpretativas dos mapas pedológicos, com finalidades de orientação ou adequação das terras para o uso agrário.

A despeito do valor dessas e de outras metodologias de planejamento similares, acredita-se que para uma avaliação numa visão integradora do meio físico e geração de alternativas variadas de uso e ocupação do território, os métodos de avaliação devem estar baseados em células de planejamento resultantes da conjugação do maior número possível de fatores ou elementos do quadro físico, de tal modo que, somados às informações de cunho sócio-econômico, permitam reconhecer melhor a complexidade presente em cada ambiente considerado.

Sobre cada uma dessas células de planejamento ou unidades ambientais, determinar-se-á a atividade ou as atividades consideradas mais adequadas, de acordo com as potencialidades e capacidade de suporte de cada unidade, tendo em vista também os possíveis impactos gerados pela implementação e desenvolvimento dessas atividades. Sendo assim, a seleção de determinada atividade ou atividades resultará da análise da importância relativa das potencialidades e limitações de cada unidade ambiental à sua ocupação e utilização pelo homem.

Obviamente, dependendo do leque de opções das atividades, dos critérios de avaliação e dos interesses sócio-econômicos e políticos entre as comunidades envolvidas no planejamento (pesquisadores, administradores, proprietários e usuários da terra e governo), assim como o grau de comprometimento de cada um desses setores da comunidade com a preservação e conservação do meio ambiente, poderão surgir diferentes planejamentos ou atribuições ou alternativas de uso.

Contudo, o fato é que, baseado em dados do quadro físico, o mapa de unidades ambientais, sobre o qual será aplicado este ou aquele método de avaliação, que pode ser ainda uma combinação de diferentes tipos (chamados métodos mistos), poderá servir de base para diversos planejamentos, sob diferentes demandas e finalidades.

A realização de um planejamento ambiental, portanto de cunho conservacionista, é bastante dependente, não só da escolha do tipo de método de avaliação, mas, principalmente, da postura ambientalista do planejador/pesquisador ou equipe, da sua experiência e da variedade, precisão e confiabilidade dos dados levantados durante a etapa de diagnóstico ou inventário ambiental. Daí a importância de um trabalho numa concepção intermultidisciplinar, onde haja intercâmbio de informações e experiências entre profissionais de diferentes áreas das chamadas Ciências da Terra, ampliando e valorizando os resultados da pesquisa. Quanto maior a quantidade e a qualidade dos dados levantados, maiores serão as alternativas de uso que poderão ser consideradas ao final.

No caso do planejamento ambiental em microbacias hidrográficas, a etapa de levantamento ou diagnóstico ambiental ganha ainda maior importância, em função da menor área do território considerada, que exige maior detalhamento das informações.

O desenvolvimento de técnicas de modelização, computação e dos Sistemas Geográficos de Informações (SGIs), a partir da década de 80, tem permitido manusear um grande volume de informações sobre o meio físico, uso do solo, sistemas de cultivo e rede viária, entre outras, possibilitando estabelecer estratégias para facilitar a tomada de decisões.

O uso do geoprocessamento na edição e conjugação das cartas temáticas representa um forte aliado, que não deve ser dispensado. A entrada de dados no SGI, além de permitir várias possibilidades de conjugação, mantém esses dados disponíveis para eventuais repetições. Vale lembrar, entretanto, que ele não substitui os conhecimentos sobre a área adquiridos em campo, e nem tampouco os conhecimentos do pesquisador, que podem ser exigidos, por exemplo, no momento da correção de imperfeições na geometria das feições mapeadas.

Assim, acredita-se que a parte mais importante de um sistema de avaliação reside no levantamento dos dados do meio físico e de sua conjugação e interpretação para o estabelecimento das unidades cartográficas de planejamento. Como afirma Buringh (1986), se as condições de solo, clima e cultivo e, vale acrescentar, de geomorfologia, geologia, hidrografia e uso do solo pretérito e atual são intensivamente estudadas, praticamente qualquer método de avaliação da terra pode ser aplicado com resultados eficientes.

5. *Conclusões*

O planejamento ambiental em microbacias hidrográficas exige, em função da escala de trabalho a nível local, um levantamento intenso de dados sobre a distribuição e comportamento das variáveis de análise selecionadas. Neste capítulo, chama-se a atenção para o fato de não haver, em geral, muitos dados disponíveis na escala desejada, o que implica a elaboração de mapeamentos temáticos, responsáveis por grande parte do tempo dedicado à pesquisa. Trabalhar sobre dados cartográficos anteriormente elaborados representa, na maioria dos casos, incoerências a nível de escala, que são refletidas nas avaliações e resultados da pesquisa.

A delimitação de unidades ambientais como resultado da integração de diferentes fatores ou elementos do meio físico revela-se extremamente útil ao processo de planejamento, na medida em que busca expressar a complexidade existente na paisagem, e garante um nível de detalhamento equilibrado entre as variáveis físicas adotadas.

Acredita-se que o planejamento ambiental em microbacias hidrográficas possa minimizar a ocorrência de impactos ambientais decorrentes da ação antrópica indiscriminada. É preciso orientar a ocupação humana a fim de que sejam resguardadas as áreas destinadas à preservação ambiental, tendo em vista a conservação dos recursos naturais, a forte instabilidade ou fragilidade ambientais e a alta suscetibilidade à erosão e movimentos de massa que certas porções da paisagem podem apresentar.

Respeitando as limitações ou capacidade de acolhida apresentada pelo meio físico à implantação das atividades humanas, é possível conciliar crescimento econômico e preservação ambiental, na tentativa de atingir o chamado "desenvolvimento sustentável". Contudo, o mais importante é que o planejamento ambiental enfatiza a importância do estudo e avaliação prévios do meio ambiente para a implementação de projetos diversos. Trata-se da postura preventiva antepondo-se e sobrepondo-se à postura curativa, que, na maioria das vezes, revela-se mais onerosa e nem sempre é eficiente no combate à ocorrência de impactos ambientais, como a erosão dos solos.

6. *Bibliografia*

ÁGLIO, M.D.; CARVALHO JUNIOR, W.; OLIVEIRA, R.P.; SOUZA, J.S., e BONAN, V. Modelagem topográfica de declividade para classificação de solos: uma comparação metodológica. *XXVI Congresso Brasileiro de Ciência do Solo*, CD-ROM, Rio de Janeiro, 1997.

AGUIAR, M.B., e KRELING, P.C.L. Elaboração de cartas de declividades de vertentes. *Revista do Departamento de Geografia*, São Paulo, Instituto de Geografia, 3, 109-116, 1984.

ALMEIDA, J.R.; ORSOLON, A.; MALHEIROS, T.M.; PEREIRA, S.R.B.; AMARAL, F., e SILVA, D.M. *Planejamento ambiental: caminho para participação popular e gestão ambiental para nosso futuro comum — uma necessidade, um desafio*. Rio de Janeiro. Thex Ed. Biblioteca Estácio de Sá, 1993, 176p.

AMARAL, C.P. Escorregamentos em encostas no Rio de Janeiro: inventário, condicionantes geológicos e programa para redução dos acidentes associados. Tese de Doutoramento, Departamento de Engenharia Civil, PUC-RJ, 1996, 230p.

ARGENTO, M.S.F. Mapeamento Geomorfológico. In: *Geomorfologia: uma atualização de bases e conceitos*. Orgs.: A.J.T., Guerra e S.B. Cunha. 3ª ed. Bertrand Brasil, Rio de Janeiro, 365-392, 1998.

BARROSO, J.A. Pedological maps interpretation for soil planning in the West Zone of Rio de Janeiro. In: *First International Congress of the International Association of Engineering Geology*., v. 6, Buenos Aires, 1-6, 1986.

BERTONI, J., e LOMBARDI NETO, F. *Conservação do solo*. Ícone, São Paulo, 1993, 355p.

BOIX, L.R. Estudios Integrados. Curso de Sanidad Medioambiental. Universidad Internacional Menendez Pelayo, Valencia, Espanha (mimeografado), 1996, 37p.

BOTELHO, R.G.M. Identificação de unidades ambientais na bacia do rio Cuiabá (Petrópolis — RJ) visando ao planejamento do uso do solo. Dissertação de Mestrado. Rio de Janeiro, PPGG, UFRJ, 1996, 114p.

BOTELHO, R.G.M., e SILVA, A.S. Levantamento detalhado de solos: uma ferramenta para o planejamento de uso na bacia do rio Cuiabá — Petrópolis (RJ). In: *Simpósio Nacional de Geografia Física Aplicada*, 6, v. 1, Goiânia, 478-480, 1995.

BOTELHO, R.G.M., e SOARES DA SILVA, A. Metodologia para elaboração de carta de domínios de declividade. In: *Simpósio Brasileiro de Geografia Física Aplicada*, 7, Curitiba (PR), v. 1, 1997, p. 61.

BOULET, R.; CHAUVEL, A.; HUMBEL, F.X.; e LUCAS, Y. Analyse structurale et cartographie en pédologie I. Prise en compte de l'organisation bidimensionalle de la coverture pédologique: les études de topséquences et leurs principaux apports à la connaissance des sols. *Cah. ORSTOM*, sér. Pédol., vol. XIX, nº 4, 309-321, 1982.

BRASIL. Ministério da Agricultura. Programa Nacional de Microbacias Hidrográficas. Manual Operativo. Brasília, DF, Coordenação nacional do PNMH, Ministério da Agricultura, 1987, 60p.

BURINGH, P. Land evaluation for agriculture in the tropics: a comparison of some new methods. In: *Land clearing and development in the tropics.* Edited by: R. Lal, P.A. Sanchez e R.W. Cummings Jr. A.A. Balkema/Roterdam/Boston nº 29-36, 1986.

CARVALHO, W.A.; PIEDADE, G.C.R., e FRANÇA, G.V. Fotointerpretação qualitativa das características dos padrões de drenagem de dois solos do estado de São Paulo. *Bol. Geog. Teorética*, Rio Claro, 8(15): 59-67, 1978.

CARVALHO, W.A.; CARVALHO, A.M.; PIEDADE, G.C.R., e PINTO, C.V. Análise dimensional de bacias hidrográficas na caracterização de solos. *Not. Geomorfol.*, Campinas, 21(42): 91-104, 1981.

CARVALHO, W.A., PIEDADE, G.C.R., e ANDRADE, F.C. Interação solo-relevo-material erodido em pequenas bacias de drenagem no município de Botucatu (SP). *Rev. Bras. Ci. Solo*, 7: 83-87, 1983.

CASTRO, S.S. *Sistemas de transfomação pedológica em Marília, SP: B latossólicos e B texturais* (Tese de Doutoramento FFLCH-USP. Departamento de Geografia). São Paulo, 1989.

CENDRERO, A. Técnicas e instrumentos de análisis para la evaluación, planificación y gestión del medio ambiente. Serie opiniones, nº 6. CIFCA. Madri, 1-67, 1982.

CHORLEY, R.J. The drainage basin as a fundamental geomorphic unit. In: *Water, Earth and Man.* Ed.: R.J. Chorley. London, Methuen, 77-99, 1969.

CHRISTOFOLETTI, A. A análise da densidade de drenagem e suas implicações geomorfológicas. *Geografia*, 4(8): 23-42, 1979.

CHRISTOFOLETTI, A. A variabilidade espacial e temporal da densidade de drenagem. *Not. Geomorfol.*, Campinas, 21(42):3-22, 1981.

CHRISTOFOLETTI, A. Aplicabilidade do conhecimento geomorfológico nos projetos de planejamento. In: *Geomorfologia: uma atualização de bases e conceitos.* Orgs.: A.J.T. Guerra e S.B. Cunha. 3ª ed. Bertrand Brasil, Rio de Janeiro, 415-441, 1998.

CHRISTOFOLETTI, A. e CESAR, A.L. Correlação entre densidade de drenagem e comprimento médio de canais em bacias hidrográficas. *Ciência e Cultura*, 30(5):601-604, 1978.

COGO, N.P. Conceitos e princípios científicos envolvidos no manejo de solos para fins de controle da erosão hídrica. *In:* A Responsabilidade Social da Ciência do Solo. Eds.: Moniz, A.C.; Furlani, P.R. e Freitas, S.S., 251-262, 1988.

COOKE, R.U., e DOORNKAMP, J.C. *Geomorphology in Environmental Management: a new introduction.* 2ª ed. Oxford University Press, New York, 1990, 410p.

DE BIASI, M. Carta de declividades de vertentes: confecção e utilização. *Geomorfologia*, São Paulo, Instituto de Geografia, 21, 8-13, 1970.

DE BIASI, M.A carta clinográfica: os métodos de representação e sua confecção. *Revista do Departamento de Geografia*, São Paulo, USP, 6, 45-61, 1992.

DEMATTÊ, J.A.M., e DEMÉTRIO, V.A. Fotointerpretação de padrões de drenagem em amostras circulares na caracterização de solos basálticos do estado do Paraná. *R. Bras. Ci. Solo*, Campinas, 20:109-115, 1996a.

DEMATTÊ, J.A.M., e DEMÉTRIO, V.A. Padrões de drenagem em áreas de solos desenvolvidos de rochas vulcânicas ácidas na região de Guarapuava (PR). *R. Bras. Ci. Solo*, Campinas, 20:305-311, 1996b.

DENT, D., e YOUNG, A. The Land Systems Approach. *Soil Survey and Land Evaluation.* George Allen & Unwin. London, 104-114, 1981.

EMBRAPA. Centro Nacional de Pesquisa de Solos (Rio de Janeiro, RJ). *Procedimentos normativos de levantamentos pedológicos*/Humberto Gonçalves dos Santos...[*et al.*], Brasília: EMBRAPA — SPI, 1995, 101p.

ESPÍNDOLA, C.R., e GARCIA, G.J. Interpretação fotográfica de redes de drenagem em diferentes categorias de solos. *Not. Geomorfol.*, Campinas, 18(35): 71-94, 1978.

ESPÍNDOLA, C.R., e GARCIA, G.J. Relação entre grau de desenvolvimento de mantos de alteração e evolução de suas redes de drenagem. *Not. Geomorfol.*, Campinas, 19(37/38): 29-40, 1979.

ESTADOS UNIDOS. Department of Agriculture. Soil Conservation Service. Soil Survey Staff. Soil Survey Manual. *USDA Agriculture Handbook*, 18. Washington, 1951, 503p.

EVANS, R. Mechanics of water erosion and their spatial and temporal controls: an empirical viewpoint. In: *Soil Erosion.* Editores: M.J. Kirkby e R.P.C. Morgan, 109-128, 1980.

FAO. A framework for land evaluation. *FAO Soil Bulletin*, 32. Roma, 1976, 72p.

FASOLO, P.J. Importância e uso dos levantamentos de solos e suas relações com o planejamento do uso da terra. In: *Manejo integrado de solos em microbacias hidrográficas.* Orgs.: C.C. Filho e O. Muzilli. IAPAR, Londrina, 61-76, 1996.

FEEMA (Fundação Estadual de Engenharia do Meio Ambiente). *Vocabulário básico de meio ambiente.* 4ª ed. Rio de Janeiro, Petrobrás, Serviço de Comunicação Social, 1992, 246p.

FERNANDES, N.F., e AMARAL, C.P. Movimentos de Massa: uma abordagem geológico-geomorfológica. In: *Geomorfologia e Meio Ambiente.* Orgs.: A.J.T. Guerra e S.B. Cunha. Bertrand Brasil, Rio de Janeiro, 123-194, 1996.

FRANZLE, O. Cartografia Geomorfológica. *Notícia Geomorfológica.* Campinas, V. 10(19):76-80, 1970.

FREITAS, P.L., e KERR, J.C. As pesquisas em microbacias hidrográficas: situação atual, entraves e perspectivas no Brasil. In: *Manejo Integrado de Solos em Microbacias Hidrográficas.* Celso Castro Filho e Osmar Muzilli (eds.), Anais do Congresso Brasileiro e Encontro Nacional de Pesquisa sobre Conservação do Solo, 8, 1990, Londrina, IAPAR, 43-57, 1996.

GALLOPIN, G. *El ambiente humano y planificación ambiental.* Madri. Centro Internacional de Formación en Ciencias del Ambiente (Opiniones, Fascículos de Medio Ambiente nº 1), 1981, 30p.

GOMEZ OREA, D. *El Medio Físico y la Planificación,* vols. I e II. Cuaderno del CIFCA. Madri, 144-163, 1978.

GUERRA, A.J.T. Processos erosivos nas encostas. In: *Geomorfologia: uma atualização de bases e conceitos.* Orgs.: A.J.T. Guerra e S.B. Cunha. 3ª ed. Bertrand Brasil, Rio de Janeiro, 149-209, 1998.

GUERRA, A.J.T., e BOTELHO, R.G.M. Características e Propriedades dos Solos Relevantes para os Estudos Pedológicos e Análise dos Processos Erosivos. *Anuário do Instituto de Geociências,* UFRJ, Volume 19, 93-114, 1996.

GUERRA, A.J.T., e BOTELHO, R.G.M. Erosão dos Solos. In: *Geomorfologia do Brasil.* Orgs.: S.B. Cunha e A.J.T. Guerra. Bertrand Brasil, Rio de Janeiro, 181-228, 1998.

HOLE, D.F., e CAMPBELL, B.J. *Soil Landscape Analysis.* Routledge and Kegan Paul. London, Melbourne and Henly, 1985, 196p.

HORBERRY, J. *Status and application of EIA for development.* Gland, Conservation for Development Centre, 1984, 86p.

LEOPOLD, L.B.; WOLMAN, M.G., e MILLER, J.P. *Fluvial Processes in Geomorphology.* W. F. Freman and Co., São Francisco, 1964, 522p.

LEPSCH, I.F. *Manual para levantamento utilitário do meio físico e classificação de terras no sistema de capacidade de uso.* 4ª aproximação, 2ª imp. rev., Campinas, Sociedade Brasileira de Ciência do Solo, 1991, 175p.

LLANO, F.L.C., e SOBA, A.P. La ordenación agrohidrológica de cuencas. In: *Colóquio hispano-frances sobre espacios rurales.* Publicaciones del Ministerio de Agricultura, Pesca y Alimentación. Tomo II, Madrid, 395-409, 1983.

LOMBARDI NETO, F. Práticas de manejo e conservação do solo. In: *Reunião Brasileira de Manejo e Conservação do Solo e da Água*, 10, Florianópolis, 111-119, 1994.

LOMBARDI NETO, F.; ROCHA, J.V., e BACELLAR, A.A.A. Planejamento agroambiental da microbacia hidrográfica do ribeirão Cachoeirinha — município de Iracemápolis, SP, utilizando um Sistema de Informação Geográfica. In: *Simpósio Nacional de Controle de Erosão*, 5, Bauru, 257-259, 1995.

MARQUES, J.S., RIBEIRO, M.F., e SANTANA, J.S. O uso do sensoriamento remoto e o mapeamento geomorfológico no Brasil — uma amostragem no período 1970 e 1990. In: *Simpósio de Geografia Física Aplicada*, 5, São Paulo, 369-373, 1993.

MEIRELES, C.M., e BOTELHO, R.G.M. Amostras circulares de rede de drenagem na região serrana do médio vale do rio Paraíba do Sul (RJ). In: *Simpósio Brasileiro de Geografia Física Aplicada*, 7, Curitiba (PR), v. 2, CD-ROM, 1997.

MEIRELES, C.M., e BOTELHO, R.G.M. Correlação entre rede de drenagem e solos em amostras circulares na região serrana do médio vale do rio Paraíba do Sul — RJ, In: *Simpósio Nacional de Geomorfologia*, 2, Florianópolis (SC), 443-446, 1998.

MORGAN, R.P.C. *Soil Erosion & Conservation*. New York. Longman, Inc., 1986, 298p.

OYEBANDE, L., e AYOADE, J.O. The watershed as a unit planning and land development. In: *Land clearing and development in the tropics*. Edited by: R. Lal, P.A. Sanchez e R.W. Cummings Jr. A.A. Balkema/Roterdam/ Boston. 37-52, 1986.

PACHECO, A.C.C.S. Elaboração de cartas de declividade e eficiência de suas propostas metodológicas como instrumento ao estudo do meio físico: em área de relevo montanhoso. Monografia. Rio de Janeiro, Departamento de Geografia, UFRJ, 1997.

PALMIERE, F., e LARACH, J.O.I. Pedologia e geomorfologia. In: *Geomorfologia e Meio Ambiente*. Orgs.: A.J.T. Guerra e S.B. Cunha. Bertrand Brasil, Rio de Janeiro, 59-122, 1996.

PEREIRA NETO, O.C., e VALÉRIO FILHO, M. Análise comparativa de métodos para elaboração de cartas de declividade aplicadas a estudos do meio físico. *Simpósio Brasileiro de Sensoriamento Remoto*, 7, Curitiba, v. 4, 226-232, 1993.

PONCE, C.A.L. *Condicionantes geológico-estruturais na estabilidade de taludes de corte em rocha, na rodovia BR-040 (trecho km 40—km 80).* Dissertação de Mestrado. Rio de Janeiro, Depto. de Engenharia Civil, PUC-Rio, 1984.

PORTA CASANELLAS, J.; LÓPEZ-ACEVEDO, M., e ROQUERO, C. *Edafología para la agricultura y el medio ambiente.* Ediciones Mundi-Prensa, Madrid, 1994, 807p.

PUNDEK, M. Levantamento e planejamento conservacionista de propriedades rurais em microbacias. In: *Manual de uso, manejo e conservação do solo e da água: projeto de recuperação, conservação e manejo dos recursos naturais em microbacias hidrográficas.* Secretaria de Estado da Agricultura e Abastecimento. Santa Catarina. 2ª ed., Florianópolis: EPAGRI, 357-384, 1994.

QUEIROZ NETO, J.P. A importância do conhecimento da organização da cobertura pedológica: a análise estrutural. In: *Congresso Brasileiro de Ciência do Solo,* 21, Campinas. *Anais...* Campinas. SBCS, 415-429, 1988.

RAMALHO FILHO, A., e BEEK, K.J. *Sistema de avaliação da aptidão agrícola das terras.* 3ª ed. rev. Rio de Janeiro: EMBRAPA-CNPS, 1995, 65p.

RAY, R.G., e FISCHER, W. A. Quantitative photography — a geologic research tool. *Photogr. Eng.*, Washington, 26: 143-50, 1960.

RESENDE, M., CURI, N., REZENDE, S.B., e CORRÊA, G.F. *Pedologia: base para distinção de ambientes.* Viçosa. NEPUT, 1995, 304 p.

ROSS, J.L.S. Geomorfologia aplicada aos EIAs-RIMAs. In: *Geomorfologia e Meio Ambiente.* Orgs.: A.J.T. Guerra e S.B. Cunha. Bertrand Brasil, Rio de Janeiro, 291-336, 1996.

ROSSI, M., e QUEIROZ NETO, J.P. Amostras circulares de rede de drenagem para o estudo de solos de regiões tropicais úmidas escarpadas e litorâneas — São Paulo, Brasil. In: *XIII Congresso Latino-Americano de Ciência do Solo,* CD-ROM, Águas de Lindóia (SP), 1996.

RUELLAN, A.; DOSSO, M., e FRITSCH, E. L'analyse structurale de la couverture pédologique. *Science du Sol,* 27 (4):319-334, 1989.

SALOMÃO, F.X.T. *Processos lineares em Bauru (SP): regionalização cartográfica aplicada ao controle preventivo urbano e rural* (Tese de Doutoramento FFLCH-USP. Departamento de Geografia). São Paulo, 1994.

SANCHEZ, M.C. A propósito das cartas de declividade. In: *Simpósio de Geografia Física Aplicada.* 5, São Paulo, 311-314, 1993.

SANTOS, A.C.C.; SANTOS, D.C.; BOTELHO, R.G.M., e SILVA, A.S.A importância do mapa de declive em estudos ambientais. In: *Simpósio Nacional de Geografia Física Aplicada,* 6, v. 1, Goiânia 447-449, 1995.

SCHUMM, S.A. *The Fluvial System.* New York. Wiley and Sons. Interscience, 1977, 338p.

SOARES DA SILVA, A. *Comportamento físico e erosão dos solos em uma toposse-*

qüência em Correias (Petrópolis — RJ). Dissertação de Mestrado UFRJ/ PPGG. Rio de Janeiro, 1997, 63p.

TAUK-TORNISIELO, M.; GOBBI, N., e FOWLER, H.G. (Orgs.). *Análise ambiental: uma visão multidisciplinar.* 2ª ed. São Paulo, Editora da Universidade Estadual Paulista, 1995, 206p.

THORNES, J.B. Erosional process of running water and their spatial and temporal controls: a theoretical viewpoint. *In: Soil Erosion.* Editores: M.J. Kirkby e R.P.C. Morgan, 129-182, 1980.

THORNTHWAITE, C.W., e MATHER, J.T. *The Role of Evapotranspiration in Climate.* Seabook, Johns Hopkins, laboratory of climatology, 1955, 259p.

TROPPMAIR, H. Importância de cartas geomorfológicas em estudos ambientais. *Geografia.* Rio Claro, v. 5(9-10):97-102, 1980.

ZINCK, J.A. La información edáfica en la planificación de uso de las tierras y el ordenamiento territorial. In: *Congresso Latino Americano de Ciência do Solo,* 13, CD-ROM, Águas de Lindóia, 1996.

CAPÍTULO 9

EROSÃO E PLANIFICAÇÃO DE USO DO SOLO

Neusa Maria Costa Mafra

1. *INTRODUÇÃO*

A erosão hídrica consiste basicamente numa série de transferências de energia e matéria geradas por um desequilíbrio do sistema água/solo/cobertura vegetal, as quais resultam numa perda progressiva do solo.

A energia da chuva é aplicada à superfície do terreno, e, a partir de um limite de resistência ao cisalhamento, iniciam-se as transferências de matéria por processos de desestabilização dos agregados do solo, de movimentação e transporte de partículas e de sedimentação em zonas mais rebaixadas da topografia. Como conseqüência da atuação desse conjunto de ações em que participam matéria e energia, a camada superficial e mais fértil do solo é removida e, posteriormente, os seus horizontes subsuperficiais.

Essa geração de processos, a qual resulta na perda do potencial físico e químico do solo, é responsável pela diminuição considerável de sua capacidade produtiva. Por essa razão, alguns esforços têm sido realizados no sentido de compatibilizar os usos com as limitações particulares a cada tipo de solo e ao ambiente do qual faz parte.

Dentro dessa perspectiva, a planificação de uso do solo deve incorporar o tratamento da questão da erosão, incluindo principalmente a identificação dos fatores relacionados à atuação dos processos erosivos e a detecção de áreas mais suscetíveis à erosão (atual e potencial), com objetivo de regular as ações sobre as mesmas, buscando uma incidência mínima de uso, para evitar os prejuízos sobre as atividades humanas e sobre o meio ambiente.

Nos estudos de planificação de uso do solo, a análise dos fatores de erosão é mais importante que as medidas de controle da erosão. Estas últimas encontram-se mais relacionadas às políticas de conservação e recuperação de áreas degradadas.

2. *Mecanismos de Erosão*

No que diz respeito à análise dos mecanismos de erosão hídrica, consideram-se, como fontes de energia, a ação das gotas de chuva e a atuação dos processos hidrológicos de superfície e subsuperfície. A essas duas fontes se contrapõe a resistência que oferecem o solo e a vegetação à atuação dos processos erosivos. Ou seja, a erosão depende das relações existentes entre a capacidade erosiva da chuva e os fluxos de superfície e subsuperfície, assim como da suscetibilidade dos materiais a serem erodidos.

Os solos possuem diferentes vulnerabilidades à erosão, a qual depende diretamente de características como a textura, a estrutura, a consistência, conteúdo de matéria orgânica, desenvolvimento do perfil de solo, etc. A textura é uma das mais importantes, devido à estreita relação com as propriedades de coesão do solo, estabilidade dos agregados, assim como a permeabilidade. O domínio das frações areia fina e silte, por exemplo, favorece uma maior erodibilidade, enquanto elevados percentuais de areia grossa permitem uma maior permeabilidade e portanto menor erodibilidade. De um modo geral, os solos que apresentam percentuais elevados de argila possuem uma boa coesão e uma apreciável estabilidade estrutural, ainda que existam diferenças no que diz respeito a essas propriedades, para argilas de estrutura 1:1 e 2:1. É importante a avaliação desse conjunto de características e propriedades e sua relação com a capacidade de infiltração do solo, uma das condições determinantes do processo erosivo.

As propriedades do solo que definem sua suscetibilidade a ser erodido devem ser analisadas do ponto de vista dos mecanismos erosivos, considerando: aquelas que afetam direta e indiretamente a resistência à fragmentação e dispersão por salpico; aquelas referentes ao potencial de infiltração; e aquelas que caracterizam a resistência do solo a ser transportado pelos fluxos (Gandullo, 1988).

A erosão do solo é mais efetiva onde a água de precipitação não pode ser infiltrada. A água realiza uma trajetória relativamente rápida e é capaz de carrear materiais do solo por meio da força hidráulica de seu fluxo. Como a água pode fluir em grandes quantidades sobre a superfície e exercer forças hidráulicas também importantes, a erosão pode ser catastrófica, inclusive sob gradientes moderados.

Para o caso dos solos marcados por contrastes ou descontinuidades texturais e estruturais entre horizontes e para aqueles menos desenvolvidos e sob materiais pouco permeáveis, o horizonte superficial pode saturar-se de maneira rápida e gerar um excedente de água, sob condições de chuvas de larga duração, ainda que não intensas.

O modelo de Horton (1945) explica a formação de excedente de água para condições de velocidade de aporte de água superiores à velocidade de infiltração.

O esquema apresentado a seguir (Figura 9.1) reproduz algumas das situações que envolvem essa temática.

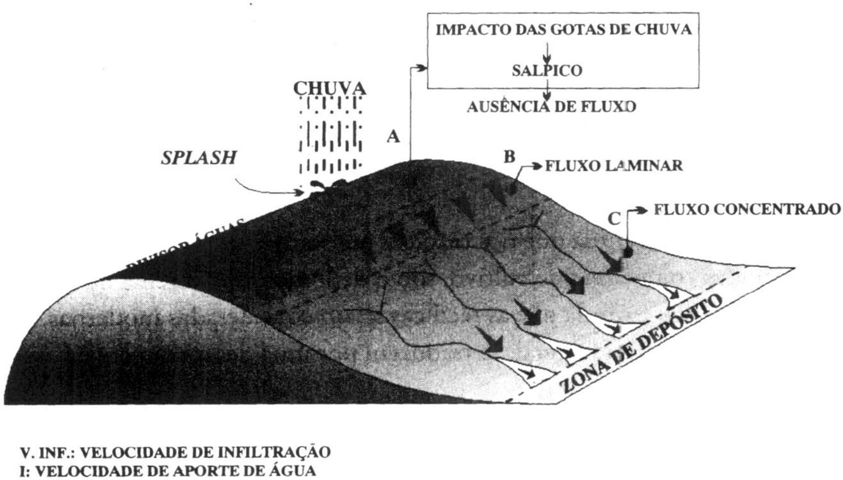

FIGURA 9.1. Capacidade de infiltração de água no solo para um modelo hipotético de vertente apresentando as mesmas condições de erodibilidade. *Fonte: CASANELLAS et al. (1994), Desenho: VENTURA ULL.*

Na parte próxima ao divisor de águas (segmento A), as partículas de solo são afetadas pelo impacto das gotas de chuva, e o deslocamento de material restringe-se àquele derivado do *splash*. Horton (1945) identifica essa seção da vertente como um setor sem erosão ou com ausência de fluxos. No segmento B da vertente, a intensidade da chuva supera a velocidade de infiltração, produzindo um fluxo excedente, o qual se desloca como fluxo laminar. Ao aumentar a quantidade de água e as irregularidades do terreno (segmento C da vertente), o fluxo se concentra, a princípio dando lugar a canais de pequena largura e profundidade, os quais evoluirão para canais mais profundos vertente abaixo. O segmento de base da vertente constitui-se de uma "zona de depósito". Ao haver uma ruptura de gradiente, os fluxos perdem velocidade e com isso é diminuída a capacidade de transporte.

3. Capacidade Produtiva do Solo e Erosão

O solo é um dos recursos naturais mais disponíveis na superfície terrestre, sendo essencial para grande parte das atividades humanas, dentre as principais, a produção de alimentos (Gallardo, 1988).

Com a finalidade de usufruir de condições ambientais propícias ao uso agrário, o homem tem buscado meios consonantes com seu nível tecnológico, para transformar cada vez mais as terras em espaços produtivos, o que nem sempre o tem levado a considerar seu potencial e suas limitações de uso.

Lal (1990) acentua que nos trópicos constantemente novas terras são incorporadas como áreas de cultivo, sob o denominado "sistema de mecanização moderna". Ainda que as técnicas sejam consideradas modernas, os resultados, de um modo geral, se traduzem por uma desastrosa erosão que afeta as terras.

Segundo Sentís (1993), na maioria dos países da América Latina, os problemas de uso, manejo e conservação das terras não foram no passado e não são atualmente considerados com a importância e prioridade devidas. Esse fato deveu-se, em parte, à disponibilidade de terras e de população para a implantação da agricultura e pecuária, o que permitiu àquele conjunto de países, no passado, satisfazer o consumo próprio e atender às demandas de exportação por um largo período, incorporando cada vez mais novos espaços, à medida que os anteriores denotavam sinais de degradação.

Na verdade, a percepção dos sinais que revelam o desgaste das terras não é difícil, principalmente quando se trata de morfologias erosivas evidentes na paisagem, o que não ocorre para o caso da erosão laminar, uma das manifestações mais importantes e menos perceptíveis do processo erosivo. As morfologias representadas pela erosão em sulcos (Figura 9.2), ravinas e voçorocas (Figura 9.3) constituem-se de resultados visíveis do pro-

FIGURA 9.2. Erosão em sulcos profundos em zona de cultivo abandonado de cana-de-açúcar. Solo: Planossolo; declividade: 8%. Município de Bom Jesus do Itabapoana, RJ. *Foto N.M.C. Mafra (1990).*

FIGURA 9.3. Voçoroca em zona de uso intensivo por pastagens. Solo: Latossolo Vermelho-Amarelo podzólico. Declividade: 60%. Município de Saquarema, RJ. *Foto N.M.C Mafra (1997).*

cesso de desgaste pelo qual passam as terras, em função de manejos inadequados e ausência de práticas conservacionistas. Já a natureza lenta e insidiosa (Lepsch, 1977) da erosão laminar faz com que o desgaste seja praticamente imperceptível e, por essa razão, pouco considerado pelos usuários da terra.

Segundo Bertoni e Lombardi Neto (1990), quando a erosão ocorre em uma terra cultivada, os nutrientes presentes nas camadas superiores são incorporados ao solo erodido: o nitrogênio, por sua alta solubilidade, e o fósforo, por sua rápida adsorção às partículas mais finas dos solos. Alguns nutrientes, como os nitratos, estão mais ligados à água de enxurrada, enquanto outros, como os fosfatos, aos sólidos arrastados. Resultados de experimentos em campo têm demonstrado que o material erodido é mais rico em nutrientes que o solo que sofreu erosão.

Na bibliografia relacionada ao tema de erosão e conservação de solos no Brasil, parece haver um consenso de que a agricultura brasileira tem encontrado, na abundância de terras e nas exigências dos mercados externo e interno, justificativas para a incorporação de novas áreas, deixando em sua trajetória sinais de degradação física e empobrecimento químico causados pela erosão, situações típicas, por exemplo, de culturas tradicionais como as de cana-de-açúcar e café.

4. Erosão do Solo e Degradação das Terras

O maior problema da erosão em terras com vocação agrícola consiste na eliminação da capa superficial do solo, importante por seu conteúdo em matéria orgânica e frações minerais finas, as quais garantem a nutrição indispensável ao crescimento dos vegetais.

Cientistas e técnicos ligados aos estudos de erosão são unânimes em considerar que as conseqüências da erosão não se limitam à quantidade de solo perdido e sim ao fato de que essas perdas têm reflexos na degradação

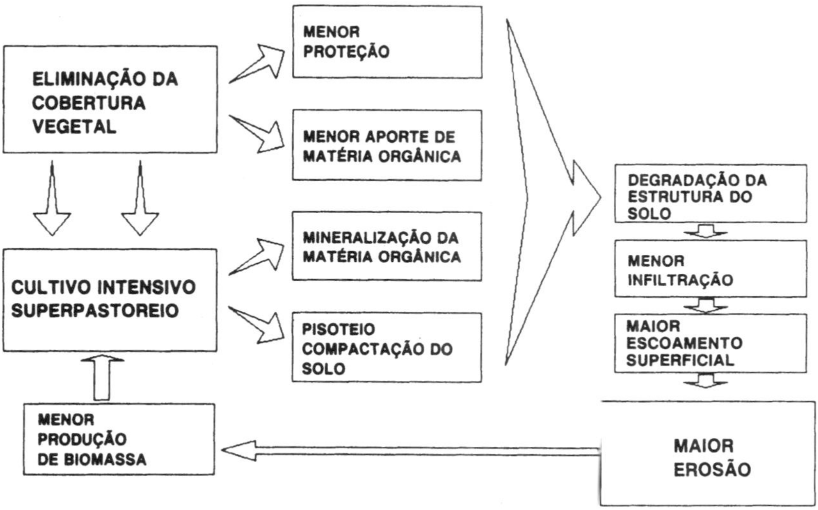

FIGURA 9.4. Atividades humanas e implicações no processo de degradação das terras. *Fonte: CASANELLAS et al. (1994). Desenho: VENTURA ULL.*

física e na perda de fertilidade do solo, apontando a erosão laminar como o exemplo mais evidente dentro desse contexto.

A diminuição progressiva da espessura do epípedon (horizonte superficial), a qual poderá inclusive ter como ponto de partida a erosão laminar, deixa à superfície horizontes ou materiais subsuperficiais cujas características podem ser menos favoráveis para o crescimento das raízes e percolação de água no solo. Existirá um momento crítico em que a erosão reduzirá a capacidade de produção de biomassa vegetal, diminuindo conseqüentemente a proteção do solo.

Ao ser eliminada a cobertura vegetal, o equilíbrio natural representado pelo trinômio água-solo-planta se vê alterado, e o epípedon passa a receber menor aporte de matéria orgânica. A "readaptação" do solo às novas condições pode ser pouco favorável à manutenção da estrutura desse epípedon (o que pode acarretar uma maior vulnerabilidade à erosão) e pode implicar uma menor disponibilidade de água para o vegetal (Casanellas *et al.*, 1994).

Segundo Kirkby e Morgan (1984), a erosão hídrica ocorre quando os solos estão desprovidos de vegetação. A terra potencialmente erodível pode ser identificada principalmente pelas características e propriedades do solo, pelos gradientes em que se encontra e pelo uso que se dá à mesma.

As perdas de solo por erosão variam em intensidade, de acordo com o uso da terra. Lepsch (1977) apresenta alguns exemplos que se referem a essa questão, os quais se encontram expressos na Figura 9.5.

Também Suarez de Castro (1979), realizando estudos em Campinas (SP), verificou que a relação de perdas por erosão associada a distintos tipos de cobertura vegetal apresentava uma ordem semelhante (Tabela 9.1).

São exemplos de práticas que intensificam a erosão hídrica o cultivo em zonas sob fortes gradientes, coincidindo com o sentido da concentração dos fluxos de água, o pastoreio intensivo em encostas, entre outras.

O uso do solo, principalmente por atividades ligadas à produção de alimentos e outros bens de consumo, tem levado a uma degradação progressiva não só do próprio solo, como do ambiente como um todo. A FAO em 1986 estimava uma perda anual entre cinco e sete milhões de hectares de terras no mundo, tendo como resultado uma diminuição progressiva do potencial produtivo das mesmas (Gallardo, 1988).

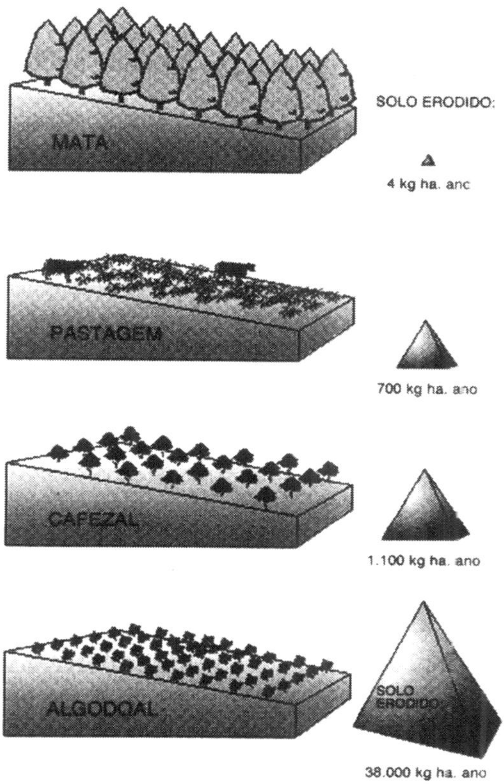

FIGURA 9.5. Perdas de solo *versus* usos. *Fonte: LEPSCH (1977). Desenho: VENTURA ULL.*

Tabela. 9.1 Efeitos de distintas coberturas vegetais e sistemas de uso da terra na erosão em Campinas, SP, Brasil. Fonte: Lal (1990)

Uso da Terra	Erosão (ton./ha./ano)	*Runoff* (%)
Floresta	0,001	1,1
Pastagem	1,0	1,6
Café	1,4	1,6
Algodão	36,0	8,2

Ao analisar os fatores que conduzem à degradação das terras por erosão, deve também ser levado em consideração que muitos deles têm suas origens em problemas sociais e econômicos, os quais, por sua vez, determinam o uso e manejo agrícola a que estão submetidos.

Segundo Sentís (1993), existe uma tendência geral na América Latina em enfatizar muito as leis, mais que buscar soluções práticas, no caso específico da degradação das terras. Por essa razão, qualquer planificação ou legislação a nível nacional deve basear-se em experiências de campo. De uma maneira geral, gastam-se mais recursos na formulação de políticas de conservação e manejo das terras do que em sua implementação, a qual está geralmente limitada por falta de atenção, de motivação e de recursos.

No Brasil, as transformações ocorridas na maior parte das zonas cultivadas, com produção voltada aos mercados interno e externo, foram bastante radicais (incremento de fertilizantes, intensificação da mecanização, etc.), e as conseqüências mais imediatas foram: a descaracterização de alguns ecossistemas, a modificação do regime de aqüíferos e sua contaminação e mudanças radicais nos mecanismos de evapotranspiração.

Segundo Muzilli (1994), talvez pelos próprios sistemas agrícolas existentes, com predominância de culturas perenes e pastagens, a erosão não tenha sido, até a industrialização do país e intensificação da agricultura, um problema dos mais prioritários. Verdadeira ou falsa essa hipótese, a verdade é que a erosão parece haver incorporado novas áreas no Brasil, com o crescimento da área cultivada e o avanço das áreas de culturas anuais, com a intensificação da mecanização. O autor aponta, como exemplo, grande parte da área motomecanizada do Paraná, a qual duplicou no início da década de 70. Essas mudanças promovidas pela incorporação de novas áreas agrícolas, submetidas a uma tecnologia que visava ao rápido crescimento econômico do país, não eram compatíveis com as técnicas conservacionistas disponíveis na época. O processo erosivo mostrava-se mais veloz que as atuações humanas em tentar contê-lo.

5. *Planificação de Uso do Solo*

Uma análise da evolução da atitude humana com relação aos recursos naturais demonstra que em épocas passadas predominavam as necessidades imediatas de exploração por razões óbvias de sobrevivência. A atuação sobre o meio era mínima, e os recursos, abundantes. Esse esquema parece haver mudado bastante ao longo do tempo: os recursos escassearam em função da insuficiente conservação dos mesmos, resultado da pressão das atividades humanas sobre o meio (Mafra, 1997).

A crescente capacidade de transformar o entorno sem considerar mecanismos de controle tem trazido como conseqüências o progressivo esgotamento dos recursos naturais e a degradação do meio físico. Em função dessas circunstâncias, surge a necessidade de uma planificação territorial, que tem como objeto a organização do espaço físico de modo que a utilização da terra seja compatível com as potencialidades do mesmo.

Na "Declaração do Meio Ambiente" da ONU, o conceito de planificação vem justificado pela necessidade de utilizar o solo como recurso natural de forma a atender a sua capacidade de uso, observando-se sempre a conservação do entorno, objeto importante no equilíbrio ecológico de um território. Existem alguns princípios que enfocam essa questão, como:

- Os recursos naturais da terra, incluindo o ar, a água, o solo, a flora, a fauna e relíquias de ecossistemas naturais, devem ser protegidos para o benefício de presentes e futuras gerações através de uma criteriosa planificação ou ordenação do território.
- A capacidade do solo para produzir recursos renováveis deve ser mantida e, quando seja possível, restaurada e melhorada.
- Uma planificação racional constitui ponto essencial na solução dos conflitos que se apresentam entre a necessidade de desenvolvimento e a necessidade de melhor proteger o meio ambiente.

Dessa forma, a planificação de uso parece constituir o instrumento mais adequado para resolver as questões relacionadas aos temas considerados acima, quais sejam: a utilização racional das terras (e dos demais recursos) e a conservação do meio ambiente.

Dentro dessas duas temáticas, vê-se incorporada a questão da erosão, quando se trata da planificação tanto voltada ao uso da terra para fins agrários, como à planificação ambiental.

Constitui também objetivo da planificação tentar resolver conflitos causados pela competição entre usos pelos recursos naturais, em determinado território.

Segundo Cendrero (1989), a planificação deve considerar a dualidade atividade/meio, respeitando uma relação adequada entre a demanda (atividade) e a oferta (condições ambientais).

Qualquer sistema ou prática de manejo de terras a ser estabelecido deve vir acompanhado de um conhecimento prévio adequado do recurso terra e do estado atual e possibilidades de degradação do mesmo, além do conhecimento das necessidades básicas da comunidade. Isso poderá ser concretizado através de uma avaliação do potencial das terras, com base nos dados de clima, solos e topografia, e do levantamento das condições sócio-econômicas do território a ser planificado. Através dessas estratégias, poderão ser identificadas e definidas áreas com limitações específicas para a produção de cultivos ou implantação de outras atividades (pecuária, florestal, preservação ambiental, etc.) e, dessa forma, realizar-se uma planificação adequada que evite efeitos ambientais adversos, perdas econômicas e conflitos sociais (Sentís, 1993).

Segundo Gomez Orea (1981), a visão preventiva dos problemas ambientais opera através da planificação, a qual pode ser considerada como a opção mais interessante ou conveniente para o tratamento desses problemas, já que passa pela utilização sustentável dos recursos, por uma distribuição equilibrada da atividade humana no espaço, por uma regulação do uso do solo nesse mesmo espaço e pelo aproveitamento dos recursos do meio pelo homem, de acordo com a capacidade de cada ecossistema.

Os estudos de planificação devem também levar em conta a possibilidade de usos diferentes do atual e das limitações que se impõem para cada um deles. Inclui-se como uma dessas limitações a degradação das terras, conseqüência da erosão acelerada.

A questão da erosão das terras considerada nos estudos de planificação é até certo ponto complexa; já as decisões tomadas com relação ao uso ou usos alternativos devem levar em consideração não só o estado atual de degradação das mesmas, como projeções para uma erosão potencial, avaliação que obrigará a adoção de metodologias específicas.

6. *Avaliação do Fator Erosão na Planificação de Uso do Solo*

Conforme considerações anteriores, a erosão como um processo que gera a degradação das terras deve ser considerada como um aspecto importante na planificação de uso do solo, constituindo-se de uma das limitações mais relevantes na avaliação da capacidade de uso (Mafra, 1997).

Segundo Claver Farias (1992), a planificação do território deve incorporar o tratamento da erosão para tentar evitar que ocorram perdas de solo e para detectar as áreas onde o fenômeno erosivo possa ser mais intenso.

Os estudos de planificação e ordenação de uso são sempre precedidos de um levantamento das condições ambientais do território, ao qual tem-se denominado de inventário do meio físico (Cendrero, 1989; Claver Farias, 1992; Aguilo *et al.*, 1992).

O inventário do meio físico constitui-se de um componente de diagnóstico nos estudos de ordenação e planificação do território. Esse inventário tem como objetivo principal o levantamento das condições ambientais naturais tais como se encontram no momento de avaliação do território como espaço físico a ser submetido à planificação de uso. São considerados como elementos componentes do meio natural o clima, o solo, a água, a vegetação e a fauna, o modelado da paisagem, assim como os processos de erosão, de sedimentação, de recarga de aqüíferos subterrâneos, de utilização do solo, etc.

O levantamento do meio físico inclui a avaliação do meio sob o ponto de vista da conservação, do inventário da degradação, da determinação de usos vocacionais ou capacidade de recepção do meio (ITGE, 1991).

No processo de planificação de uso, a erosão passa a ser avaliada em três momentos e sob perspectivas distintas:

- *Num primeiro momento* (relativo à fase de inventário das condições físicas do território), a erosão reconhecida como causa da degradação das terras passará a ser inventariada quanto às manifestações visíveis na forma de morfologias erosivas. Dependendo da escala do inventário, esses sinais de degradação poderão ser constatados e mapeados posteriormente ou constatados e registrados nos arquivos de inventário.

- *Num segundo momento,* a erosão passa a ser considerada como fator de limitação à capacidade de uso e, portanto, será avaliada como Subclasse no *Sistema de Avaliação de Capacidade de Uso* (Lepsch *et al.*, 1991).

A erodibilidade do solo pode ser avaliada e estimada por métodos práticos baseados em parâmetros obtidos mediante determinações de laboratório e de descrições de características morfológicas dos perfis. Quanto às análises de laboratório, consideram-se como mais importantes as referentes à textura do solo, estrutura, permeabilidade e às avaliações do conteúdo de matéria orgânica e da estabilidade dos agregados (Lepsch *et al.*, 1991).

Mafra (1997) considerou, em sua proposta metodológica para a planificação de uso do solo em zonas tropicais úmidas, a Subclasse de Capacidade de Uso "suscetibilidade do solo à erosão", como o primeiro fator em ordem de importância no elenco de limitações de uso. Os parâmetros usados na avaliação da suscetibilidade à erosão encontram-se relacionados aos valores de textura, matéria orgânica e estabilidade dos agregados. Considerou ainda que as características texturais deveriam ser analisadas sob o ponto de vista da composição do perfil do solo, já que os mecanismos de infiltração, armazenamento e defluxo de água possuem uma estreita relação com as características do conjunto de horizontes superficiais e subsuperficiais.

Dessa forma, a partir da combinação de texturas (muito argilosa, argilosa, média, siltosa e arenosa) para aqueles horizontes, a autora criou classes para os grupos de combinações de textura que correspondiam às situações de baixa, moderada e alta erodibilidade do solo.

Quanto aos parâmetros usados para a avaliação dos valores da matéria orgânica, foram levadas em consideração posturas de autores que investigaram a questão da erodibilidade dos solos e sua relação com os conteúdos de carbono orgânico e matéria orgânica.

Morgan (1986) admite que solos com valores inferiores a 2% de carbono orgânico, equivalentes a 3,5% de matéria orgânica, podem ser considerados como suscetíveis à erosão. Voroney *et al.* (1981) sugeriram que a erodibilidade do solo decresce linearmente com o incremento do conteúdo orgânico, numa razão de 0 para 10%. Baseada em algumas dessas considerações, a autora admitiu duas classes em sua avaliação: a de solos com maior erodibilidade, quando os percentuais de matéria orgânica eram inferiores a 3,5%, e a de solos com menor erodibilidade, quando os valores eram superiores àquele.

Quanto à avaliação da estabilidade dos agregados, a autora fez referência aos métodos de Hénin *et al.* (1958), os quais apresentam resultados na forma de percentual de agregados estáveis, estabelecendo uma relação direta entre esses percentuais e o grau de estabilidade, de modo que aos valores baixos corresponderia sempre uma baixa estabilidade; e aos altos, uma alta estabilidade.

Com base naquelas metodologias, a autora adotou cinco classes de estabilidade entre muito baixa e muito alta para valores de percentuais de agregados entre 1% e mais de 60% e, dessa forma, estabeleceu também cinco classes que apontavam graus de erodibilidade desde muito baixo até muito alto. Na avaliação final relativa à subclasse de limitação de uso "suscetibilidade do solo à erosão", propôs quatro categorias de limitações de uso baseadas na combinação das classes estabelecidas anteriormente para os parâmetros textura, matéria orgânica e estabilidade dos agregados do solo. Dessa forma, a primeira categoria se referia aos solos sem limitações de uso quanto à erodibilidade, considerando a avaliação das classes relativas ao menor grau de erodibilidade para aqueles três parâmetros. Da segunda à quarta categoria, foram considerados os mesmos critérios, usando a mesma ordem de grandeza (ou de importância) para as limitações, segundo a erodibilidade, definindo: solos com pequenas limitações ao uso; solos com moderadas limitações ao uso; e solos com fortes limitações ao uso.

- *Num terceiro momento,* a erosão passa a ser entendida dentro do processo de *planificação,* como um fator a ser estudado com base em suas causas e em suas implicações, ligado à degradação das terras.

O estudo sob a perspectiva das causas é de fundamental importância para planificação das demais áreas do território estudado, onde o processo ainda não tenha se manifestado. O estudo sob a perspectiva das implicações no processo de degradação das terras possui dois enfoques: um voltado ao estado de degradação atual das terras; outro voltado ao possível estado dessa degradação, considerando-se a alteração de alguns dos componentes (ou variáveis) presentes nas condições atuais. O primeiro enfoque está voltado à avaliação da erosão atual, e o segundo, à erosão potencial.

A erosão atual refere-se ao resultado da atuação de processos erosivos atuais e/ou subatuais, sendo os primeiros agravados por interferência antrópica e podem ser perceptíveis através de feições da paisagem carateri-zadas por morfologias erosivas. A erosão potencial (ou risco de erosão) refere-se àquela que se pode prever, quando se consideram as possíveis alterações em algumas das condições ambientais atuais (Mafra, 1997).

São reconhecidos basicamente três enfoques metodológicos para abordar a caracterização da erosão hídrica:

- Aplicação da Equação Universal de Perda do Solo (USLE) de Wischmeier e Smith (1962), a qual quantifica a erosão hídrica a partir de fatores como a erosividade das chuvas, a erodibilidade do solo, a topografia, a cobertura vegetal e as práticas de conservação. Essa equação é uma formula empírica, resultado de 10.000 dados de perda de solo em parcelas experimentais, com chuva artificial. Através da mesma, consideraram-se perdas de solo/toneladas/hectare, sob condições padrões de gradientes, cobertura vegetal e manejo. O fator chuva está definido como o produto da energia cinética da chuva pela sua intensidade em 30 minutos.
- A quantificação do processo erosivo no campo por meio de parcelas experimentais, utilizando chuva natural ou simuladores ou, ainda, uma combinação dos dois. Essa técnica pretende avaliar a perda absoluta do solo em determinadas áreas para estudar os fatores que controlam os processos erosivos e suas conseqüências, para, em alguns casos, estabelecer modelos matemáticos que simulam e caracterizam o processo de erosão.
- A aplicação de modelos qualitativos ponderados que, atribuindo valores aos fatores relevantes na definição do processo erosivo, estabelecem distintas categorias de erosão, com as quais se pode caracterizar o processo em um determinado território. Esses tipos de modelos têm sua origem no método desenvolvido pela Escola Holandesa, publicado pelo ITC (1979), para avaliar qualitativamente a suscetibilidade de unidades territoriais à erosão. Essa avaliação pode ter resultados bastante eficazes, principalmente para os casos em que não se possa contar com dados precisos, como a regularidade e intensidade das chuvas, ou que não se dis-

ponha de meios para avaliar a erosividade e a erodibilidade através de métodos experimentais de campo ou laboratório.

Mafra (1997), com base no método qualitativo do ITC (1979) e no método usado por Recatalà (1995), apresentou uma proposta metodológica para avaliação da erosão atual e potencial para áreas tropicais úmidas, as quais apresentassem insuficiência de dados da ordem dos citados anteriormente. Considerou parâmetros como a pluviosidade (considerada por classes de índices), tipo de solo, gradientes, vegetação e uso do solo, morfologias erosivas, material de origem e práticas de conservação. Para cada um dos parâmetros considerados foram atribuídos pesos e criadas classes, às quais, por sua vez, foram atribuídos valores. Numa segunda etapa, foi definido o grau de erosão atual e potencial para cada unidade territorial, obtido através da fórmula:

$$VE_u = \sum_n \rho_i \bullet \upsilon_{iu} \text{, onde:}$$

VE_u = valor do grau de erosão atual da unidade *u*.
p_i = peso do fator *i* para a erosão.
v_{iu} = valor de erosão que atinge a unidade *u* pelo fator *i*.
n = número de fatores considerados.

Esse grau de erosão, por sua vez, possibilitou a definição de diferentes classes de graus de erosão. Esse mecanismo foi estabelecido por um processo de ensaio e comprovação de sensibilidade do grau de erosão.

7. Planificação Versus *Degradação das Terras e Contexto Histórico*

As atividades humanas têm provocado impactos profundos na quantidade e qualidade das terras agrícolas, fato que a bibliografia tem apontado como conseqüência de uma pressão sobre os recursos naturais, principalmente em função de necessidades crescentes de atender às demandas de mercados internos e externos com relação aos bens de consumo.

O uso da terra intensificou-se acima da sua capacidade, sem que sistemas de conservação fossem considerados para manter o equilíbrio entre recurso potencial e produção.

As diversas formas de degradação dos solos, as quais são derivadas principalmente do uso e manejo que se aplicam às terras, se transformaram em uma das maiores limitações para a expansão e intensificação da agricultura, principalmente nas zonas tropicais e subtropicais. Esse uso e manejo, de um modo geral, estão limitados tanto por características naturais (solo e clima principalmente), como por condições políticas e sócio-econômicas (Mafra, 1997).

Grande parte das terras das zonas tropicais disponíveis para a expansão da agricultura possuem solos pobres quimicamente (fragilidade essa que demanda cuidados quanto ao manejo). Outro fato aponta na direção de uma atividade agrícola que segue desenvolvendo-se às custas do desmatamento de áreas com vocações incompatíveis com essa atividade, o que tem gerado, ao longo da história, prejuízos econômicos e ambientais.

Muitas vezes, a adoção de determinados sistemas agrários que favorecem situações como essa está determinada por fatores históricos e ações políticas internas e externas, as quais atuam como mecanismos de estímulo à incorporação de modelos de produção "importados".

No que diz respeito aos fatores históricos, observa-se que, em grande parte dos países colonizados do chamado Terceiro Mundo, a herança de determinados sistemas de produção contribuiu não só no sentido de promover a degradação das terras como no sentido de aumentar as disparidades regionais.

Segundo Sentís (1993), a degradação das terras na América Latina, por exemplo, é mais severa em zonas agrícolas desenvolvidas desde épocas coloniais. Em geral, as políticas e programas de desenvolvimento e expansão agrícola têm resultado em altas taxas de degradação das terras e diminuição gradual ou acelerada da produtividade dos solos, situação essa que se procura mascarar com um uso crescente e oneroso de insumos, o que também tem levado a maiores custos de produção, elevação de preços para os consumidores e a outros problemas igualmente sérios, como a degradação ambiental de um modo geral.

Todas essas considerações parecem reforçar o fato de que para a utilização de terras consideradas disponíveis para a produção agrária é necessário não só conhecer como entender suas potencialidades e limitações, para poder gerar planos que se ajustem à realidade de cada território e que possam compatibilizar o aproveitamento de recursos com a conservação ambiental.

8. *Conclusões*

A erosão do solo constitui a forma de degradação do território mais generalizada, afetando tanto as terras agrícolas como as dedicadas a outros usos. Apesar de ser um processo imperceptível em suas primeiras etapas, seu caráter de irreversibilidade em etapas posteriores constitui-se de advertência à impossibilidade de se alcançar a sustentabilidade do sistema e a manutenção da vida em muitas zonas do planeta já afetadas por tal processo (Casanellas, 1994).

A pressão exercida pela ocupação em determinadas áreas, principalmente por atividades agrícolas intensivas, aliada a uma despreocupação quanto à adoção de práticas conservacionistas, tem dado lugar a uma perda dificilmente recuperável do potencial produtivo das terras, a qual tem como causa principal a erosão acelerada.

A preocupação em resolver questões relacionadas a esse tema tem propiciado a criação de metodologias de trabalho voltadas à adoção de medidas que busquem compatibilizar os usos com as limitações particulares a cada território.

Conhecer as causas da erosão, assim como os seus possíveis impactos sobre o meio ambiente e as atividades humanas, constitui um dos objetos de estudo da planificação de uso do solo.

Segundo Sentís (1993), não existem causas simples para a degradação das terras por erosão, e sim uma hierarquia de causas que devem ser estudadas a distintos níveis para que se possam executar políticas adequadas de uso, manejo e conservação.

9. Bibliografia

AGUILO, A.M., MAQUA, A.M.P., e BLANCO, A.A. (1992). Guía para la elaboración de estudios del medio físico. MOPT, Madrid.

BENNEMA, J., e DE MEESTER, T. (1981). The role of soil erosion and land degradation in the process of land evaluation. Morgan, R.P.C. (Eds.), Soil Conservation: problems and prospects. John Wiley & Sons. Gr. Brt.

BERTONI, J., e LOMBARDI NETO, F. (1990). Conservação do Solo. Ed. Icone. São Paulo.

CASANELLAS, P.J., REGUERÍN, L.A.M., e ROQUERO, L.C. (1994). Edafología: para la agricultura y el medio ambiente. Ediciones Mundi-Prensa, Madrid.

CENDRERO, A. (1989). Planificación Ambiental y Ordenación de los Usos del Territorio. Geología Ambiental. Ayala, F. y Durán, J. (Eds.), Instituto Tecnológico Geominero de España, Madrid.

CLAVER FARIAS (1992). Guía para la elaboración de estudios del medio físico: contenidos y metodología. CEOTMA. Monografias 3. Ministério de Obras Públicas y Urbanismo. Madrid, España.

DONÉZAR, D.U.M. (1991). Impacto Ambiental en Proyectos Agrícolas; problemas específicos. Evaluación y Corrección de Impactos Ambientales. Vol. 2. Instituto Tecnológico Geominero de España, Madrid.

GALLARDO, D.J. (1988). Usos y Conservación de Suelos. Geología Ambiental. Série Ingeneria Geoambiental. Instituto Tecnológico Geominero de España, Madrid.

GANDULLO GUTIERREZ, J.M. (1988). Suelos y Erosión. Seminário sobre erosión: Evaluación y actuaciones para su control. CEDEX-MOPU, Madrid.

GOMEZ OREA, D. (1981). Recursos Naturales y Planificación: aspectos metodológicos. Ordenación del Territorio, vol. I, 110-175. ETSIAL, Colegio Oficial de Ingineros Agrónomos de Cataluña, España.

GOMEZ OREA, D., VALDIVIELSO, V.T., e MOLINA, A.F. (1991). Land Use and Physical Planning. Instituto Tecnológico Geominero de España. Serie: GeoEnvironmental Engineering, Ed. Navas S.L., Madrid.

HÉNIN, S.G., MONNIER, G., COMBEAU, A. (1958). Méthode pour l'étude de la stabilité structural des sols. Ann. Agron. 9-73-92.

HORTON, R.E. (1945). Erosional development of streams and their drainage basins: a hydrophysical approach to quantitative morphology. Bull. Geol. Soc. Am. 56: 275-370.

ITC. (International Institute for Aerial Survey and Earth Sciences) (1979). VII-6, Terrain analysis and classification using aerial photographs: a geomorphological approach. Enschede. The Netherlands.

ITGE. (Instituto Tecnológico Geominero de España) (1991). Medio físico y ordenación del território. Ediciones Navas, S.L. Madrid, España.

KIRKBY M.J., e MORGAN, R.P.C. (1984). Erosión del Suelo. (ed. Castell). Ed. Limusa, México.

LAL, R. (1986). Soil Surface Management in the Tropics for intensive land use and high and sustained production. Advances in Soil Science, Spring-Verlag, N. York, v. 5: 10-97.

LAL, R., SÁNCHEZ, P.A., e CUMMINGS, JR. (1986) Land clearing and development in the tropics. A.A. Balkeme, Rotterdam e Boston.

LAL, R. (1990). Soil Erosion in the Tropics: principles and management. Mc Graw-Hill, Inc.

LEPSCH, I. (1977). Solos: formação e conservação. Edição Melhoramentos, SP.

LEPSCH, I., BELLINAZZI, Jr. R., BERTOLLINI, D., e ESPÍNOLA, C.R. (1991). Manual para levantamento utilitário do meio físico e classificação de terras no Sistema de Capacidade de Uso. 4ª aproximação Sociedade Brasileira de Ciência do Solo, Campinas, São Paulo.

MAFRA, N.M.C. (1997). Esquema metodológico para la planificación de usos del suelo en zonas tropicales húmedas: aplicación a la Región Norte del Estado de Rio de Janeiro, Brasil. Tese de Doutoramento Universitat de Valéncia. Facultat de Farmácia, Unidad Edafologia. Valéncia, España.

MORGAN, R.P.C., e KIRKBY, M.J. (1984). Erosión de Suelos. Editorial Limusa, S.A., México.

MORGAN, R.P.C. (1986). Soil Erosion and Conservation., Longman, London.

MUZILLI, O., e CASTRO FILHO, C. (1994). Manejo integrado de solos em microbacias hidrográficas. Inst. Agronômico do Paraná (IAPAR), Londrina, Paraná.

MUZILLI, O. (1994). O manejo da fertilidade do solo. Inst. Agronômico do Paraná. (IAPAR). Manual Agropecuário para o Paraná. Londrina, Paraná.

RECATALÀ, B.L. (1995). Propuesta metodológica para planificación de los usos del territorio y evaluación del impacto ambiental en el ámbito mediterráneo valenciano. Tesis Doctoral. Facultat de Ciencias Biológicas, Universitat de Valéncia, Valéncia, España.

REMMER, D.L., e SYERS, J.K. (1994). Soil Science and Sustainable Land Management in the Tropics. Ed. British Society of Soil Science, Cambridge.

RESENDE, M., CURI, N., REZENDE, B. S., e CORREA, F.G. (1997). Pedologia: base para a distinção de ambientes. 2ª ed. NEPUT, Viçosa, M.G.

RIOU, G. (1990). L'eau et les sols dans les geosystemes tropicaux. Masson. Paris.

SENTÍS, P.I. (1993). Uso, Manejo y Degradación de Suelos en América Latina: situación actual y perspectivas de futuro. XII Congreso Latinoamericano de Ciencia del Suelo, Salamanca, España.

SUAREZ DE CASTRO, F. (1979). Conservación de Suelos. Instituto Inter-Americano de Ciencias Agrícolas, San José, Costa Rica.

VORONEY, R.P., VAN VEEN, J.A., PAUL, E.A. (1981). Organic carbon dynamics in grassland soils. II. Model validation and simulation of the long-term effects of cultivations and rainfall erosion. Com. J. Soil Sci. Vol. 61-211-24.

WISCHMEIER, W.H., e SMITH, D.D. (1962). Soil loss estimation as a tool in soil and water management planning. Int. Ass. Sci. Hydrology Comm on Land Erosion. Pub. 59: 148-159.

ÍNDICE

D

E

G

Q

R

S

T

Este livro foi composto na tipografia
Minion Pro, em corpo 10/15, e impresso em
papel off-set no Sistema Digital Instant Duplex
da Divisão Gráfica da Distribuidora Record.